国家级一流本科专业建设成果教材

石油和化工行业"十四五"规划教材

微生物能源转化原理及应用

廖强 朱恂 黄云 等编著

化学工业出版社

·北京·

内容简介

《微生物能源转化原理及应用》分为基础篇和应用篇。前五章为基础篇，深入解析微生物能源转化方式及转化过程中的多相流动、能质传递，并阐述微生物反应器内的多相能质传输与转化特性。后五章为应用篇，重点介绍微生物在固碳、生物燃料制取与污水处理以及电化学转化方面的应用与未来发展趋势。本书以微生物在能质循环中的核心作用为主线，系统构建了多学科交叉的理论体系与实践框架，填补了现有教材在工程热物理与微生物能源转化融合领域的空白。

本书可作为高等院校新能源、生物化工、储能等相关专业的教材，也可供相关专业科研及工程技术人员参考。

图书在版编目（CIP）数据

微生物能源转化原理及应用 / 廖强等编著. —北京：化学工业出版社，2025.7. —（国家级一流本科专业建设成果教材）. — ISBN 978-7-122-48099-6

Ⅰ. TK6

中国国家版本馆 CIP 数据核字第 2025P9N663 号

责任编辑：陶艳玲　　　　　文字编辑：孙倩倩
责任校对：王鹏飞　　　　　装帧设计：关　飞

出版发行：化学工业出版社
　　　　　（北京市东城区青年湖南街 13 号　邮政编码 100011）
印　　装：北京科印技术咨询服务有限公司数码印刷分部
787mm×1092mm　1/16　印张 12¼　字数 275 千字
2025 年 9 月北京第 1 版第 1 次印刷

购书咨询：010-64518888　　　售后服务：010-64518899
网　　址：http://www.cip.com.cn
凡购买本书，如有缺损质量问题，本社销售中心负责调换。

定　　价：59.00 元

《微生物能源转化原理及应用》
编写人员名单

主　编：廖　强　朱　恂　黄　云

参　编：夏　奡　张　亮　付　乾　李　俊

　　　　魏朝阳　孙亚辉　郑亚萍　曾伟达

　　　　冯　栋　李沛蓉　马士焱　彭虹艳

　　　　汪家乐　杨宁威　孙亚波　朱贤青

前言

随着经济的飞速发展，能源的需求量持续增加，能源耗竭日益困扰国家的发展规划，能源问题已成为当今世界经济和社会发展的首要问题。化石能源的大量开采和使用在造成储量迅速减少的同时，还带来了严重的环境污染和气候恶化，尤其是燃烧产物中的 CO_2、氮氧化物和 SO_2 等，导致臭氧层破坏、温室效应、酸雨、土地沙漠化、海水酸化的加剧，直接威胁着人类所居住的生态环境，造成了生态系统的严重破坏。而微生物作为地球上进化历史最长、生物量最大、生物多样性最丰富的生命形式，蕴藏着极为丰富的物种资源，在维护地球生态系统物质循环中发挥着不可替代的作用，如 CO_2 通过光合作用与化能合成作用进入生物群落，通过生物群落的呼吸作用或微生物的分解作用以 CO_2 的形式返回大气环境，维持地球生态碳平衡。微生物生长化能过程就是对废气 CO_2、水体污染物等的资源利用过程，因此，微生物技术是在能源生产和环境保护过程中被广泛应用的重要技术。利用微生物生长代谢将无机及有机碳转化为清洁能源，可从根本上改变能源使用结构，突破当前能源、环境、资源三者之间的矛盾，对世界可持续发展具有重要意义。

微生物大都是水生的，能源转化过程中涉及微生物生长、气液固多相流动、光/电子等能量的传递、 CO_2 溶解扩散、液相营养底物的传递及转化等。微生物能源转化过程涉及生物、环境和工程热物理多学科交叉的研究范畴，而多相能质传递过程直接决定了微生物能源化的性能。重庆大学自 2020 年起，为适应储能、新能源科学、生物化工等学科交叉领域的专业人才培养需求，开设了"微生物能源转化"课程。该课程旨在培养毕业生在风电、传统火电厂和储能调峰、新能源汽车、生物质能利用、废弃能源回收、环境增值能源开发等领域从事工艺设计、科技管理、开发与研究工作的能力。目前使用的相关参考教材有普通高等教育"十三五"重点规划教材，如中国石油和化学工业优秀教材一等奖的《生物催化工程：原理及应用》《微生物工程》及国外的《多相反应器的设计、放大和过程强化》等。这些教材较为专业细致地介绍了微生物的概念和培养方法、化学转化方法等。而微生物能源化利用过程是气体（ CO_2 ）、液相营养物质、光能、固体微生物细胞的多相多元反应过程，其中气液流动和能质传输等工程热物理问题是转化的基础。一方面目前这些教材很少涉及微生物碳减排、能源化利用的过程原理及应用，仅能作为"微生物能源转化原理及应用"的部分参考；另一方面缺乏从工程热物理的角度阐述微生物能源转化过程中的流动和传递问题的解析和强化应用的指导。因此我们为应对新形势下形成的新学科培养要求，决定新编适合能源、环境、化工和生物交叉学科的《微生物能源转化原理及应用》教材。

《微生物能源转化原理及应用》以自然界对能质循环起主导作用的微生物为对象，重点介绍微生物在碳减排、废水处理、清洁燃料生产过程中的作用，鉴于微生物能源化利用过程是气体 CO_2、液相营养物质、光、固体微生物细胞的多相多元反应过程，是工程热物理、生物、环境和化工工程的典型交叉学科内容，因此本教材也结合现有微生物、化工转化方面教材的优点，将能源转化过程中的关键热物理基础问题——多相流动和能质转化有机纳入并进行重点讲解，以弥补现有微生物相关教材在这方面的缺乏，形成适合工程热物理、环境、化工交叉学科的教材。

书中分为基础篇和应用篇。前五章为基础篇，重点阐述微生物光合/非光合固定 CO_2 并用于生产生物燃料的过程，讲述微生物反应器内的光传输、碳源传输与多相流动问题，解析微生物能源转化过程中的多相流动及能质转化间的相互作用关系。后五章为应用篇，重点介绍微生物在减排降污及能源转化方面的应用及未来发展趋势。

本书由重庆大学、西北大学、河南农业大学、云南农业大学、南京师范大学、宁夏大学等多位教授及青年学者共同编写。第一章概述了微生物能源的概念及发展现状，由黄云（重庆大学）编写；第二章阐述了微生物能源转化的方式和生长评价方法，由朱恂（重庆大学）编写；第三章介绍了微生物反应器内的多相流动，由朱恂和曾伟达（云南农业大学）编写；第四章重点讲解微生物能源转化中的光、电子等能量的传递过程，由廖强（重庆大学）编写；第五章强调了微生物转化中的多相能质传输及转化特性，由廖强和孙亚辉（南京师范大学）编写；第六章和第七章重点介绍了微藻光合减排固定烟气 CO_2 技术及固碳生物质回收和能源化利用技术，由朱贤青（重庆大学）和魏朝阳（西北大学）共同编写；第八章和第九章介绍了微生物发酵产氢及光合生物膜产氢和废水净化技术，由夏奡（重庆大学）、郑亚萍（河南农业大学）和冯栋（宁夏大学）编写；第十章介绍微生物在电化学方面的应用，包括微生物燃料电池、电解池及电合成系统，由张亮（重庆大学）、李俊（重庆大学）和付乾（重庆大学）共同完成。全书由黄云统稿，重庆大学能源与动力工程学院博士研究生李沛蓉、马士焱、彭虹艳、汪家乐、杨宁威和孙亚波等参与了本书的部分编写、绘图及统稿工作。

由于作者水平有限，书中难免有疏漏和不足之处，诚恳希望读者发现后及时批评指正，以便在后续版本中更新和优化。

最后希望本书对我国新能源技术领域人才的培养有所裨益。

编者
2025 年 2 月

目录

基础篇

第一章　微生物能源概论　　　　　　　　　　　　　　　　　2

1.1　能源微生物的种类 3
  1.1.1　产液体燃料微生物 3
  1.1.2　产气体燃料微生物 5
  1.1.3　电活性微生物 6
1.2　微生物能源的发展现状及展望 8
  1.2.1　世界微生物能源产业发展现状 8
  1.2.2　中国微生物能源产业发展现状 8
  1.2.3　中国微生物能源发展展望 9
思考题 9
参考文献 9

第二章　微生物能源转化方式及培养模式　　　　　　　　　11

2.1　微生物能源转化方式 11
  2.1.1　光合微生物能源转化方式 12
  2.1.2　非光合微生物能源转化方式 13
  2.1.3　半人工光合转化 15
2.2　微生物培养模式 16
  2.2.1　悬浮式培养 17
  2.2.2　生物膜式培养 19
  2.2.3　微生物生长关键影响因素 21
2.3　微生物生长特性预测 22
  2.3.1　微生物生长动力学 22

　　2.3.2　微生物生长数值模拟 ………………………………………… 23

思考题 ……………………………………………………………………… 25

参考文献 …………………………………………………………………… 25

第三章　微生物能源转化过程中的多相流动　　27

3.1　悬浮式反应器内的多相流动 ………………………………………… 27
　　3.1.1　悬浮式反应器的基本原理和主要类型 ………………………… 28
　　3.1.2　悬浮式反应器内多相流动的基本理论 ………………………… 29
　　3.1.3　悬浮式反应器内流动特征及其影响因素 ……………………… 30
　　3.1.4　多相流动对悬浮式反应器性能的影响 ………………………… 31
3.2　生物膜式反应器内的多相流动 ……………………………………… 33
　　3.2.1　生物膜式反应器的基本原理和主要类型 ……………………… 34
　　3.2.2　生物膜式反应器内的流动特征及其影响因素 ………………… 35
　　3.2.3　多相流动对生物膜式反应器性能的影响 ……………………… 38
3.3　固定化细胞颗粒填充床反应器内的多相流动 ……………………… 39
　　3.3.1　固定化细胞颗粒填充床反应器的基本原理 …………………… 39
　　3.3.2　固定化细胞颗粒填充床反应器内的流动特征及其影响因素 … 41
　　3.3.3　多相流动对固定化细胞颗粒填充床反应器性能的影响 ……… 41
3.4　微生物膜悬浮颗粒流化床反应器内的多相流动 …………………… 42
　　3.4.1　微生物膜悬浮颗粒流化床反应器的基本原理 ………………… 42
　　3.4.2　微生物膜悬浮颗粒流化床反应器内的流动特征及其影响因素 … 43
　　3.4.3　多相流动对微生物膜悬浮颗粒流化床反应器性能的影响 …… 44
3.5　本章小结 ……………………………………………………………… 44
思考题 ……………………………………………………………………… 45
参考文献 …………………………………………………………………… 46

第四章　微生物能源转化过程中的能量传递　　48

4.1　光合生物反应器内的光传输与衰减 ………………………………… 48
　　4.1.1　光与光合生物细胞的相互作用 ………………………………… 50
　　4.1.2　光生物反应器内的光传输与衰减 ……………………………… 53
4.2　微生物能源转化过程中的能量转移与电子传递 …………………… 56
　　4.2.1　光合系统内的电子传递 ………………………………………… 56
　　4.2.2　微生物的种间电子传递 ………………………………………… 61
　　4.2.3　微生物电化学转化中的电子传递 ……………………………… 64
思考题 ……………………………………………………………………… 65
参考文献 …………………………………………………………………… 66

5.1 微藻光生物反应器内的能质传输及转化 67
5.1.1 光合作用驱动的光能传输及转化 68
5.1.2 气相 CO_2 的传输及转化 71
5.1.3 无机营养盐的传输及转化 74
5.1.4 能质传输及转化的协同作用 76
5.2 光发酵制氢反应器内的能质传输及转化 76
5.2.1 光发酵过程中的光能传输及转化 77
5.2.2 有机底物的传输及转化 77
思考题 79
参考文献 80

应用篇

第六章　微藻光合固定烟气二氧化碳及能源利用技术 82

6.1 烟气氛围对微藻固碳的挑战 82
6.1.1 高浓度 CO_2 的影响 82
6.1.2 酸性气体 SO_x 的影响 83
6.1.3 重金属及其他因素的影响 85
6.2 高效固碳藻种的选育 86
6.2.1 自然筛选 86
6.2.2 诱变育种 87
6.2.3 驯化育种 88
6.2.4 代谢和基因工程 89
6.3 烟气碳传输强化 89
6.3.1 强化气泡停留时间 90
6.3.2 强化气液混合 91
6.3.3 优化曝气方式 92
6.4 优化培养条件 94
6.4.1 调控培养环境酸碱度 94
6.4.2 优化光照条件 95
6.4.3 调控营养供应 95
6.4.4 优化微藻培养工艺流程 97
思考题 98
参考文献 98

第七章　固碳微藻生物质分离及液态生物燃料制取　100

7.1　微藻生物质分离与采收 ———————————————————— 101
- 7.1.1　微藻采收 ————————————————————————— 101
- 7.1.2　微藻脱水 ————————————————————————— 111

7.2　微藻油脂提取 ———————————————————————— 113
- 7.2.1　微藻破壁技术 ———————————————————————— 113
- 7.2.2　油脂提取 ————————————————————————— 117

7.3　微藻生物质液态生物燃料转化 ———————————————— 119
- 7.3.1　酯交换 —————————————————————————— 119
- 7.3.2　热化学转化过程 ——————————————————————— 122

7.4　微藻固碳及能源化的工程应用前景及展望 ————————— 122
- 7.4.1　生物燃料生产成本 —————————————————————— 122
- 7.4.2　微藻生物质能源前景与展望 ————————————————— 125

思考题 ——————————————————————————————— 126

参考文献 —————————————————————————————— 127

第八章　微生物厌氧发酵产氢烷气技术　128

8.1　厌氧发酵底物来源 —————————————————————— 128
- 8.1.1　有机废水 ————————————————————————— 128
- 8.1.2　固体废弃物 ———————————————————————— 129

8.2　原料的预处理 ———————————————————————— 131
- 8.2.1　物理方法预处理 ——————————————————————— 131
- 8.2.2　化学方法预处理 ——————————————————————— 133
- 8.2.3　物理化学方法预处理 ————————————————————— 134
- 8.2.4　生物方法预处理 ——————————————————————— 136
- 8.2.5　联合预处理 ———————————————————————— 137

8.3　暗发酵产甲烷 ———————————————————————— 137
- 8.3.1　暗发酵产甲烷影响因素 ———————————————————— 137
- 8.3.2　暗发酵产甲烷电子传递路径 ————————————————— 140

8.4　光发酵制氢 ————————————————————————— 142
- 8.4.1　光发酵制氢影响因素 ————————————————————— 143
- 8.4.2　光发酵产氢反应器 —————————————————————— 145
- 8.4.3　光发酵产氢研究展望 ————————————————————— 146

8.5　光-暗耦合多级发酵产氢烷应用与展望 ————————— 147
- 8.5.1　暗-光耦合发酵产氢主要影响因素 —————————————— 147
- 8.5.2　暗-暗耦合发酵产氢烷研究进展 ——————————————— 149

　　8.5.3　多级耦合发酵产氢烷前景及展望 ———————————— 151

思考题 ————————————————————————————— 152

参考文献 ———————————————————————————— 152

第九章　光合细菌生物膜光发酵制氢技术　　155

9.1　光合细菌生物膜的形成及发展 ———————————————— 155
　　9.1.1　光合细菌的运动及其生物膜成膜过程影响因素 ————————— 155
　　9.1.2　光合细菌生物膜的支撑载体与反应器 ———————————— 157
9.2　基于光纤技术的生物膜在线测量及调控 ——————————— 159
9.3　光合细菌生物膜在污水处理中的应用 ——————————— 161
　　9.3.1　光合细菌与微藻的相互作用关系 ——————————————— 162
　　9.3.2　菌藻共生生物膜去除污染物的作用原理 ———————————— 163
　　9.3.3　菌藻共生生物膜污水处理反应器 ——————————————— 164
9.4　本章小结 ——————————————————————————— 166

思考题 ————————————————————————————— 166

参考文献 ———————————————————————————— 167

第十章　微生物电化学转化技术　　168

10.1　微生物燃料电池 ———————————————————————— 168
　　10.1.1　微生物燃料电池的工作原理 ————————————————— 168
　　10.1.2　微生物燃料电池的分类 ——————————————————— 170
　　10.1.3　微生物燃料电池的性能影响因素 ——————————————— 171
　　10.1.4　微生物燃料电池的 COD 去除和电能回收 ——————————— 174
10.2　微生物电解池及电合成系统 —————————————————— 175
　　10.2.1　工作原理 ————————————————————————— 175
　　10.2.2　电极结构及材料 —————————————————————— 176
　　10.2.3　固碳产甲烷微生物电合成系统中的关键步骤及影响因素 ————— 180
　　10.2.4　阴极电位及外加偏压对微生物阴极电子传递特性的影响 ————— 181
10.3　微生物电化学转化技术应用 —————————————————— 182
　　10.3.1　微生物燃料电池应用 ———————————————————— 183
　　10.3.2　微生物电解池及电合成系统应用 ——————————————— 184

思考题 ————————————————————————————— 185

参考文献 ———————————————————————————— 185

基础篇

隐藻门生物概论 11

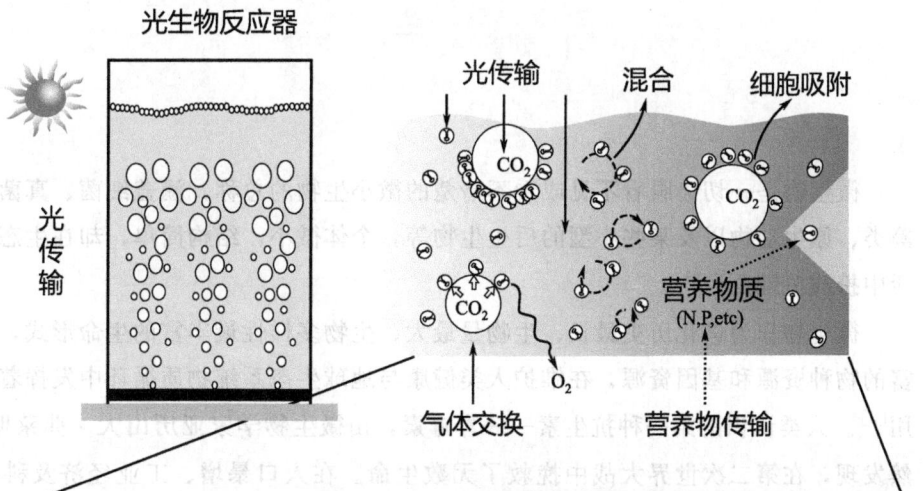

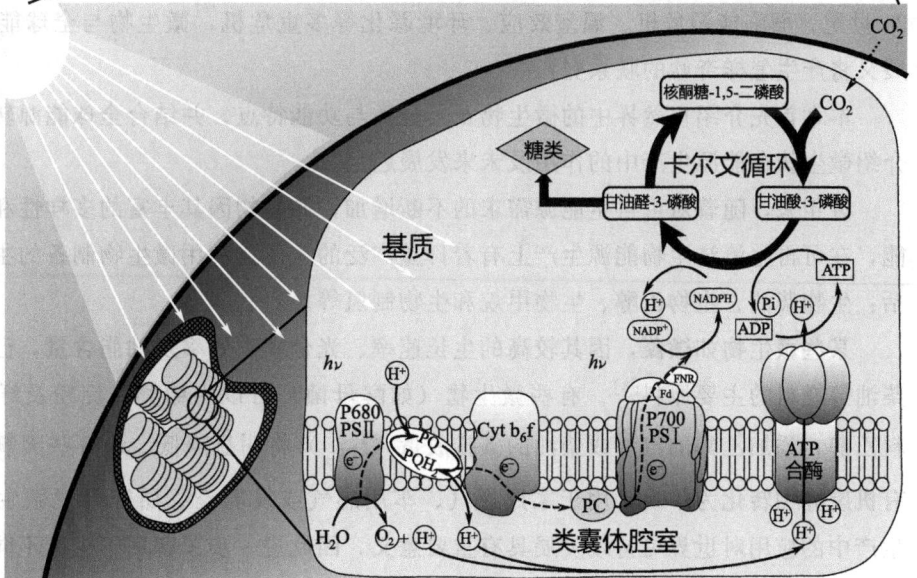

第一章

微生物能源概论

微生物是一切肉眼看不见或看不清楚的微小生物的总称，涵盖细菌、真菌、病毒、显微藻类、原生动物以及某些小型的后生生物等，个体微小，结构简单，却在生态系统和人类生活中扮演关键角色[1]。

微生物作为进化历史最长、生物量最大、生物多样性最丰富的生命形式，蕴藏着极为丰富的物种资源和基因资源，在维护人类健康与地球生态系统物质循环中发挥着不可替代的作用[2]。人类认识的第一种抗生素——青霉素，由微生物学家亚历山大·弗莱明于1928年偶然发现，在第二次世界大战中挽救了无数生命。在人口暴增、工业经济及科技飞速发展的21世纪，面临能源危机、温室效应、环境恶化等多重危机，微生物与全球能源和环境的发展又将产生怎样奇妙的联系呢？

本章首先介绍自然界中的微生物及其分类与功能特点，并结合全球能源转型背景，重点介绍微生物在能源生产中的作用及未来发展趋势。

近年来，随着对可再生能源需求的不断增加，微生物因其丰富的多样性和强大的代谢功能，在可再生清洁生物能源生产上有着日益广泛的应用。利用微生物制备的主要生物能源包括：生物柴油、生物乙醇、生物甲烷和生物制氢等。

某些微生物如微藻，因其较高的生长速率、光合固碳效率及油脂含量，已成为制备生物柴油等燃料的主要原料[3]。有些微生物（如酵母菌）可以将糖类、淀粉及纤维素转化为燃料乙醇，添加乙醇的汽油或柴油的碳排放量（t_{CO_2}）将明显降低。还有些厌氧微生物可以将有机废弃物转化为甲烷，用于家用燃气、车用燃气或发电[4]。研究开发微生物在生物能源生产中的应用对世界可持续发展具有重要意义，因此进一步了解用于生产不同生物能源的微生物种类及其相关原理，是提高生物能源产率及市场化应用的首要前提。

1.1 能源微生物的种类

根据安斯沃思（Ainsworth）的分类系统[5]，运用世界上主要依据的伯杰（Bergey）细菌鉴定法[6] 和洛德（Lodder）的酵母菌等鉴定法进行分类[7] 鉴定表明，能源微生物的主要种类是甲烷产生菌、乙醇产生菌、氢气产生菌、生物柴油产生菌和生物电池微生物五大类。在微生物培养过程中，根据所产生能源产物的物质状态不同，进一步将用于能源生产的微生物归纳为：①产液体燃料微生物；②产气体燃料微生物；③电活性微生物。如图 1-1 所示。

图 1-1 主要能源微生物分类

1.1.1 产液体燃料微生物

1.1.1.1 产乙醇微生物

乙醇是一种优质的液体燃料，每千克乙醇完全燃烧时约能放出 30000kJ 的热量，为一种不含硫及灰分的清洁能源。同时，一定量燃料乙醇加入汽油后，混合燃料的含氧量增加，辛烷值提高，可降低汽车尾气中有害气体的排放量。目前，纯乙醇或与汽油混合物作为车用燃料，最易工业化，并与先进工业应用及交通设施接轨，是最具发展潜力的石油替代燃料[8]。

乙醇的生产方法可概括为两大类：发酵法和化学合成法。化学合成法主要用石油裂解产出乙烯气体来合成乙醇，从所用原料角度来看，因对不可再生资源石油的利用违背了可持续发展和环保的原则，化学合成法显然不适宜。所以，生物质合成气发酵生产乙醇是当前主流的乙醇生产途径。目前，发酵法生产的乙醇占全球总量的95%以上。

（1）产乙醇微生物的主要种类

用于乙醇生产的主要菌种有酵母菌属（*Saccharomyces*）、假丝酵母属（*Candida*）、裂殖酵母属（*Schizosaccharomyces*）、球拟酵母属（*Torulopsis*）、酒香酵母属（*Brettanomyces*）、毕赤酵母属（*Pichia*）、汉逊酵母属（*Hansenula*）、克鲁维酵母属（*Kluveromyces*）、曲霉属（*Aspergillus*）、隐球酵母属（*Cryptococcus*）、德巴利酵母属（*Debaryomyces*）等。

（2）产乙醇微生物的作用机理

乙醇发酵是指在厌氧条件下，微生物通过糖酵解过程（又称EMP途径）将葡萄糖转化为丙酮酸，丙酮酸进一步脱羧形成乙醛，乙醛最终被还原成乙醇的过程。乙醇发酵的主要代表菌为酵母菌，工业上主要用于酿酒和酒精生产。某些细菌，如运动发酵单胞菌也可以进行乙醇发酵。

1.1.1.2 产油微生物

生物柴油是以油脂作为原料，经过与短链醇反应而获得的液体燃料，是一种理想的石化柴油替代品。微生物油脂是一种新型油脂资源，又称单细胞油脂，是由真菌、细菌或微藻等产油微生物利用糖类、烃类等作为碳源，并配合氮源、磷源和无机盐辅助因子等在特定反应条件下产生的物质[9]。

（1）产油微生物的主要种类

产油微生物主要有藻类、真菌和细菌。①常见的产油微藻有：小球藻属（*Chlorella*）、刚毛藻属（*Cladophora*）、鞘藻属（*Oedogonium*）、丝藻属（*Ulothrix*）、水绵属（*Spirogyra*）的绿藻类等。②常见的产油霉菌有：土曲霉（*Aspergillus terreus*）、深黄被孢霉（*Mortierella isabellina*）、高山被孢霉（*Mortierella alpina*）、葡酒色被孢霉（*Mortierella vinacea*）、拉曼被孢霉（*Mortierella ramanniana*）、矮被孢霉（*Umbelopsis nana*）等。③常见的产油酵母菌有：浅白隐球酵母（*Cryptococcus albidus*）、斯达氏油脂酵母（*Lipomyces starkeyi*）、苗芽丝孢酵母（*Trichosporon pullulans*）、产油油脂酵母（*Lipomyces lipofer*）、粘红酵母（*Rhodotorula glutinis*）、圆红冬孢酵母（*Rhodosporidium toruloides*）等。④常见的产油细菌有：分枝杆菌、棒状杆菌、诺卡氏菌等。

（2）产油微生物的作用机理

微生物油脂和动、植物油脂的生成过程在本质上类似，主要需经过脂肪酸的从头合成途径（即利用过量碳源合成脂肪酸的代谢途径），此过程需要足够的前体物质乙酰辅酶A和可提供还原力的还原型烟酰胺腺嘌呤二核苷酸磷酸（NADPH，还原型辅酶Ⅱ）。当培养基中碳源过量，且其他营养物质（尤其是氮源）不足时，微生物将开始大量合成油脂。此时，微生物将不再继续生长，而是将剩余的碳源转化为脂类储存在细胞体内。

对于异养型微生物真菌，则需额外添加碳、氮源，经过菌体增长和油脂积累两个阶段后才可合成油脂；而藻类既可直接利用光和CO_2通过光合自养合成油脂，也可在光照下利用有机碳源通过光异养生产油脂，还可不依赖于光仅利用有机物通过暗异养产油。藻类为非陆生生物，在淡水与海水中均可大量培养繁殖，更适合生物柴油发展的需求[9]。

1.1.2 产气体燃料微生物

1.1.2.1 甲烷产生菌

甲烷是沼气的主要成分，沼气作为一种清洁、可再生的新能源，其重要程度不断提升。沼气生产依赖于沼气发酵微生物，依据各菌群作用机理不同，沼气发酵微生物可被分为两大类：不产甲烷菌和产甲烷菌。不产甲烷菌以复杂的大分子有机物为原料，在维持自身生命活动的同时生产一些有机酸类物质；而产甲烷菌则以有机酸为主要原料来生产甲烷，由此可见，产甲烷菌是沼气生产的核心[10]。

（1）产甲烷微生物的主要种类

主要种类有甲烷杆菌属（*Methanobacterium*）、甲烷八叠球菌属（*Methanosarcina*）、甲烷球菌属（*Methanococcus*）等[11]，其作用是在生物质原料的厌氧发酵过程中，产生以甲烷为主的沼气[12]。

（2）产甲烷微生物的作用机理

产甲烷菌对底物的要求具有很强的特异性，它们可以利用的底物只有 H_2、CO_2、甲酸、甲醇、甲胺、乙酸等，最终的代谢产物都含甲烷。产甲烷是产甲烷菌获得能量的唯一途径，同时产甲烷菌是唯一以甲烷作为代谢终产物的微生物类群。现有研究发现，产甲烷菌有 3 种代谢类型，分别是 CO_2 营养型、甲基营养型和乙酸营养型。

产甲烷菌的代谢活动具有明显区别于其他微生物的生化特征。产甲烷菌细胞内有独特的辅助因子参与甲烷的合成，这些辅助因子包括：①甲烷呋喃（MFR），把 CO_2 还原为甲酰基水平并使其与呋喃的氨基侧链结合，然后转移给第二个辅酶；②甲烷蝶呤（MP，F342 因子），辅助甲酰基还原为甲基，在细胞内以四氢甲烷蝶呤（H_4MPT）形式存在；③辅酶 M（CoM），甲基的载体；④辅酶 F430，作用与辅酶 M 相似；⑤辅酶 F420，可在低氧化还原电势下做双电子载体；⑥辅酶 HS-HTP，在甲烷形成的最终步骤中作为甲基还原酶的电子供体。其中，前四种辅酶是作 C1 的载体的辅酶，另外两种为参与氧化还原反应的辅酶[13]。

1.1.2.2 氢气产生菌

（1）产氢气微生物的主要种类

自然环境中能够通过厌氧发酵方式产氢的细菌种类很多，可主要划分为以下四大类：①专性厌氧的异养微生物，包括梭菌属（*Clostridium*）、甲基营养菌（Methylotrophs）、产甲烷菌（Methanogenic bacteria）、瘤胃细菌（Rumen bacteria）以及一些古菌（archaea）等；②兼性厌氧菌，包括大肠杆菌（*Escherichia coli*）和肠杆菌属（*Enterobacter*）等，能够通过分解甲酸的代谢途径产氢；③需氧菌（aerobe），包括产碱杆菌属（*Alcaligenes*）和一些芽孢杆菌（*Bacillus*）等；④光合细菌，如蓝细菌等。

（2）产氢气微生物的作用机理

① 光合代谢　绿藻、蓝细菌和光合细菌虽然都属于通过光合代谢产氢的微生物，但其作用条件各不相同。其中，绿藻和蓝细菌主要在光照、厌氧的条件下对水进行分解得到氢气，称为光解水产氢。而光合细菌通常是在光照、厌氧条件下对有机物进行分解而得到氢气，此种产氢方式被称为光合产氢或有机化合物的光合细菌光分解法。

② 非光合代谢　非光合细菌产氢的实现途径。此类产氢微生物主要在无光照、厌氧条件下对有机物进行分解而产生氢气，俗称暗发酵产氢或有机化合物的发酵制氢法。

1.1.3　电活性微生物

电活性微生物（electroactive microorganisms，EAMs）是一类可与胞外固态载体（例如铁/锰氧化物、腐殖酸、各类电极材料）进行电子传递的微生物[14]。目前，已发现数十种EAMs，其中绝大多数EAMs是可进行胞外呼吸并将电子从胞内转移至胞外的产电微生物；极小部分EAMs为仅可从外界接受电子进行自身代谢的电营养微生物，如革兰氏阳性菌，能利用氨气、氢气等作为电子供体进行自身代谢，其相对较厚的细胞壁使胞内电子向外传递阻力较大，故少有革兰氏阳性菌具备胞外电子传递能力；还有某些EAMs同时具备胞外呼吸和电营养两条代谢路径。由于目前被发现的电营养型微生物多样性较低，对其研究较少，故本小节主要针对产电微生物的种类展开介绍。

目前，硫还原地杆菌（*Geobacter sulfurreducens*）、奥奈达湖希瓦氏菌MR-1（*Shewanella oneidensis* MR-1）、沼泽红假单胞菌（*Rhodopseudomonas palustris*）以及恶臭假单胞菌（*Pseudomonas putida*）等电活性微生物较为常见且被进行了较为深入的研究。尤其是硫还原地杆菌（*Geobacter sulfurreducens*）和奥奈达湖希瓦氏菌MR-1（*Shewanella oneidensis* MR-1）被认为是电活性微生物的模式菌株，两者都已完成了全基因组测序分析。

（1）硫还原地杆菌

硫还原地杆菌（*Geobacter sulfurreducens*）是最早被研究人员发现的具有胞外电子传递能力的功能菌。作为土壤以及沉积物中最主要的铁还原微生物，*Geobacter sulfurreducens* 具备使用铁和锰氧化物作为电子受体的能力。*Geobacter sulfurreducens* 的基因组编码了100多种含有细胞色素c的蛋白质，其中部分蛋白质被认为与该功能菌胞外电子传递过程（图1-2）密切相关。

在 *Geobacter sulfurreducens* 的细胞内膜上，ImcH 等细胞色素被认为构建了该区域的电子传递链；在细胞周质中，PpcA 等细胞色素参与了电子从细胞内膜向外膜转移的过程，是电子跨周质传递的必要色素；而在细胞外膜上，各类型的孔蛋白质-细胞色素复合物（例如OmaB、OmbB、OmcB）是电子从 *Geobacter sulfurreducens* 向胞外电子受体转移过程中重要的电子传输通道。电子除了通过细胞色素传递到胞外电子受体之外，导电菌毛以及一些电子传递中介体（如微生物自身分泌的黄素等）也参与到 *Geobacter sulfurreducens* 的胞外电子传递过程中。

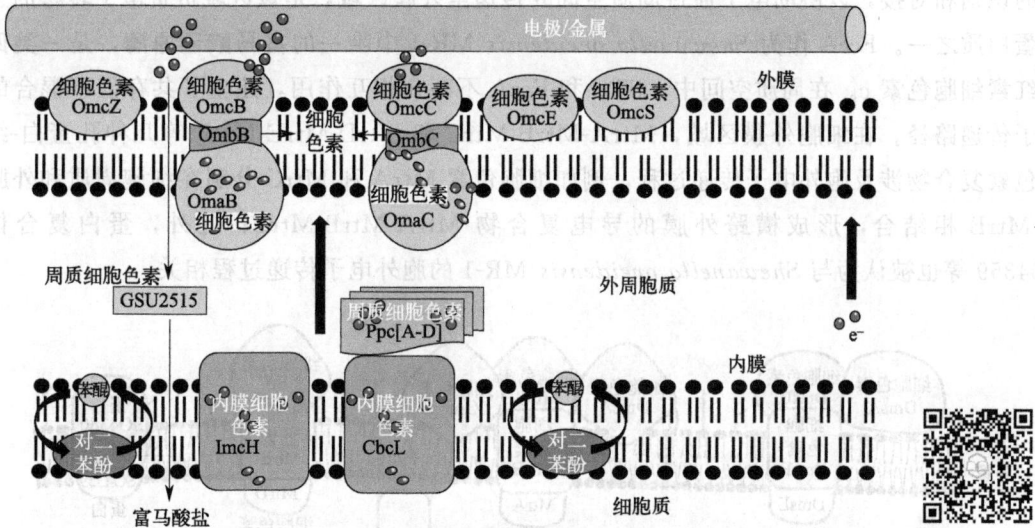

图 1-2 硫还原地杆菌的胞外电子传递路径[15]

Geobacter sulfurreducens 作为最为常见、分布最为广泛的电活性微生物，其可以代谢乙酸盐、葡萄糖以及各类长链脂肪酸在内的多种有机物并产电。在实验研究中，其所适宜的环境为 pH 值近中性、水质为淡水或微咸水、温度适中的培养基。邦德（Bond）等人通过施加 0.2V（vs. Ag/AgCl）的恒电位诱导 *Geobacter sulfurreducens* 在电极表面形成生物膜并产生电流，首次证明了其产电能力。在乙酸盐为底物的培养体系中，*Geobacter sulfurreducens* 的产电性能能够达到 $2kW \cdot m^{-3}$ 以上，是生物电极能够取得的最高性能之一。在乳制品废水、酿酒厂废水以及家庭污水等复杂底物的混菌产电体系中，硫还原地杆菌在菌群结构中往往具有较高的丰度，体现了其较强的环境适应能力。

（2）奥奈达湖希瓦氏菌 MR-1

希瓦氏菌属中的 *Shewanella oneidensis* MR-1 主要生存于水生环境。在厌氧条件下，其可利用包括金属以及可溶性配合物在内的各类电子终端受体进行胞外呼吸，主要以悬浮状态或薄微生物膜的形式存在于自然界，其同样可以通过外膜细胞色素以及产生电子中介体进行胞外电子传递。相比于 *Geobacter sulfurreducens*，*Shewanella oneidensis* MR-1 无法进行厌氧乙酸盐代谢，且菌体不含导电菌毛，只有细胞外膜延伸出的导电附属结构。因此相比于 *Geobacter sulfurreducens*，*Shewanella oneidensis* MR-1 在同等工作条件下的产电能力一般会更弱。

Shewanella oneidensis MR-1 的胞外电子传递链（图 1-3）同样包括多种细胞色素。在细胞内膜上，TorC、SirD 和 CymA 这三种色素负责该区域的电子传递过程。其中，CymA 作为研究最广泛的氧化还原酶之一，包含有一种四血红素的细胞色素 c。在 pH 为 7 的条件下，CymA 在 -200mV（vs. SHE）为中心、宽度为 250mV 的电位区间内具有较好的氧化还原活性。由于 CymA 亲和力较低（解离常数低至数百微摩尔），其对胞外呼吸链下游的介体几乎没有选择性，可同时兼容多条电子传递途径，故此提升了胞外电子传递效率。在周质空间中，STC 和 FccA 是与胞外电子传递相关最常见的细胞色素。其中，STC 通过参与特

定的识别和对接，以协助电子通过周质空间并传递至外膜区域，是该区域负责电子转移的主要蛋白质之一。FccA 作为 *Shewanella oneidensis* MR-1 中唯一的富马酸还原酶，是一类四血红素细胞色素 c。在周质空间中，STC 和 FccA 不存在相互作用，建立了共存但不混合的电子传递路径。在细胞外膜区域，MtrA-MtrB-MtrC 和 MtrD-MtrE-MtrF 等几种孔蛋白-细胞色素复合物涉及胞外电子传递过程，例如细胞色素 MtrA 和 MtrC 分别在细胞周质和外膜与 MtrB 相结合，形成横跨外膜的导电复合物 MtrA-MtrB-MtrC；此外，蛋白复合体 SO4359 等也被认为与 *Shewanella oneidensis* MR-1 的胞外电子传递过程相关。

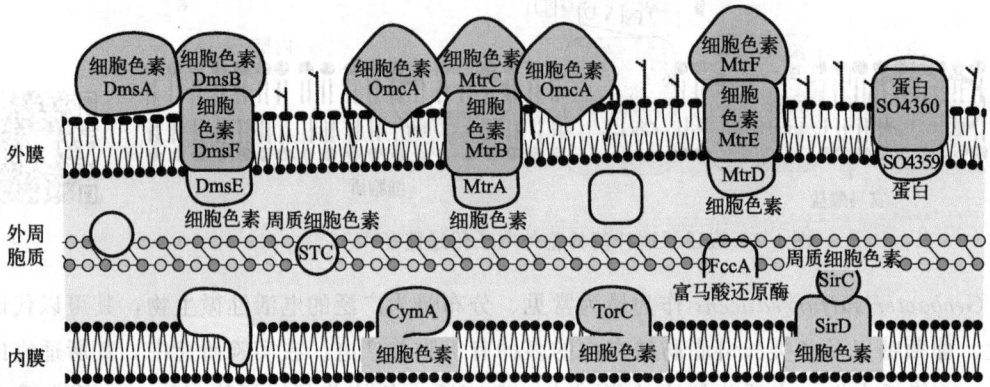

图 1-3　奥奈达湖希瓦氏菌 MR-1 的胞外电子传递路径[15]

1.2　微生物能源的发展现状及展望

1.2.1　世界微生物能源产业发展现状

世界生物质能协会提供的 2021 年全球生物能源统计结果显示，21 世纪以来，包括生物质、地热和太阳能在内的可再生能源在全球能源生产中的份额翻了一番。2019 年，97% 的可再生能源热量来自生物质，其中 53% 来自固体生物质，25% 来自城市固体废物。欧洲是生物质发电厂制热的世界领先者，在全球占有 88% 的份额。在生物能源的产量方面，2019 年全球共生产了 1590 亿升生物燃料，其中美洲占主要地位（生产全球约 70% 生物燃料），其次是欧洲（生产全球约 15% 生物燃料）。此外，2019 年全球生产了 623 亿立方米沼气，其等效能源含量为 1.43EJ[16]。

1.2.2　中国微生物能源产业发展现状

根据《中国能源大数据报告（2022）》显示的中国近年能源消费结构数据来看，煤炭消费占比呈下降趋势，2018 年跌至 60% 以下，占比持续下降；而清洁能源消费占比在持续提升，清洁能源消费占能源消费总量的比重从 2012 年的 14.5％已上升到 2022 年的 25.5％。总的来说，在中国能源构成中，煤炭处于主体地位，清洁能源消费占比持续提升，生物质能源发展潜力巨大。

从生物质能产业发展现状来看，目前我国生物质发电产业已日趋成熟，但先进生物燃料产业相比其他国家仍较为缓慢。2023 年，全球生物质发电装机容量达 1.5 亿千瓦，中国占比 29.43％（接近三分之一）；全球生物天然气产量达 75 亿立方米，中国占比仅 5.6％；全球生物燃料乙醇产量达 8897 万吨，中国占比仅 3.82％；全球生物柴油产量达 5600 万吨，中国占比仅 3.93％；全球可持续航空燃料产量达 50 万吨，但中国在该领域的发展仍处于初期试生产阶段；全球可再生甲醇生产处于较低水平，中国相关项目还处于规划、备案或建设阶段[17]。

1.2.3　中国微生物能源发展展望

根据中国工程院的预测，在 2030 年之前，中国生物质发电总装机容量将达到 $5.2 \times 10^7 \mathrm{kW}$，在 2060 年总装机规模将达到 $1.0 \times 10^8 \mathrm{kW}$，成为"碳中和"场景下能源体系的重要组成部分，对社会碳减排贡献超过 $4.6 \times 10^8 \mathrm{t}$。在《生物质能发展"十三五"规划》中，生物质被认为是一种可再生的新型重要能源，具有天然的"零碳"特性和独特的"负碳"潜力，为实现"双碳"目标提供了强有力的支持。

到 2035 年，我国原油预计需求将超过 $7 \times 10^8 \mathrm{t}$，天然气预计需求超过 $6 \times 10^{11} \mathrm{m}^3$，其中 70％的原油和 30％的天然气需要进口。调查数据显示，我国生物乙醇与生物天然气可开发潜力分别为 $1.5 \times 10^8 \mathrm{t}$ 和 $2.5 \times 10^{11} \mathrm{m}^3$。因此，我国的微生物能源产业有巨大的市场潜力与发展空间[18]。

思考题

1-1. 微生物主要分为几大类？各自具备什么样的功能特性？

1-2. 能源微生物主要分为几大类？其分类依据为何？

1-3. 细菌与微藻可用于生产哪些可再生微生物能源？并简述其作用机理。

1-4. 请概述我国微生物能源的发展现状及未来发展趋势。

参考文献

[1]　王伟东，洪坚平. 微生物学 [M]. 北京：中国农业大学出版社，2015.

[2]　高程，郭良栋. 微生物物种多样性、群落构建与功能性状研究进展 [J]. 生物多样性，2022，30（10）：164-176.

[3]　陈峰，姜悦. 微藻生物技术 [M]. 北京：中国轻工业出版社，1999.

[4] 宋元达, 刘立鹏, 刘灿华, 等. 微生物在生物能源生产中的应用 [J]. 生命科学研究, 2010, 14 (4): 9.

[5] Ainsworth G C, et al, The fungi: an advanced treatise: a taxonomic review with keys: ascomycetes and fungi imperfecti (Volume 4A) [M]. United Kingdom: Academic Press Inc, 1973.

[6] Editorinchief G M G. Bergey's manual of systematic bacteriology [J]. Bergeys Manual of Systematic Bacteriology, 1984, 38 (4): 443-491.

[7] Reed G, Nagodawithana T W. Yeast technology [M]. Connecticut: The AVI Publishing, 1973.

[8] 袁振宏, 吴创之, 马隆龙. 生物质能利用原理与技术 [M]. 北京: 化学工业出版社, 2005.

[9] 柳杰, 刘文慧, 王晚晴, 等. 产油微生物及其发酵原料的研究进展 [J]. 环境工程, 2017, 35 (3): 5.

[10] 杨薇. 甲烷产生菌的特性及其工业前景 [J]. 安徽化工, 2010, 36 (4): 3.

[11] 王刘阳, 尹小波, 胡国全. 分子生物学技术在产甲烷古菌研究中的应用 [J]. 中国沼气, 2008, 26 (1): 6.

[12] 刘亭亭, 曹靖瑜. 产甲烷菌的分离及其生长条件研究 [J]. 黑龙江大学工程学报, 2007, 34 (004): 120-122.

[13] 李煜珊, 李耀明, 欧阳志云. 产甲烷微生物研究概况 [J]. 环境科学, 2014 (5): 6.

[14] 靖宪月, 陈姗姗, 周顺桂. 吸收胞外电子的电活性微生物 [J]. 微生物学报, 2018, 58 (1): 9.

[15] Paquete C M, Morgado L, Salgueiro C A, et al. Molecular mechanisms of microbial extracellular electron transfer: the importance of multiheme cytochromes [J]. Frontiers in Bioscience-Landmark, 2022, 27 (6): 174.

[16] 经济合作与发展组织. 生物技术在工业可持续发展中的应用 [J]. 全球科技经济瞭望, 2005 (3): 1.

[17] 毕心宇, 吕雪芹, 刘龙, 等. 我国微生物制造产业的发展现状与展望 [J]. 中国工程科学, 2021, 23 (5): 10.

[18] 中商产业研究院. 2024 年中国生物制造行业市场前景预测研究报告 (简版) [R]. 2024.

第二章
微生物能源转化方式及培养模式

利用微生物将无机碳、废水污染物等资源转化为清洁能源,对环境可持续发展意义重大。常见的生物能源产品包括生物乙醇、生物氢、生物甲烷等,这些产物来自不同种类的微生物及不同的生长代谢过程,如光合作用、发酵等,若要充分利用这些微生物进行减排降污及能源生产,必须深入探究微生物能源转化方式和微生物的培养过程及生长特性。

2.1 微生物能源转化方式

微生物要生长繁殖,就必须从其生活的外界环境中汲取合成自身细胞物质所需的各种营养物质(如各类基本元素)及能量(光能),为机体提供进行各种生理活动所需的能量,保证其生命得以维持和延续,同时将新陈代谢活动所产生的废物排出体外。根据生物生长所需的营养物质性质及能量的来源,能源微生物主要分为(光合)光能自养/异养型、(非光合)化能自养/异养型、混合营养型等,每种类型的微生物都有其特定的代谢途径和生态角色,在自然界中的能量循环和物质循环中发挥着关键作用。

2.1.1 光合微生物能源转化方式

光合微生物的同化过程能量均来源于光，而自养还是异养的关键区分则是生物是否利用二氧化碳作为唯一的碳源或主要碳源。通常而言，光能自养型微生物都含有光合色素，以光作为能源、CO_2 作为碳源进行基本的生命代谢活动。其中，微藻是典型的光能自养型生物群种（少部分可以进行化能异养生长），其光合固碳过程如图 2-1 所示[1]。微藻细胞的光合作用包括光反应阶段和暗反应阶段，光反应是指水在光照条件下分解成还原态氢［H］和氧气，2 分子的水光解成 4 分子的还原态氢［H］和 1 分子的 O_2，同时将光能转化成活跃的化学能，这一过程通常发生在叶绿体类囊体薄膜上；暗反应阶段是通过卡尔文循环将 CO_2 同化为有机物的过程。该循环主要包括三个阶段，第一阶段是 CO_2 的固定，在核酮糖-1,5-二磷酸羧化酶（Rubisco）的作用下，CO_2 被固定在六碳化合物中，该化合物随后分解成两个三碳化合物 3-磷酸甘油酸（C_3）中；第二阶段是 3-磷酸甘油酸还原成 3-磷酸甘油醛（G3P）；第三阶段是核酮糖-1,5-二磷酸（RuBP，C_5）的再生，一个 G3P 被用于合成葡萄糖离开循环，剩余的 G3P 分子进行后续循环，最终生成一个 RuBP，并用于下一循环的 CO_2 固定，总反应式如式(2-1) 所示。微藻光合自养主要受到光照、营养物质（大量元素：C、N、P。微量元素：铁、锰、锌）以及其他因素（pH、温度）的影响[2]。因此，只有在合适培养环境下，微藻等微生物才能表现出较高的光合自养性能，进而具有较高的能源转化效率。

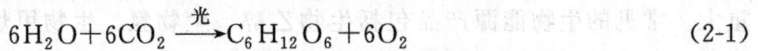

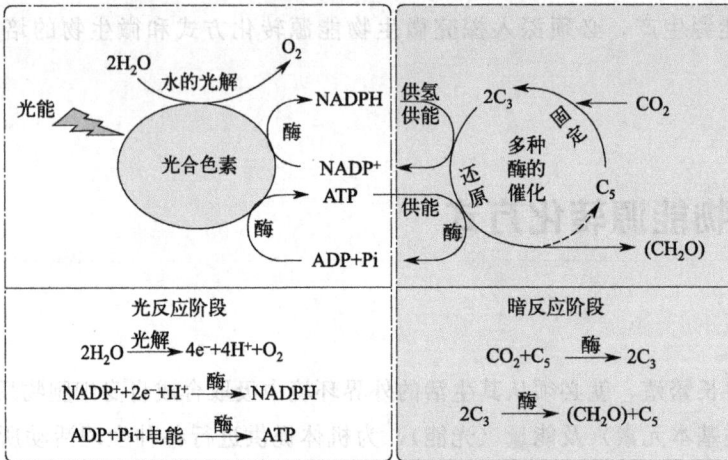

$$6H_2O + 6CO_2 \xrightarrow{\text{光}} C_6H_{12}O_6 + 6O_2 \tag{2-1}$$

图 2-1 微藻细胞光合作用原理示意[1]

（$NADP^+$：还原型辅酶Ⅱ的氧化形式；ADP：二磷酸腺苷；ATP：三磷酸腺苷；Pi：磷酸分子）

除明确含有叶绿体的藻类外，部分光合细菌（PSB）体内同样含有捕光色素，能进行光合作用。与微藻的光合固碳过程不同，光合细菌细胞内只有光系统Ⅰ（PSⅠ），且原始供氢体不是水而是 H_2S（或一些有机物），因此产生氢气而不是氧气。光能自养型细菌的原始供

氢体通常是 H_2S，如红硫细菌和绿硫细菌等，典型的反应式如式(2-2) 所示。而光能异养菌用有机物作为供氢体，一般以 CO_2 及其他简单的有机物为碳源，生长时大多需要生长因子，常见菌属主要包括红假单胞菌属 (*Rhodopseudomonas*) 和红螺菌属 (*Rhodospirilum*)。

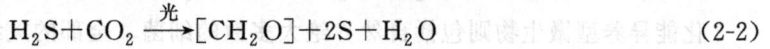

$$H_2S+CO_2 \xrightarrow{\text{光}} [CH_2O]+2S+H_2O \tag{2-2}$$

图 2-2 中展示了一类典型的光合细菌的光发酵产氢原理，当入射光经传输过程到达光合细菌表面时，位于光合细菌细胞膜上的叶绿素和类胡萝卜素对光子进行吸收捕获，并迅速将光能传输至光合反应中心，光合反应中心吸收光子的能量后激发电子供体释放出电子，电子进入电子传递系统后被铁氧还原蛋白 (Fd) 和细胞色素 (Cyt) 输送给 ATP 合成酶 (AT-Pase)，并通过环式光合磷酸化生成大量的 ATP。光合细菌细胞外部的小分子有机物进入细胞内部后，通过三羧酸循环 (TCA) 转化为 CO_2 和氢离子 (H^+)。随后，细胞内固氮酶 (N_2ase) 在 ATP 提供能量的条件下，一方面将氮气或者环境中难以被光合细菌直接利用的有机氮转化为 NH_3，另一方面将 H^+ 转化为 H_2。经过该过程，光合细菌可将光能以化学能的形式储存在 H_2 中。理论上而言，1mol N_2 可生成 1mol 的 H_2，反应方程式如式(2-3) 所示；在没有 N_2 的情况下，可生成 4mol 的氢气，如式(2-4) 所示。

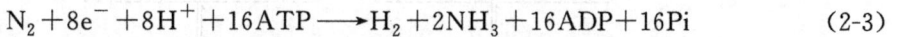

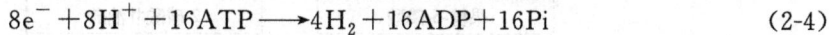

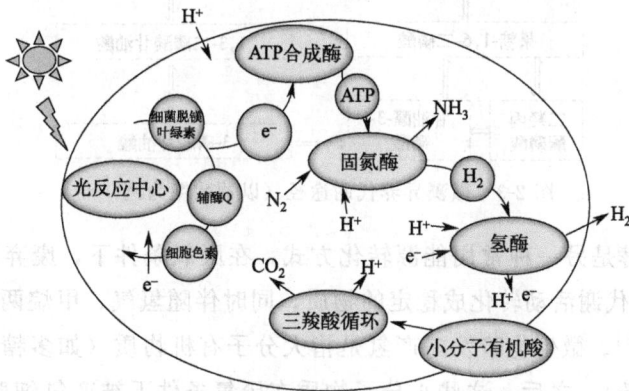

$$N_2+8e^-+8H^++16ATP \longrightarrow H_2+2NH_3+16ADP+16Pi \tag{2-3}$$

$$8e^-+8H^++16ATP \longrightarrow 4H_2+16ADP+16Pi \tag{2-4}$$

图 2-2　光合细菌光发酵产氢原理示意

特别地，蓝细菌 (Cyanobacteria) 的光合作用与传统的光合菌不同，而与微藻更为相近，具有两个光系统且光合作用的结果是产生氧气。

2.1.2　非光合微生物能源转化方式

非光合微生物即化能自养/异养微生物，可在不依赖于光能的条件下通过氧化无机物的能量同化 CO_2 合成细胞物质（自养），或是直接利用有机物作为碳源和能源进行生长代谢（异养）。化能自养型微生物包括硝化细菌 [氨氧化为亚硝酸盐，或亚硝酸盐氧化成硝酸盐，如式(2-5) 所示]、硫细菌（硫化氢氧化为硫）、铁细菌（二价铁化合物氧化成三价铁化合物）等。

$$2NH_3 + 3O_2 \longrightarrow 2HNO_2 + 2H_2O + 能量$$

$$2HNO_2 + O_2 \longrightarrow 2HNO_3 + 能量$$

$$6CO_2 + 6H_2O \xrightarrow{\text{能量}} C_6H_{12}O_6 + 6O_2 \tag{2-5}$$

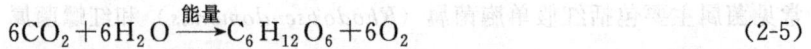

化能异养型微生物则包括自然界绝大多数的细菌、全部的放线菌、真菌和原生动物，在能源微生物中比较突出的典型例子则是部分微藻的异养生长以及多种厌氧细菌的暗发酵过程。部分微藻可以在无光无 CO_2 的条件下通过分解和利用有机碳源（葡萄糖、果糖、半乳糖、乙酸钠、甘油等），以此获得生长所需要的能量和物质，从而达到固碳的目的。例如，微藻以葡萄糖作为有机营养底物，其异养代谢途径如图 2-3 所示[1]。葡萄糖在己糖激酶的作用下被磷酸化，生成葡萄糖-6-磷酸；葡萄糖-6-磷酸在磷酸己糖异构酶的作用下转化为果糖-6-磷酸；果糖-6-磷酸在磷酸果糖激酶 1 催化下生成果糖-1,6-二磷酸，这一关键反应是限速反应；果糖-1,6-二磷酸继续进行后续反应步骤，最终会生成丙酮酸。

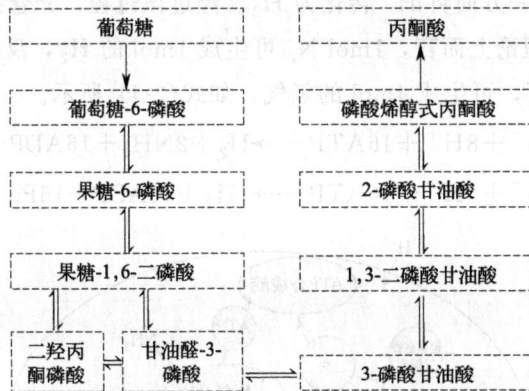

图 2-3　微藻异养代谢途径（以葡萄糖为例）[1]

微生物厌氧发酵是另一种常用能源转化方式，在厌氧条件下，废弃有机物通过微生物（发酵细菌）的生命代谢活动转化成稳定的物质，同时伴随氢气、甲烷两种能源气体和二氧化碳等气体的产生[3]。微生物暗发酵产氢是指大分子有机物质（如多糖）首先被水解为小分子物质（如还原糖），之后，这些小分子物质在厌氧条件下被产氢细菌转化为 H_2、CO_2 以及其他物质等，整个过程不需要光照条件，常用的细菌有肠杆菌科、杆菌科等。值得注意的是，暗发酵产氢通常采用的是混菌模式，因此代谢路径差异较大，但整体可归纳为（图2-4）：糖类物质经过一系列糖酵解生化反应生成磷酸烯醇丙酮酸；磷酸烯醇丙酮酸进一步通过生化反应生成丙酮酸或者草酰乙酸，同时伴有 ATP 的生成；最后，丙酮酸通过相应的转化生成 H_2 和丁酸等物质。

暗发酵产甲烷通过一系列生化步骤将有机物质转化为甲烷和二氧化碳，涉及四个主要阶段：水解、酸化、乙酸化和甲烷化。每个阶段均由特定的微生物群落推动。①水解阶段：在此阶段，复杂的有机大分子如碳水化合物、蛋白质和脂肪被水解成更小的单体，如图 2-5 所示。主要参与水解的细菌包括乳杆菌属、孢子杆菌属和类杆菌属。②酸化阶段：水解后的有机单体进一步转化为多样的代谢物，如氢气、二氧化碳、挥发性脂肪酸和醇类。此阶段的关键微生物有梭菌属、瘤胃球菌属和类芽孢杆菌属。③乙酸化阶段：在此过程，产酸细菌将酸

碳水化合物

苹果酸 ← 草酰乙酸 ← 磷酸烯醇丙酮酸

富马酸

琥珀酸

琥珀酰辅酶A

琥珀酸半醛

4-羟基丁酸

4-羟基丁酰-辅酶A → 巴豆酰辅酶A

丙酮酸 → 乳酸

乙酰辅酶A → 乙酰磷酸 → 乙酸酯

乙酰乙酰辅酶A

β-羟丁酰辅酶A

丁酰辅酶A → 丁酸磷酸盐 → 丁酸盐

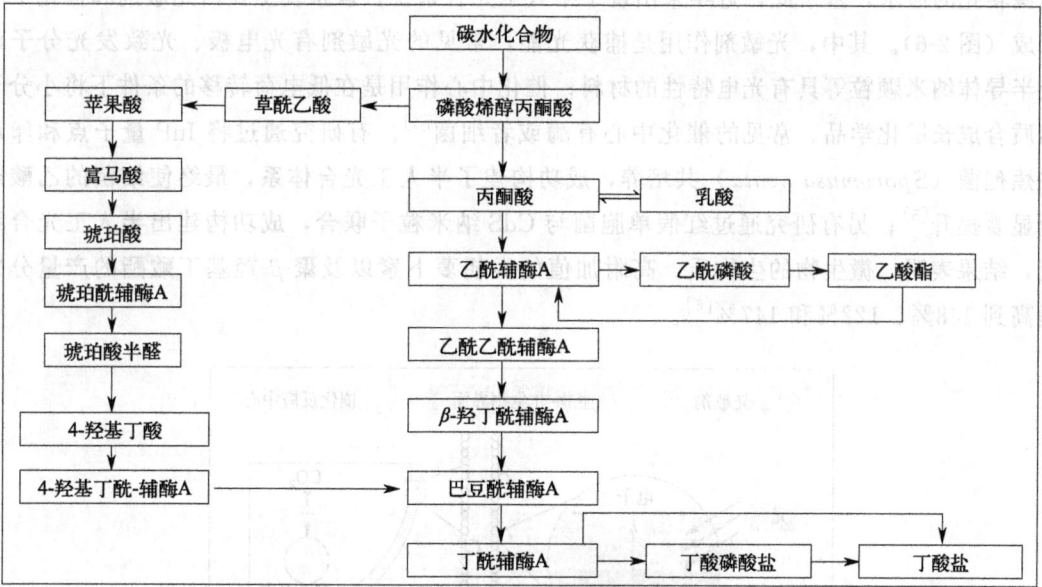

图 2-4 微生物暗发酵丁酸型代谢原理[3]

化阶段的产物转化为氢气和乙酸，主要的活跃细菌包括脱硫弧菌属、氨基酸球菌属和氨基杆菌属。④甲烷化阶段：最后阶段中，甲烷菌利用氢气和二氧化碳或乙酸产生甲烷。此外，电活性产甲烷菌可直接利用电子还原二氧化碳。关键古菌包括甲烷八叠球菌属、甲烷丝菌属和甲烷杆菌属。这些阶段共同构成了一个复杂但高效的生物转化过程，使得有机底物能够在无氧条件下转化为能源气体甲烷。

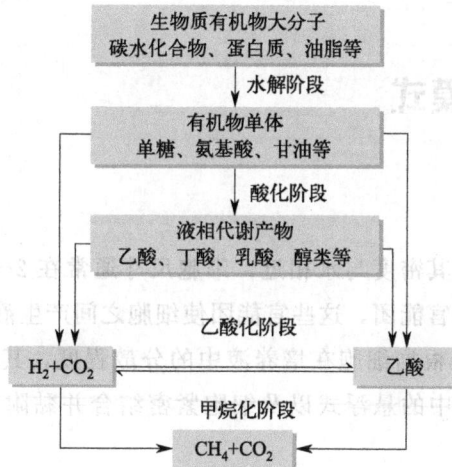

生物质有机物大分子
碳水化合物、蛋白质、油脂等

水解阶段

有机物单体
单糖、氨基酸、甘油等

酸化阶段

液相代谢产物
乙酸、丁酸、乳酸、醇类等

乙酸化阶段

H_2+CO_2　　　　乙酸

甲烷化阶段

CH_4+CO_2

图 2-5 厌氧发酵产甲烷过程示意[3]

2.1.3 半人工光合转化

当前，自然光合效率较低，光能利用率仅为 $1\%\sim2\%$，较低的光合效率限制了人类对能源转化的需求，基于此，近年来出现了半人工光合系统，该系统主要由光敏剂和催化中心组成（图2-6）。其中，光敏剂作用是捕获光能，常见的光敏剂有光电极、光致发光分子以及半导体纳米颗粒等具有光电特性的材料；催化中心作用是在低电荷转移的条件下将小分子物质合成长链化学品，常见的催化中心有酶或者细菌[4]。有研究通过将InP量子点和卵形香蕉孢菌（*Sporomusa ovata*）共培养，成功构建了半人工光合体系，最终使细菌的乙酸产量显著提升[5]；另有研究通过红假单胞菌与CdS纳米粒子联合，成功构建出半人工光合系统，结果表明，微生物的生物质、高附加值的类胡萝卜素以及聚-β-羟基丁酸酯的产量分别提高到148%、122%和147%[6]。

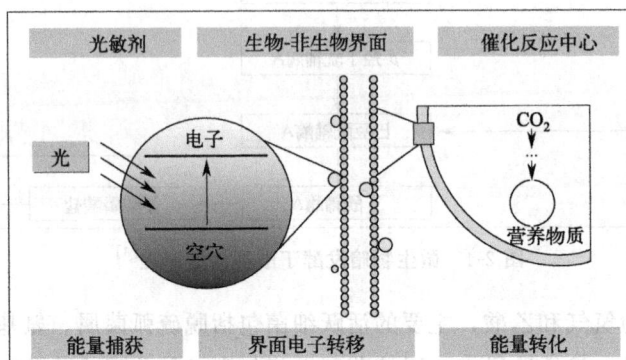

| 光敏剂 | 生物-非生物界面 | 催化反应中心 |

光 → 电子 / 空穴 CO_2 → 营养物质

| 能量捕获 | 界面电子转移 | 能量转化 |

图2-6　半人工光合作用的工作机理[4]

综上，半人工光合转化可以显著提高微生物生产高附加值产品的效率，也是一种有效的微生物能源转化方式。

2.2　微生物培养模式

微生物作为水生生物，其密度与水相近，细胞尺寸通常在$2\sim10\mu m$之间。细胞表面带有氨基酸、羧基和磷酰基等官能团，这些官能团使细胞之间产生静电斥力，从而使其在水中呈现不同程度的分散状态。根据细胞在培养液中的分散程度，其培养模式可分为两种（图2-7）：细胞均匀分散在溶液中的悬浮式以及细胞紧密结合并黏附在载体上形成群落的生物膜式。

以微藻为例，最常用的微藻是无鞭毛的圆球状微藻。微藻细胞通常会因为自沉降作用而黏附到载体表面，但在具有流体搅拌或流动混合的反应器中，由于较强剪切应力作用，细胞难以黏附到表面上，多以悬浮态形式生长。细菌与微藻的区别在于，细菌表面有较短的菌毛和较长的鞭毛，这些表面附属物使得细菌能够运动，并以悬浮态形式自由生长。当细菌遇到载体形成生物膜时，这些鞭毛也起到一定作用。在本节中，将进一步详细介绍微生物的悬浮式生长和生物膜式生长。

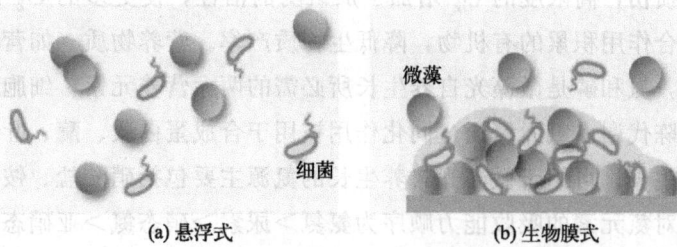

图 2-7　微生物两种典型的培养模式示意

2.2.1　悬浮式培养

微生物的悬浮生长受到多种因素的影响。对于微藻而言，其悬浮式培养［图 2-8(a)］主要受水动力条件、光照强度、CO_2 和 O_2 浓度、营养物质浓度、温度和 pH 等培养条件的影响。首先，水动力条件对悬浮生长影响显著。通常情况下，细胞在自然或人工环境中都受到流动条件的影响。在静流体条件下，周围液体的影响仅限于静流体压力；而在流动条件下，细胞会受到流体动力的影响，从而影响它们的运动（平移和角速度）或变形（拉伸应变和剪切应变）。水动力条件是影响细胞选择悬浮式培养还是生物膜式培养的关键因素。流体流速过大，导致剪切速率过高，细胞难以在载体上形成不可逆黏附，同时也会使细胞变形甚至破裂，影响其存活和生长。其次，光照是影响微藻生长的重要环境因素之一。光照强度影响微藻的生长、繁殖、叶绿素积累、细胞形态和组成等。当光线通过光生物反应器的透明壁面入射到微藻细胞悬浮液中时，因微藻细胞内色素对光的吸收、细胞对光的散射及细胞间的相互遮挡，悬浮液内沿光传输方向光强呈指数衰减，进而导致光强分布不均匀，即光衰减现象。

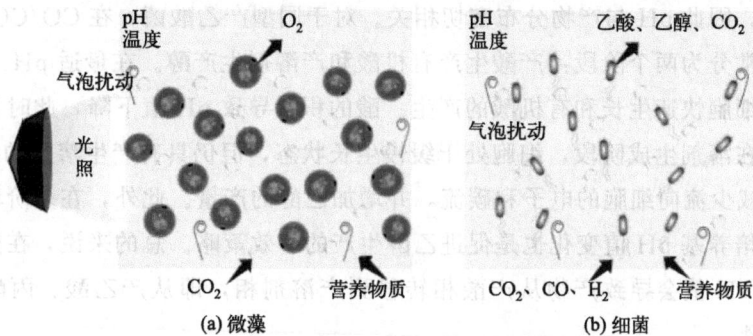

图 2-8　微生物悬浮式培养示意

碳是微藻光自养生长中最主要的营养元素之一，约占微藻细胞干重的 50%。碳源主要影响微藻细胞的生长及细胞内脂类、糖类等物质的合成，供应形式包括气态 CO_2、溶解在培养基中的碳酸氢根和碳酸根。当含有 CO_2 的气流以气泡形式鼓入微藻悬浮液时，较低的传质系数限制了 CO_2 从气泡（气相）到培养基（液相）的传递。根据菲克（Fick）定律，减小气泡尺寸可增大气泡比表面积，加速气泡溶解，减缓气泡在培养基中的上升速度，强化 CO_2 的传递过程。另一方面，当光合作用产生的 O_2 在培养基中累积到一定浓度时，会对微藻细胞产生光氧化损伤，高浓度的 O_2 增加了加氧酶的活性，使更多的 O_2 被细胞吸收用于呼吸，消耗更多光合作用积累的有机物，降低生物质产率。营养物质（如营养盐）是微藻生长的基础。除碳外，氮和磷是微藻光自养生长所必需的两大营养元素，细胞从培养基中吸收氮和磷用于自身新陈代谢。氮元素通过同化作用被用于合成蛋白质、酶、叶绿素等含氮有机化合物，维持细胞生长。可用于微藻光自养生长的氮源主要包括硝酸盐、铵盐、尿素、亚硝酸盐等，其中微藻对氮元素的吸收能力顺序为氨氮＞尿素＞硝态氮＞亚硝态氮。氨氮最容易被微藻吸收利用，因为通过转氨基作用氨氮可直接合成氨基酸，而其他形态的氮源需先转化为氨氮才能被利用。磷是微藻细胞生长发育的另一种不可或缺的营养元素，主要存在于原生质和细胞核中，影响新陈代谢及 DNA、ATP、细胞膜等的形成，直接参与光合作用。常用的磷源主要包括磷酸盐和磷酸氢盐。除碳、氮、磷外，一些微量元素如铁、锌、锰等也对微藻光自养生长有重要影响。

温度是对微藻细胞光自养生长具有重要影响及调节作用的参数，直接影响细胞内酶的活性。研究表明，温度对微藻生长的影响主要通过控制物质与能量代谢过程中的酶动力学实现。高温会抑制新陈代谢过程并降低培养基中气态 CO_2 的溶解度，低温则会降低代谢过程。不同藻种对温度的耐受程度不同，一般而言，大多数藻种的最适生长温度为 15～30℃。pH 对微藻生长过程中的生物过程、营养离子的吸收速率等具有重要影响。过高或过低的 pH 均不利于微藻生长，不同藻种的最适 pH 范围不同。一般来说，酸性介质（pH＝5～7）有利于淡水真核藻类的生长，碱性介质（pH＝7～9）有利于蓝藻细菌的生长。

对于细菌悬浮式培养 ［图 2-8(b)］，以厌氧发酵细菌为例，生长受 pH、温度、热解气组分、营养物质浓度、氧化还原电位等因素影响。pH 是热解气发酵过程中最重要的参数之一，对细菌生长、代谢过程和产物分布有重要影响。pH 对维持酶的最佳活性起着决定性作用。热解气发酵微生物的最适 pH 为 5.5～7.5，具体值取决于所使用的菌种。由于 pH 可以影响代谢调节，因此 pH 与产物分布密切相关。对于同型产乙酸菌，在 $CO/CO_2/H_2$ 气体载体上的代谢通常分为两个阶段：产酸生产有机酸和产溶剂生产醇。在最适 pH 下进行热解气发酵可以促进细胞快速生长和有机酸的产生。酸的积累导致 pH 值下降，此时发酵由产酸转变为产溶剂。在溶剂生成阶段，细胞处于缓慢生长状态，但仍具有产生溶剂的代谢活性。较低的 pH 值会减少流向细胞的电子和碳流，并增加乙醇的产量。此外，在多阶段热解气发酵过程中，调节培养基 pH 值变化也是促进乙醇生产的有效策略。总的来说，在热解气发酵过程中，较低的 pH 值会导致产物从产酸相转移到产溶剂相，即从产乙酸、丙酸等转为产乙醇、丁醇等醇类。

对于热解气发酵而言，温度不仅对细胞生长和代谢起着重要作用，还影响热解气组分气体（如 CO、H_2）的溶解度。大多数用于热解气发酵的微生物都是中温菌，其最适生长温度在 30～40℃之间。而最适生长温度在 55～60℃之间的嗜热菌的报道很少，这可能是因为很少有嗜热物种能够自主地将热解气转化为生物燃料或附加值高的化学品。

热解气组分随原料、气化炉类型和气化条件而变化。气体组成对热解气发酵的影响主要在于各组分所占比例，其中最主要的是 CO 与 H_2 的比率。尽管有报道发现几种微生物可以利用 CO 作为唯一的碳源和能源而不需要 H_2，但学者普遍认为，提供充足的 H_2 有利于生物燃料的生产。从反应路径来看，乙酰辅酶 A 途径所需的电子和质子可通过氢化酶对 H_2 的氧化或通过一氧化碳脱氢酶（CODH 酶）对 CO 的氧化或 CO_2 的还原获得。因此，为了从 CO 中获得最大的产品产量，最好通过 H_2 获得电子，因为这将使 CO 中的更多碳用于生产有机代谢物，而不会被消耗用于产生电子。已有学者用过量 H_2 进行连续热解气发酵提高永达氏梭菌的乙醇产量。然而，CO 是氢化酶的竞争性抑制剂，阻碍 H_2 的吸收，降低 H_2 转化效率。微量金属、矿物质、维生素和其他营养物质的浓度影响微生物的生长及其将热解气转化为产物的发酵能力。因此，优化这些营养素的浓度，提高细菌生长代谢速率至关重要。

2.2.2 生物膜式培养

细胞在载体表面初始黏附后，在特定的环境下增殖生长，形成具有一定孔隙的生物膜。微生物生物膜的形成一般经历四个阶段，如图 2-9 所示。①悬浮细胞到达载体表面：悬浮的微生物细胞在自身重力、鞭毛运动、流体动力或布朗运动的作用下到达载体表面。②初始可逆黏附：通过静电力、范德华力、表面张力等黏附力，细胞黏附在载体表面上，这是初始的可逆黏附过程。结合热力学方法与 XDLVO 理论，可以预测细胞与载体材料的附着机理和强度。即总相互作用能（G^{TOT}）可由式(2-6)描述[8]：

$$G^{TOT}(d) = G^{LW}(d) + G^{EL}(d) + G^{AB}(d) \tag{2-6}$$

式中，LW 为利夫希兹-范德华（Lifshitz-van der Waals）相互作用；EL 为静电双层相互作用；AB 为路易斯酸碱相互作用；d 为细胞表面与载体表面间的距离。若总相互作用能（G^{TOT}）为负，意味吸附容易发生；相反，若 G^{TOT} 为正，则吸附不容易发生。③不可逆黏附：附在载体表面的细胞在繁殖过程中通过分泌大量胞外聚合物（EPS），将分散的细胞连接为成片的群落，增强其黏附能力。这是生物膜形成的基础。④成熟生物膜形成：细胞通过生长和繁殖，逐渐形成具有一定复杂结构的成熟生物膜。

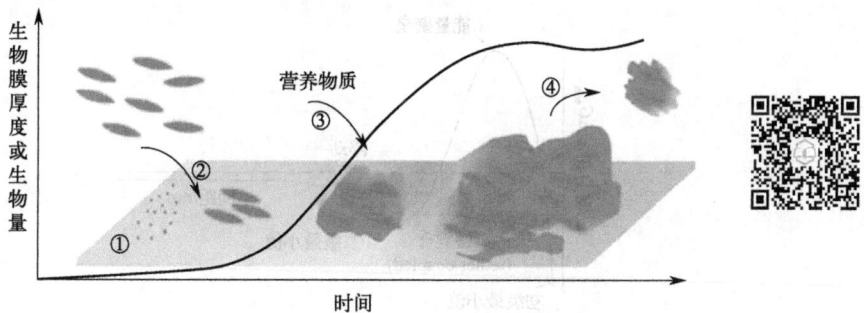

图 2-9 生物膜生长方式示意图[7]

影响生物膜形成的因素有很多，并且在生物膜各个发展阶段，其主要影响因素也不同。在细胞移动到载体附近的阶段，微生物种类、流动状态及外加环境条件是主要影响因素。在细胞的初始黏附阶段，微生物表面的物化性质、载体的表面特性和水力剪切力是主要影响因素。在生物膜的发展成熟阶段，培养条件成为最主要的影响因素。这些因素并不是独立作用于成膜过程的，它们相互影响、相互耦合，共同影响细胞的生长和成熟生物膜的形成。

首先是微生物自身的特性。不同的微生物物种在形状、尺寸、物质含量及代谢特性上的差异，是导致生物膜差异的基础原因。有研究表明，多细胞丝状微藻的黏附效果较好，因为在培养过程中一些微生物更容易形成团聚，造成自絮凝现象，提高细胞与载体表面的接触可能性。在成膜过程中，EPS作为黏合和加固物质，在微生物附着和成膜的过程中扮演重要角色，不同物种分泌EPS的能力不同，形成的生物膜抗剪切能力也不同。

细菌与微藻略有不同，绝大多数微藻没有鞭毛等表面附属物，这些表面附属物对细胞的黏附也有一定影响。运动微生物可以主动寻找、感知和积累有利的环境，或者远离不利的环境。因此，非运动微生物与载体表面的结合机制可能严重依赖于重力沉降，而运动微生物对同一底物表面可能表现出不同的黏附反应。当微生物细胞与载体材料表面接触时，涉及的界面能包括：①微生物-液界面（γ_{ml}），②载体材料-液界面（γ_{sl}），③载体材料-微藻界面（γ_{sm}）[9]。因此，ΔG_{adh} 可用式（2-7）来描述：

$$\Delta G_{adh} = \gamma_{sm} - \gamma_{sl} - \gamma_{ml} \tag{2-7}$$

通常，若 ΔG_{adh} 小于零，说明黏附过程越容易发生。如图2-10所示，由于能量壁垒，细菌无法更接近深层的初级相互作用最低点，通常被假定为可逆地黏附在一个二级的最低点上。由于直径较小，单个表面附属物被认为能够在整个细菌仍处于二级最小值时穿过势能屏障，形成系链耦合黏附。在系链耦合黏附过程中，细菌会在垂直于基底的方向上显示谐波振荡。然而，单个细胞表面附属物通过穿透势能势垒与载体表面的拴系可能不会产生足够的结合，从而导致不可逆的黏附。通常认为直接系在表面的单个附属物仍是可逆黏附。没有表面附属物的细菌无法与载体表面形成系链耦合，会"浮动"在载体表面。虽然单个系链的耦合不会导致细菌不可逆黏附到载体表面，但随着时间的推移，更多的表面附属物会参与细菌的黏附。表面系链也会随时间推移而塌缩，从而增加黏附力导致不可逆黏附。一些较长的系链会给被黏附细菌带来更高的流动性，使其远离载体表面，并暴露于更高的流体剪切力下，这可能会导致更强的脱离。

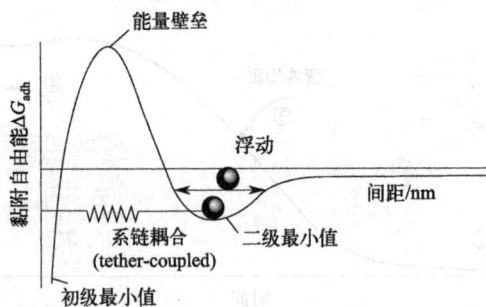

图2-10　微生物黏附的界面吉布斯自由能（ΔG_{adh}）与载体表面间距的关系[10]

其次是载体的表面特性对生物膜生长的影响。载体的表面特性包括：形貌、粗糙度、浸润性、电荷性和生物相容性等。表面粗糙度的增加和形貌的变化可减少液体流动对生物膜中微生物细胞所承受的水力剪切力，为它们提供保护，大大减少了细胞被冲刷的可能性，同时也增加了细胞的黏附位点，有利于微生物的黏附。但也有研究表明，载体的表面粗糙度增大到一定程度时，黏附密度不再继续增大。对于浸润性，通常来说，疏水性细胞更倾向于黏附在疏水材料上，而亲水性细胞则更倾向于亲水材料。但有研究表明，无论是超疏水表面还是超亲水表面，都能限制细菌的黏附。因为润湿性受表面自由能、粗糙度、表面化学、孔隙度和表面电荷等因素影响，尤其是表面自由能和粗糙度。因此，在评估润湿性对细胞黏附的影响时，需要综合考虑其他因素。通过改变表面自由能可以控制表面润湿性，从而调控细胞黏附。表面电荷也是影响细胞黏附力的关键。微藻和细菌通常带有净负电荷，因此在带正电荷表面上观察到更多黏附。表面电荷可以通过 Zeta 电位来测量，也受液相离子强度和 pH 的影响。

最后是微生物的培养条件。生物膜的培养条件包括：温度、光照、营养物质浓度、pH和水动力条件等。水动力条件可以干扰或增强微生物对各种表面特性的感应，从而影响生物膜的结构、组成和机械强度。有研究表明，在流体条件下可以促进生物膜的生长。剪切流通过增加 EPS 的产生和 EPS 基质的强度，促进生物膜的形成。由此产生的 EPS 基质具有保护作用，可使生物膜从压力和水流引起的机械挑战中恢复过来，形成更具抵抗力和可压缩性的生物膜。其他影响因素与悬浮式生长类似，不做过多赘述。生物膜的形成过程包括一系列复杂的生物、物理和化学过程，这些过程受到微生物和载体特性、系统结构形式、水动力条件、光照强度、营养物质浓度、温度、pH 等培养条件的影响，这些因素之间相互作用，形成一套复杂的生物膜生长动力学系统。

2.2.3 微生物生长关键影响因素

通过前面的分析，可以明确微生物的生长过程受到多种因素的影响，主要包括水动力条件、光照强度、营养物质浓度、温度和 pH 等。在悬浮式生长中，水动力条件决定细胞的分散状态和形态，较强的剪切应力会阻碍细胞在载体上的黏附，导致其以悬浮状态生长。光照强度直接影响微藻的生长、繁殖以及细胞成分的积累。碳、氮、磷等营养物质是微藻光合自养生长的基础元素，碳源影响细胞生长和代谢产物的合成，而氮、磷等营养盐则参与细胞的新陈代谢和光合作用。温度影响细胞内酶的活性，不同微生物对温度的耐受程度不同。pH 影响微生物的新陈代谢和营养物质的吸收速率，不同微生物的最适 pH 范围有所不同。在生物膜式生长中，微生物的特性、载体的表面特性及培养条件是影响生物膜形成的主要因素。微生物的形状、尺寸及代谢特性决定了其附着和成膜能力，EPS 的分泌在细胞附着和成膜过程中起重要作用。载体的表面粗糙度、浸润性和电荷性影响细胞的黏附能力，粗糙的表面和带正电的表面有利于微生物的黏附和生物膜的形成。培养条件包括温度、光照、营养物质浓度、pH 和水动力条件等，水动力条件可以通过增加 EPS 的产生和基质强度来促进生物膜的形成。以上因素相互作用，形成了一个复杂的生物膜生长动力学系统。总的来说，微生物生长过程中，水动力条件、光照强度、营养物质浓度、温度和 pH 是关键影响因素。这些因素不仅影响微生物的悬浮式生长和生物膜式生长，还通过相互作用共同影响微生物生长效率和生物膜的结构与性能，最终显著影响微生物的能源转化效率。

2.3　微生物生长特性预测

2.3.1　微生物生长动力学

　　微生物生长受多种因素共同影响，如光强、碳浓度、氮浓度、磷浓度、温度和 pH 等，生长动力学模型可以从理论计算的角度得到不同因素对微生物生长速率的影响规律，而无需进行大量昂贵和耗时的实验，已成为有效的微生物生长过程优化工具，例如为大规模微生物培养系统确定生物质产量最高的培养条件等。生长动力学模型通常包含影响微生物生长的多个因素的函数，其表达式如式(2-8) 所示：

$$\mu = \mu_{max} f(x_1) f(x_2) \cdots f(x_i) \tag{2-8}$$

　　式中，μ 是指微生物实际生长速率；μ_{max} 指微生物可获得的最大生长速率；$f(x_i)$ 是包含多种影响因子的函数，如 N、P、CO_2 浓度或光强等。根据所选环境因素的不同，$f(x_i)$ 有多种不同的表达格式，其中莫诺（Monod）模型是描述浓度对生长速率影响的最基本模型，其表达式如式(2-9) 所示：

$$f(C) = \frac{C}{K_S + C} \tag{2-9}$$

　　式中，C 为微生物生长所需营养物的浓度；K_S 为半饱和常数，即当 $\mu = \frac{1}{2}\mu_{max}$ 时的营养物浓度。生长动力学的模型参数（如 K_S）主要通过对实验数据进行拟合得到，其模型表达式将直接影响预测精度，因此，针对不同的研究对象选用合适的模型至关重要。Monod 模型主要适用于预测营养物浓度较低时微生物的生长情况，高营养物浓度时预测效果较差，因此，有学者提出了 Andrews 模型[11]，该模型考虑了高底物浓度对生长的限制作用，其表达式为式(2-10)：

$$f(C) = \frac{C}{\dfrac{C^2}{K_{S1}} + K_{S2} + C} \tag{2-10}$$

　　该模型中，当底物浓度较低时，提高底物浓度能够提高微生物生长速率，但当底物浓度过高时则会对微生物生长产生抑制。

　　微藻自养生长需要提供光照，过高或过低的光强均会对生长产生抑制，考虑光强的生长动力学模型同样有多种表达式，这里以其中一种举例［式(2-11)］[12]：

$$f(I) = \frac{2(1+\beta)\dfrac{I}{I_s}}{\left(\dfrac{I}{I_s}\right)^2 + 2\dfrac{I}{I_s}\beta + 1} \tag{2-11}$$

　　式中，I_s 为最佳光照强度；β 为通过实验数据拟合得到的系数；I 为当地光强。当 I 等

于 I_s 时微藻生长速率最快。

建立生长动力学模型需要通过实验测量微生物的生物质密度、营养物浓度、温度、光强和 pH 等特征参数。微生物的生物质密度主要通过称重法进行测量，悬浮式培养中可直接通过移液枪对微生物溶液进行定量抽取，而对于生物膜式培养，则需要将培养基上的生物膜冲洗至溶液中，抽取微生物溶液后，需对微生物中的杂质进行去除，并在烘干后通过电子天平测量微生物干重，最终根据抽取溶液的体积或生物膜的面积计算得到生物质密度。

在悬浮式培养中，分光光度法和哈希化学需氧法是目前常用的底物浓度测量技术。紫外分光光度法利用物质分子对紫外可见光谱区的辐射吸收来进行分析，光穿过被测溶液时会被吸收，而溶液对光的吸收程度随浓度不同而变化，可根据吸光度测得溶液中氮盐浓度，如硝酸根、氨氮浓度等，钼锑分光光度法主要用于测量溶液中磷酸盐浓度，哈希化学需氧法可测量溶液中化学需氧量（COD）。

与悬浮式培养不同，固定化培养通常采用微电极测量系统（图 2-11）测量生长过程中的局部特征参数，微电极为工作面积极小的电极，其尖端直径通常从几微米至几百微米不等，能够无扰动地实时测量环境中 pH、溶解氧浓度、二氧化碳浓度等多种特征参数，同时不会破坏被测点的微生态环境与结构，因此特别适用于生物膜内底物浓度的测量。

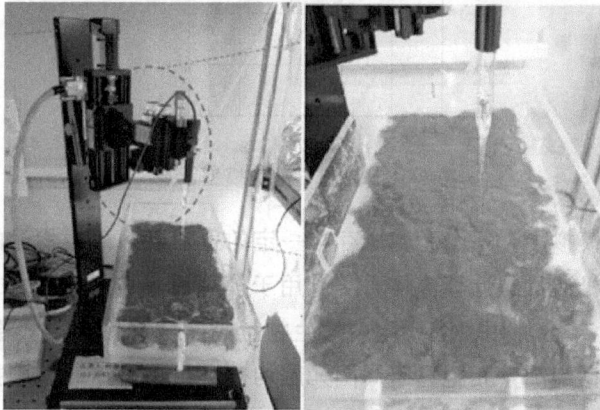

图 2-11　微电极测量系统[13]

2.3.2　微生物生长数值模拟

通过生长动力学模型能够获得宏观微生物生长速率，但当微生物培养系统中营养物分布不均匀时，微生物的生长速率和生物质密度分布会存在空间差异，此时可采用元胞自动机（cellular automata，简称 CA）或基于个体的模型（individual-based modelling，简称 IBM）结合计算流体力学对微生物生长特性进行预测。

元胞自动机是一个时间空间离散的数学模型，能够模拟复杂系统随时间的演化过程，被广泛用于研究微生物生长、颗粒运动、微观粒子相互作用等复杂问题。一般来说，元胞自动机模型的组成主要分为四部分，即元胞、邻居、元胞空间和规则。

① 元胞　元胞分散在预设的二维或三维空间节点上（图 2-12），是元胞自动机的基本组

成部分。

② 邻居　邻居是指元胞的周围元胞，每个元胞的状态与周围元胞状态相互影响，即一个元胞下一时刻的状态取决于本身状态、邻居元胞的状态及元胞运行规则。

③ 元胞空间　所有元胞的集合构成元胞空间，即模拟中的整体计算域。

④ 规则　元胞自动机基于预设的规则运行，而规则是根据具体的研究对象设定的，元胞自动机的运行表达式为式(2-12)：

$$stat(x, t+1) = F[stat(Neighbor, t)] \tag{2-12}$$

式中，$stat(x, t+1)$ 为元胞 x 在下一个时间节点的状态量；$stat(Neighbor, t)$ 为元胞 x 及其周围邻居在时间节点 t 的状态量；F 为元胞自动机的运行规则。

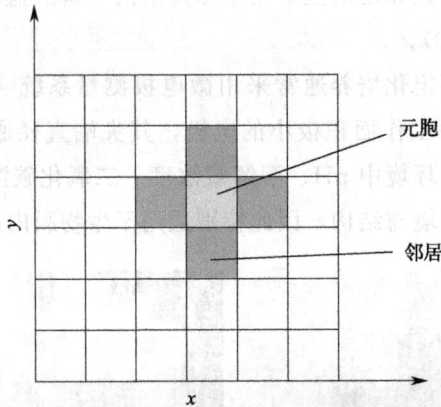

图 2-12　元胞自动机模型示意

在微生物生长的模拟中，每个元胞中存在一定的生物量，而生物量的增长需要消耗营养物质，因此元胞自动机通常与计算流体力学（用于模拟流场与营养物浓度场）、生长动力学（用于预测生长速率）结合使用。当元胞中的生物量超过临界密度时则会发生分裂，分裂产生的新生物量优先占据周围空元胞，当周围元胞均被微生物占据时，则按照预设的规则对周围元胞进行推挤。

基于个体的模型通过描述单个微生物的个体行为和属性来进行建模，与元胞自动机不同的是，元胞自动机关注的是节点上的生物量，而基于个体的模型直接将单个微生物细胞视为基本实体，并对每个细胞进行追踪，当一个微生物细胞改变位置时，它的生物量、可变属性（如分化状态等）和细胞一起发生位移，每个个体的行为决定了群体层面的行为。个体行为指的是微生物细胞的行为，如生长、分裂和产生细胞外物质等，这些行为受到内部或外部过程的影响（如营养物浓度和水力剪切等），基于个体的模型示意图见图 2-13[14]。

总体来看，元胞自动机模型应用范围更广，其既可用于模拟生物膜式生长，同时也能模拟悬浮式培养时微生物的生长过程。基于个体的模型主要用于模拟生物膜式生长，但该模型能够反映出个体属性对生物膜式生长的影响，如不同的微生物尺寸、形状可能导致不同的生物膜结构，因此在生物膜模拟中具有一定优势。此外，由于基于个体的模型对每个细胞进行追踪，其所需计算量通常远高于元胞自动机模型，在选取模型时应从应用场景、计算精度和计算效率等方面综合考虑。

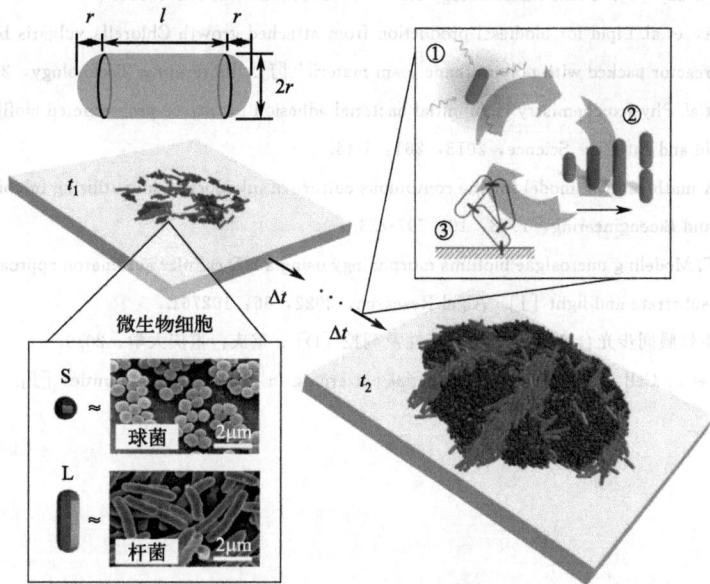

图 2-13　基于个体的模型示意

思考题

2-1. 微生物悬浮式生长和生物膜式生长的主要特点和区别有哪些？

2-2. 简述微生物生长过程的主要影响因素。

2-3. 简述微生物生长动力学中几个常用的经典动力学模型。

参考文献

[1] Shan S Z, Manyakhin A Y, Wang C, et al. Mixotrophy, a more promising culture mode：Multi-faceted elaboration of carbon and energy metabolism mechanisms to optimize microalgae culture [J]. Bioresource Technology, 2023, 386：129512.

[2] 孙亚辉. 基于光传递强化及调控的微藻光生物反应器性能强化 [D]. 重庆：重庆大学，2018.

[3] 孙驰贺. 生物质水热水解及厌氧发酵制氢烷过程转化特性与强化方法 [D]. 重庆：重庆大学，2020.

[4] Xiao K M, Liang J, Wang X Y, et al. Panoramic insights into semi-artificial photosynthesis：origin, development, and future perspective [J]. Energy & Environmental Science, 2022, 15 (2)：529-549.

[5] Wen N, Jiang Q Q, Cui J T, et al. Intracellular InP quantum dots facilitate the conversion of carbon dioxide to value-added chemicals in non-photosynthetic bacteria [J]. Nano Today, 2022, 47：101681.

[6] Wang B, Jiang Z F, Yu J C, et al. Enhanced CO_2 reduction and valuable C_{2+} chemical production by a CdS-photosynthetic hybrid system [J]. Nanoscale, 2019, 11 (19)：9296-9301.

[7] 郑亚萍. 微藻生物膜成膜过程强化及生长调控 [D]. 重庆：重庆大学，2018.

[8] Bos R, Van der Mei H C, Busscher H J. Physico-chemistry of initial microbial adhesive interactions--its mechanisms

and methods for study [J]. Fems Microbiology Reviews, 1999, 23 (2): 179-230.

[9] Mohd-Sahib A A, et al. Lipid for biodiesel production from attached growth Chlorella vulgaris biomass cultivating in fluidized bed bioreactor packed with polyurethane foam material [J]. Bioresource Technology, 2017, 239: 127-136.

[10] Carniello V, et al. Physico-chemistry from initial bacterial adhesion to surface-programmed biofilm growth [J]. Advances in Colloid and Interface Science, 2018, 261: 1-14.

[11] Andrews J F. A mathematical model for the continuous culture of microorganisms utilizing inhibitory substrates [J]. Biotechnology and Bioengineering, 1968, 10: 707-723.

[12] Luo C, Long T. Modeling microalgae biofilms morphology using a 2-D cellular automaton approach to reveal the combined effect of substrate and light [J]. Algal Research, 2022, 66: 102761.

[13] 叶杨丽. 微藻生物膜同步光合自养-异养生长特性及调控 [D]. 重庆: 重庆大学, 2019.

[14] Smith W P J, et al. Cell morphology drives spatial patterning in microbial communities [J]. PNAS, 2017, 114: E280-E286.

第三章

微生物能源转化过程中的多相流动

在微生物能源转化过程中，反应器起着至关重要的作用。反应器内普遍存在气-液、液-固或气-液-固的多相流动，这些复杂的流动直接影响反应器内能量与物质的传输、微生物的分布及其生长代谢。理解并掌握反应器内的多相流动规律，对于改善反应器设计、优化操作条件以及提升反应器性能具有重要意义，最终有助于提高微生物能源转化效率。本章将分别以悬浮式反应器、生物膜式反应器、固定化细胞颗粒填充床反应器和微生物膜悬浮颗粒流化床反应器为对象，介绍其内部存在的多相流动特性、影响因素及其对反应器生化转化性能的影响。

3.1 悬浮式反应器内的多相流动

悬浮式反应器是一种用于微生物生化转化过程的设备，其中细胞或微生物以悬浮形式存在于液体培养基中。这种反应器通过机械搅拌或气体搅拌维持培养基的均匀性，从而提高微生物生化转化过程中的传质效率。在微生物能源转化过程中，悬浮式反应器广泛应用于厌氧发酵、好氧发酵、光合生物反应等领域，用于生物燃油（如生物乙醇、生物柴油）、生物燃气（如甲烷、氢气）和生物化学品等。特别地，微藻悬浮式反应器在生物能源生产过程中展现出了巨大的应用潜力。因为微藻具有极高的光合作用效率（陆生植物的 10～50 倍），可在光能的驱动下通过光合作用将二氧化碳转化为自身生物质。这些生物质可进一步转化为生物柴油、高值化学品、生物肥料以及食品等。此外，微藻具有生长速度快、不占耕地资源、不与人类争夺粮食资源等优点，是未来可持续性绿色能源生产的重要原料。

悬浮式反应器内的多相流动过程涉及气、液、固的复杂流动和传质过程，直接影响悬浮液中微生物细胞的生长代谢速率。本节将具体阐述悬浮式反应器内的多相流动现象及其基本原理，为读者提供系统的知识框架和实践指导，助力悬浮式反应器内微生物能源转化技术的发展。

3.1.1 悬浮式反应器的基本原理和主要类型

悬浮式反应器是通过物理搅拌或气体注入来保持悬浮液中的悬浮和均匀状态。搅拌和气液流动有助于反应器内二氧化碳、氧气与其他营养元素的均匀分布，同时也有助于排出代谢产物，从而提高微生物的生长代谢速率。此外，有效的搅拌或气液流动可以减弱微生物的沉积和团聚现象，进而维护整个反应器系统高效稳定运行。

以悬浮式微藻光生物反应器为例，其类型主要包括开放跑道池反应器、平板式反应器、管式反应器、垂直柱状反应器、气升式反应器等。图 3-1(a) 是典型的开放跑道池反应器，它具有形似跑道的主体结构[1]。在该反应器内，微藻悬浮液在桨轮的驱动下在跑道内形成循环流动。这种类型的反应器具有结构简单、建造和运行成本低、操作便捷、维护成本低等优点，目前已广泛商业化应用。然而，开放池反应器存在占地面积大、培养环境不易控制、易受污染、蒸发损失大等缺点。这些缺点使得开放式跑道池只能适用于少数几种能够耐受极端环境的微藻，如小球藻、螺旋藻等，限制了其应用和发展。平板式反应器为长方体结构，由玻璃、有机玻璃或聚碳酸酯等透明性材料制成[图 3-1(b)][2]。其特点是具有较窄的光通路、较大的光照比表面积，结构相对简单。在实际应用中，可以根据需要设计不同厚度（光径）的平板式反应器。管式反应器通常由小直径的透明玻璃管或有机玻璃管弯曲连接而成[图 3-1(c)][3]。根据管道的排列和布局方式，可分为水平管式、蛇形管式、锥形管式和螺旋管式等类型[4]。密封的管道设计便于与其他设备连接，通过泵送系统可以将藻液输送到后续工序以实现整个流程的自动化。然而，这类反应器中藻细胞代谢产物（如溶解氧）容易积累，会对微藻生物质积累产生不利影响。

典型垂直柱状鼓泡反应器如图 3-1(d) 所示，其结构为一个高透光的圆柱形容器，且容器的高度通常是其直径的两倍以上[2]。气泡发生器固定在容器底部，将富含二氧化碳的气体以微气泡的形式引入微藻细胞悬浮液中，既提供了微藻生长所需的碳源，又有利于微藻细胞悬浮液的混合。典型的气升式反应器如图 3-1(e) 所示[2]，其内部结构包括相互连接的上升区和下降区。气泡发生器仅安装在上升区的底部。当气泡进入上升区时，由于上升区是气泡和培养液的混合物，其平均密度小于下降区（培养液）的密度。在密度差的驱动下，微藻细胞悬浮液从下降区流入上升区，从而实现培养液的混合。

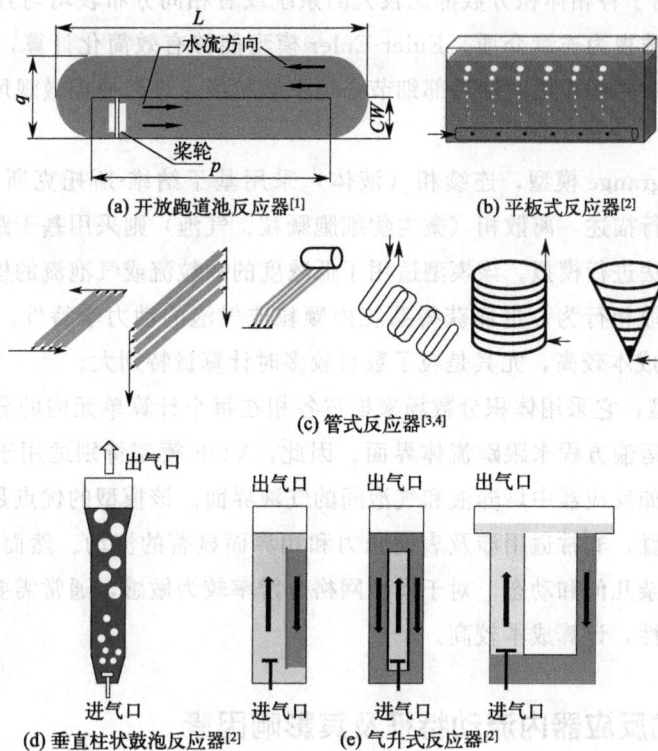

图 3-1　悬浮式微藻光生物反应器的类型

图中标注：
- (a) 开放跑道池反应器[1]
  - 水流方向
  - 桨轮
  - L、q、CW、p
- (b) 平板式反应器[2]
- (c) 管式反应器[3,4]
- (d) 垂直柱状鼓泡反应器[2]
  - 出气口、进气口
- (e) 气升式反应器[2]
  - 出气口、进气口

3.1.2　悬浮式反应器内多相流动的基本理论

多相流动是指在同一系统中存在两种或者两种以上不同相态（如气相、液相、固相）的流动现象。悬浮式反应器内的多相流动包括气-液、液-固或气-液-固等形式。气-液形式通常是指气体以气泡的形式鼓入反应器，提供微生物生长所需的气体（如氧气、二氧化碳）并提高气体的传质速率；液-固形式中液相为营养液，固相为微生物细胞颗粒；气-液-固形式则是指反应器内同时存在气泡、液体和固体颗粒的三相流动。悬浮式反应器内的多相流动特性主要受到流体动力学性质（如黏度、密度、流速等）、各相间的界面作用力以及反应器操作条件（如温度、压力、光照等）的影响。而上述多相流动特性和反应器内营养物质的传输过程密切相关，直接影响微生物生长代谢速率和反应器性能。

为了准确描述并预测反应器内多相流动行为，研究人员开发了多种数学模型。这些模型通常基于连续性方程、动量方程和能量方程。可以通过求解上述方程组来获得系统内不同相之间的相互作用和流体流动行为。主要的模型包括欧拉-欧拉（Euler-Euler）模型、欧拉-拉格朗日（Euler-Lagrange）模型和 VOF（volume of fluid）模型。其中，Euler-Euler 模型是一种双流体模型，它假设每一相都是连续的，并用一组平均的宏观方程来描述每一相。具体来说，Euler-Euler 模型通过连续性方程和动量方程描述每个相的流动行为，方程中包括的相间作用力（如阻力、虚拟质量力、湍流交换等）用于描述不同相之间的相互影响。Euler-

Euler 模型一般适用于各相体积分数都比较大的系统或者相间分布较均匀且相界面不明显的系统。由于各相均被视为连续介质，Euler-Euler 模型能够有效简化计算，从而提高计算效率。然而，该模型对相间作用力和局部细节描述不够精细，难以捕捉微观尺度的相间作用和细节。

对于 Euler-Lagrange 模型，连续相（液体）采用基于纳维-斯托克斯（Navier-Stokes）方程的欧拉方法进行描述，离散相（微生物细胞颗粒、气泡）则采用基于跟踪每个粒子运动轨迹的拉格朗日方法进行模拟。该模型适用于低浓度的颗粒流或气泡流的模拟，可以用来精确地跟踪和描述离散相行为，进而获得系统内颗粒或气泡的动力学特性。然而，Euler-Lagrange 模型的计算成本较高，尤其是粒子数目较多时计算量特别大。

对于 VOF 模型，它采用体积分数场来描述各相在每个计算单元内的分布，通过求解一组描述体积分数的运输方程来跟踪流体界面。因此，VOF 模型特别适用于模拟具有自由表面的两相流动，例如反应器中培养液和气泡间的气液界面。该模型的优点是能精确捕捉和追踪界面的形状和位置，非常适用涉及表面张力和相界面显著的流动。然而，VOF 模型涉及大量界面重构的复杂几何和动态，对于模型网格分辨率较为敏感，通常需要精细的网格来确保模拟界面的准确性，计算成本较高。

3.1.3 悬浮式反应器内流动特征及其影响因素

悬浮式反应器内的流动特征主要包括液体流速分布、流动阻力、气含率、湍动能及湍动能耗散率、混合效率等。其中，流速分布是悬浮式反应器内流动特征的基本表现形式之一，指的是反应器内各个位置的流体速度大小和方向的分布情况。流速分布的均匀性是悬浮式反应器性能的重要指标。流动阻力是指流体流动时所受到的阻力，通常包括液相、气相和两者的相互作用产生的阻力。在悬浮式反应器中，流动阻力通常通过压降、阻力系数、泵功率等参数进行定量评估。流动阻力会加剧反应器的能量消耗，特别是在高黏度高密度的流体中，需要更多的泵送功率来维持反应器内的流动状态。此外，流动阻力会影响气液界面的更新频率，从而影响气液传质速率。较高的流动阻力通常会导致传质效率降低。气含率表示气体在反应器内所占的体积。气含率的变化会影响气相和液相之间的传质效率，最终影响反应器性能。气含率越大说明气液传质能力越强。湍动能表示流体湍流运动中的动能，是湍流强度的一个度量，通常采用速度波动分量的均方根值的一半表示。湍动能耗散率表示湍动能转化为热能的速率，它代表着以分子传输过程为主导的微观尺度上的混合。在悬浮式反应器中，较高的湍动能和湍动能耗散率分别说明了宏观尺度和微观尺度上流体的混合程度较好。在反应器设计中，了解湍动能和湍动能耗散率的分布有助于优化反应器结构和操作条件，以提高生化反应速率和反应器性能。混合效率是衡量悬浮式反应器内物质混合程度的重要指标，直接影响生化反应速率和生物质产量。高混合效率有利于营养物质在反应器内均匀分布，提高生化反应效率。

悬浮式反应器内流动特征受多种因素影响，主要包括反应器结构、外界操作条件、培养液性质以及气泡特性等方面[4]。以下是这些因素对反应器流动特征影响的具体分析。

①反应器结构　反应器的结构形式（如管式反应器、平板式反应器、气升式反应器等）、内构件（如挡板、扰流件等）对流动特征有显著影响。例如，跑道池反应器中扰流件的布置会影响藻液的流动状态和湍流强度，局部湍流能够促进悬浮液内营养物质和微藻细胞颗粒的均匀分布。同时，适当的湍流还有利于防止微生物细胞沉降或附着到反应器壁面上，使微生物细胞保持悬浮状态，最大化气体交换并避免过多代谢产物的累积，从而避免微生物生长受到抑制。

②外界操作条件　影响悬浮式反应器内流动特征的外界操作条件包括液相流速、气相流速、温度、压力等，这些参数的改变会直接影响流体的流动状态和生化反应过程。对于流速而言，增大流速可以提高湍流强度和营养液向微生物细胞的传质速率。然而，过高的流速极易导致其气泡破碎，从而降低气液传质效率。此外，高流速下的高剪切应力也容易对微生物细胞造成损伤。对于气体流速而言，增加气相速度会加速气泡上升，并增强液体中的湍流强度，进而强化气液混合，提高传质效率。但如果气速过高，一方面会导致气泡合并成大气泡，影响反应器内气液接触效率；另一方面，过高的气速还会增加反应器的能耗。对于温度而言，温度影响传质系数和微生物生化反应速率，适宜的温度能够优化微生物生化反应条件，提高微生物生长代谢速率。压力主要影响气体的溶解度，较高的压力可以增加气体在液相中的溶解度，提高气液传质效率。

③培养液性质　培养液的性质（黏度、密度和表面张力）对悬浮式反应器内的流动特征有重要影响。培养液的黏度直接影响流体的流动阻力和微生物细胞颗粒的悬浮状态。较高的黏度有助于减缓颗粒的沉降速度，增强颗粒的悬浮稳定性。然而，过高的黏度会增加流体的流动阻力，导致能耗增加，也会影响混合效果和传质速率。培养液的密度影响流体的浮力。较高的密度可以提供更大的浮力，有助于颗粒保持悬浮状态。此外，培养液密度与颗粒密度的差异也决定了颗粒的沉降速度。通过对培养液密度的调控，可以有效避免颗粒的过快沉降。培养液的表面张力影响颗粒的润湿性和界面行为。较高的表面张力会增加颗粒与液体界面的张力，从而导致颗粒的聚集和沉降。降低表面张力可以增强颗粒的分散性，防止颗粒聚集。此外，表面张力还影响气泡的形成和破裂行为。因此，表面张力影响气泡和微生物颗粒在液相中的分布和运动。适当控制表面张力，有助于优化气泡和微生物细胞颗粒的悬浮状态，从而提高反应器的传质效果和生化转化效率。

④气泡特性　影响反应器内流动特征的气泡特性包括气泡的尺寸、形状和气泡分布。对于气泡尺寸而言，小气泡比表面积大，传质效率高，但小气泡容易发生破碎和聚并；对于气泡分布而言，均匀的气泡分布有助于提高传质效率，避免局部生化反应停滞。一方面，通过控制气泡的生成过程，可以优化气泡尺寸分布，提高传质效率；另一方面，通过优化气体分布器的设计，可以实现均匀的气泡分布，最终提高生化反应速率。

3.1.4　多相流动对悬浮式反应器性能的影响

悬浮式反应器在微生物能源转化过程中发挥着重要作用。以微藻能源化利用技术为例，微藻通过光合作用将 CO_2 转化为自身生物质，进一步通过采收、干燥以及能源物质提取等后处理步骤，可以将其制成生物柴油、生物燃气等生物质燃料。由此可见，微藻培养是微藻能源化利用过程的基础，反应器中微藻的高效生长是实现生物质能源转化的前提和关键。

在微藻悬浮式反应器中，气液流动和 CO_2 传递、光能、营养盐供应密切相关，直接影响着微藻的生长。然而，作为微藻光合生长最重要无机碳源的 CO_2 在培养液中的溶解度较低，导致其从气相到液相的传质能力较弱，进而影响 CO_2 在培养液中的分布。为了实现反应器中 CO_2 与培养液的气液混合，通常通过反应器底部的气体分布器以气泡形式鼓入培养液中。悬浮式反应器的鼓泡过程带来的气液流动的影响主要体现在两个方面[5]。一方面，CO_2 气泡在培养液中的上升运动促进气液混合，优化反应器内 CO_2 分布，从而提高微藻细胞对 CO_2 的利用；另一方面，气液两相流动带来的混合效果可以防止细胞在反应器中沉降，确保营养物质和微藻细胞的均匀分布。气泡在上升过程中，通过剪切应力驱动微藻悬浮液进行循环流动（图 3-2）。同时，气液界面上的微藻细胞吸附行为会影响微藻的分布和生长。气液流动形成的良好混合状态避免了高密度培养时藻细胞之间的相互遮挡，并防止了过量热量和氧气的积累，使培养液保持在适宜微藻细胞生长的温度范围（15～26℃）和 pH 范围（7～9）内，从而促进了微藻生长。然而，过强的气液流动会导致 CO_2 从培养液中更快逸散，并且过大的剪切应力容易抑制细胞的生长，甚至导致细胞死亡[6]。

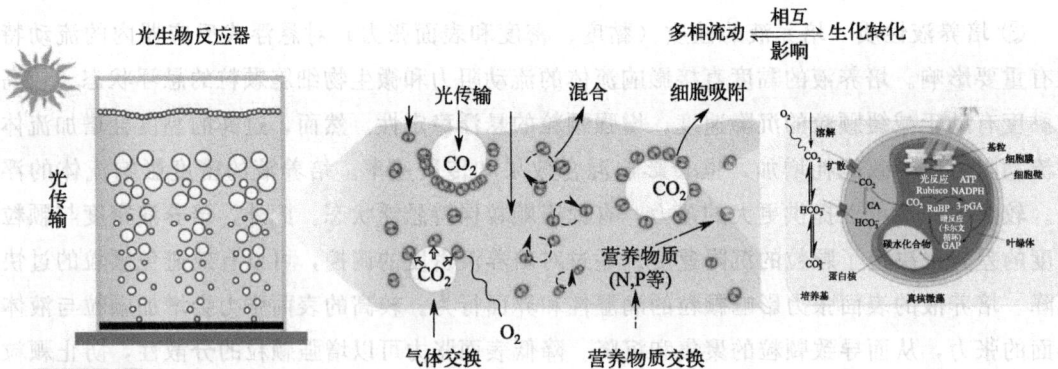

图 3-2 微藻悬浮式光生物反应器内多相流动和生化转化的相互影响[5]

为了探究反应器内的两相流动特性，国内外研究学者从实验和数值模拟两方面开展探究。实验主要是利用图像测速（PIV）技术对光生物反应器内的鼓泡行为进行可视化研究。研究表明，保持多相流体的适当混合状态是悬浮式生物反应器优化设计和高效运行的关键[7]。数值模拟主要是采用计算流体力学（CFD）方法获得反应器内气液流动的特征参数。研究表明，对圆柱式光生物反应器中的气液两相流动与传质进行数值模拟，可获得液相流速、气含率和湍动能耗散率等流动特性，并基于微藻生长动力学模型，预测获得了微藻生长速率变化趋势[8]。此外，研究人员通过 CFD 模拟研究了平板反应器顶部安装旋转鼓轮对其表观气速、气泡直径、气含率、相界面比表面积及气相浓度的影响。结果显示，反应器顶部安装旋转鼓轮增加气相停留时间，使其内部气相分布更均匀[9]。

悬浮式反应器中的鼓泡行为会影响气液流动，进而影响悬浮液中营养物质的传递以及藻细胞在反应器中的分布和生长代谢。而代谢产物的迁移和传递又会影响反应器中的两相流动、多相分布和流动阻力，进而影响光照和营养物质的传输。简言之，悬浮式反应器内多相流动与微生物生化转化是相互耦合的。通过合理设计和优化反应器内部结构，可以显著提高微生物的生长速率，实现高效的能源转化，为悬浮式反应器的设计和运行提供理论基础和实践指导。为了提高生物质产量，各国研究学者设计并优化了悬浮式反应器的不同内部结构，这些内构件的作用主要体现在以下几个方面：

① 延长反应器内 CO_2 的停留时间　研究表明，通过在平板式反应器内安装含有内孔的倒弧槽，使该反应器内气液接触时间从 0.448s 增加到 256s，进而使得反应器内微藻生物质产量增加 20.9%[10]。在反应器内部设置具有竖直隔板的气浮室中，CO_2 气体从气浮室底部的一侧鼓入，气泡与微藻悬浮液共同上升，随后在水平跑道池中流动，最终回到气浮室中非曝气的一侧，从而实现循环流动。通过这种设计，CO_2 气泡的停留时间得到增强，最终提高微藻生物质产量[11]。

② 加快反应器内藻细胞的光暗循环频率　与不加扰流件的反应器相比，扰流件强化了反应器内藻细胞沿光传输方向的运动速度，最终提高微藻生物质产率[12]。例如，在平板式反应器的前区后壁交替设置水平挡板式扰流件，从而形成漩涡，促使微藻细胞在光区和暗区之间进行周期性移动[13]。进一步优化该反应器内水平挡板的倾斜角度和开口率，提高液体流速、光暗循环的频率以及生物质的产量[14]。研究人员通过在反应器内构建了翼型导流板，有效增强了反应器内从中心上升区到两侧下降区的循环流动，使得流体在光照梯度方向上的流速提升了 114.8%[15]。同时，气泡运动区域的扩大导致气液混合时间的减少，从而有效提高了传质系数，最终使其生物质浓度相比对照组提高 18.3%。

③ 强化反应器内的湍流混合效果　研究表明，在跑道池的长直段中，藻液混合效果较差，藻细胞容易沉积在池底；而在弯道区域，由于涡流的形成，湍流混合效果显著增强[16]。在平板式反应器中，挡板式扰流件的存在阻碍了气泡的上升，导致反应器中流体混合强度和速度自下而上逐渐减弱，不利于反应器内营养物质的整体均匀性。为此，通过在反应器流体下降区添加倾斜挡板，形成梯形室，从而在局部位置形成湍流扰动，增强营养物质混合[17]。然而，这些设计易导致内构件处细胞沉积。为此，研究人员设计了水平圆柱和三角棱柱挡板，在优化了气液流动的同时缓解细胞沉积，提高细胞生物质浓度[18]。

综上所述，通过对反应器内部结构的优化，不仅能有效延长 CO_2 气泡在液相中的停留时间，还能改善反应器内的气液流动状态，促进藻细胞在光区和暗区之间的循环运动和营养物质混合效果，进而提高生物质产量和产率。

3.2　生物膜式反应器内的多相流动

生物膜式反应器是一类利用附着在载体表面的微生物膜进行物质传递与转化的反应器，广泛应用于废水处理、生物燃料生产等过程。生物膜式反应器内微生物膜的形成、生长、维持和功能发挥都与该反应器内的多相流动密切相关。这些多相流动特性将直接影响生物膜反应器的传质、传热和生化反应效率。尤其是在浸没式微藻生物膜反应器中，光合作用生成的气泡在具有一定表面浸润性的载体表面聚集并生长，并最终脱离生物膜进入液相，形成特有的气液流动模式。这些气泡的生成、长大和脱离不仅影响反应器内的流体动力学，还直接关系到气液界面面积和传质系数，从而影响生物膜的生物质产量。因此，认识生物膜式反应器内的多相流动特性，对于提升反应器性能、实现高效微生物能源转化具有重要意义。本节将立足于生物膜的形成过程和常见生物膜式反应器的基本形式，深入探讨生物膜式反应器内的多相流动特性，分析多相流动的影响因素及其优化策略。特别是针对微藻生物膜光合作用生成的气泡及其引起的气液流动进行探讨。通过对多相流动状态的优化，为微生物能源转化过程中生物膜式反应器的性能提高提供指导。

3.2.1　生物膜式反应器的基本原理和主要类型

生物膜是指微生物细胞在范德华力、路易斯酸碱作用力、静电作用力等下吸附于支撑载体表面，随后在营养物质的作用下不断分裂增殖并分泌胞外分泌物（EPS）使其牢固附着在载体表面，最终形成的微生物群落[19]。生物膜培养方法实现了液体介质与生物质的有效分离，可以有效克服悬浮模式下耗水量过大以及分离困难的缺点。因此，采用生物膜法进行微生物能源转化具有节水能力强、生物质产率高以及采收脱水耗能低等优势。

根据生物膜反应器中微生物细胞与外界环境的传质特点，生物膜式反应器可分为全浸没式系统、间歇浸没式系统以及非浸没式系统（又称为灌注系统）。其中，全浸没式系统通常为流动通道池的形式[图 3-3（a）]。在这类系统中，附着在载体表面的微生物细胞被营养液完全覆盖，营养液通过泵或流动通道倾斜来驱动。

间歇浸没式系统是指微生物膜间歇性、周期性地处于营养液浸没状态或暴露于气相。当生物膜浸没于液相营养液时，液相营养物质通过扩散作用传递到生物膜并被微生物细胞吸收利用；当生物膜暴露于气相时，气体分子与生物膜直接接触，避免了液层对气相传输的限制，缩短了气体到生物膜的扩散路径，有助于微生物的生长代谢。实现间歇性浸没效果的方式主要包括两种。一种是采用周期性的改变支撑基底的位置来实现。例如，利用电机带动旋转圆盘式的生物膜基底转动，实现圆盘基底上的生物膜在液相培养基和气相中周期循环[图 3-3（b）]。通过在反应器底部安装一个振荡器，使得反应器与水平面之间呈现一定的角度并可以进行摇动，从而实现生物膜周期性地暴露于气相环境中[图 3-3（c）]。另一种是通过改变营养液的流速或灌注频率，以实现反应器中的生物膜周期性地暴露在气相环境中。

非浸没式系统（又称为灌注系统）是将为微生物细胞接种于可渗透多孔支撑基底表面形成生物膜，生物膜的一层暴露于气相空间，另一侧的营养液从可渗透多孔层渗透进入生物膜供给微生物细胞所需的营养物质[图 3-3（d）]。这样的设计方式使得反应器的气、液供给方便调控，并促进了气体交换，避免了气液传质损失。

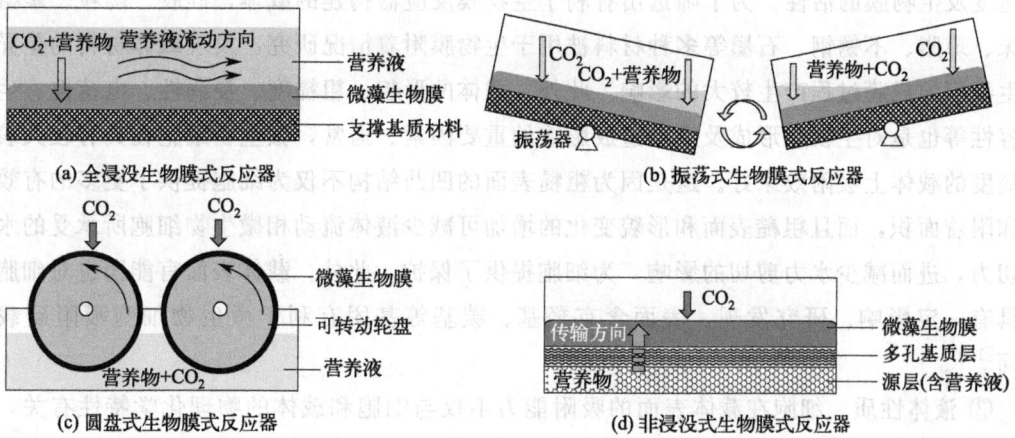

图 3-3　生物膜式反应器的典型类型

3.2.2　生物膜式反应器内的流动特征及其影响因素

为了探讨生物膜式反应器内的流动特征，必须先了解反应器内生物膜的成膜过程。生物膜的形成一般要经历如下几个过程，如图 3-4 所示。首先，悬浮液中的微生物细胞借助自身重力、流体动力或借助鞭毛的主动力作用下运动到载体表面附近；之后，通过鞭毛、纤毛等细胞器和细胞膜的外层膜蛋白，在范德华力、静电力、路易斯酸碱作用力等作用下吸附到载体表面上；然后，附着到载体表面的细胞在繁殖过程中通过分泌大量细胞外聚合物（EPS），在载体表面使分散的细胞连接为成片的群落，使其在载体表面的吸附能力变强；进一步，微生物细胞通过转化营养底物（如 CO_2 等气相底物、有机碳以及无机营养离子等液相底物），生长成为具有一定复杂多孔结构的成熟生物膜，并在这一过程中排出代谢产物（如 O_2、H_2 等气相产物）；最后阶段是成熟的生物膜中的细胞衰老，然后脱离生物膜的过程。

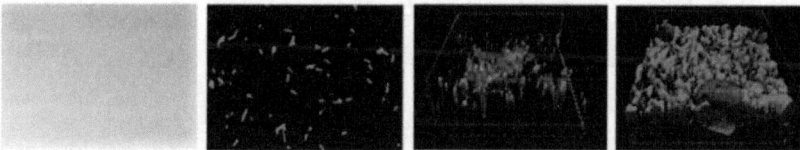

图 3-4　微生物成膜及其发展过程

由上述过程可知，生物膜反应器内的多相流动现象主要涉及微生物吸附成膜过程和成熟生物膜的生长代谢过程。对于微生物细胞吸附成膜而言，微生物悬浮液中细胞颗粒在载体表面的流动吸附是一种典型的液-固两相流动。影响微生物细胞吸附成膜的主要因素包括：

① 微生物细胞自身特性　对于不同的微生物物种，其形状、尺寸、物质含量及代谢特性的差别，是造成生物膜不同的重要原因。仅就微生物细胞的形状和尺寸而言，通常是具有和载体表面微结构特征尺寸相近的球形或椭球形的细胞的吸附效果较好。

② 支撑载体的性质　载体表面物理化学特性会影响微生物细胞的吸附能力、微生物成

膜速度及生物膜的活性。为了筛选出有利于生物膜反应器构建的载体,硅胶、陶粒、聚氨酯泡沫、琼脂、不锈钢、石墨等多种材料被用于生物膜附着情况研究,发现载体材料的差异会对生物膜的成膜过程产生较大的影响。此外,载体的形貌、粗糙度、浸润性、电荷性、生物相容性等也是对生物膜形成及发展造成影响的重要因素。通常,微生物细胞在具有较大表面粗糙度的载体上吸附效果好。这是因为粗糙表面的凹凸结构不仅为细胞提供了更多的有效接触和附着面积,而且粗糙表面和形貌变化的增加可减少液体流动相微生物细胞所承受的水流剪切力,进而减少水力剪切的影响,为细胞提供了保护。此外,载体表面官能团也对细胞吸附具有一定影响。研究发现,表面含有羟基、羰基等基团有利于微生物细胞吸附到载体表面[19]。

③ 液体性质　细胞在载体表面的吸附能力不仅与细胞和载体的物理化学特性有关,且受细胞所处液体性质的影响。影响细胞吸附成膜特性的液体性质包括液体表面张力、离子强度以及液体 pH 等。液体 pH 对微生物成膜的影响主要体现在:第一,对于微生物细胞来说,培养液 pH 会影响微生物细胞膜的流动性、膜上蛋白质特性和表面电荷性等;第二,pH 的变化会影响培养液中的电离平衡和水解平衡,微生物生长环境中的各离子浓度;第三,培养液 pH 的变化会影响固体基质表面的物理和化学性质。例如,当溶液 pH 在 7 左右时,微生物细胞表面带负电荷,利用异种电荷互相吸引的原理,表面带正电荷的载体有利于细菌的吸附,可加快微生物细胞的附着速度。

④ 流体动力条件　以小球藻细胞在壁面吸附为例,靠近反应器壁面的藻细胞受到包括浮升力、重力、曳力和吸附力(图 3-5)。在具有较高流速和晃动的反应器中,微生物细胞受到很强的流体携带和扰动作用,将很难吸附到载体表面上。此外,在微生物悬浮液流动过程中,液体边界层厚度也对微生物细胞的壁面吸附有明显影响。这是因为在流体边界层内,由于黏性力作用,边界层内流体速度很小,此处微生物细胞的运动只能依靠自身的运动或布朗运动、重力沉降等。通常,细胞这类运动的速度远低于流体流速。因此,流体边界层越薄,细胞就越容易到达壁面,导致其越容易吸附成膜。

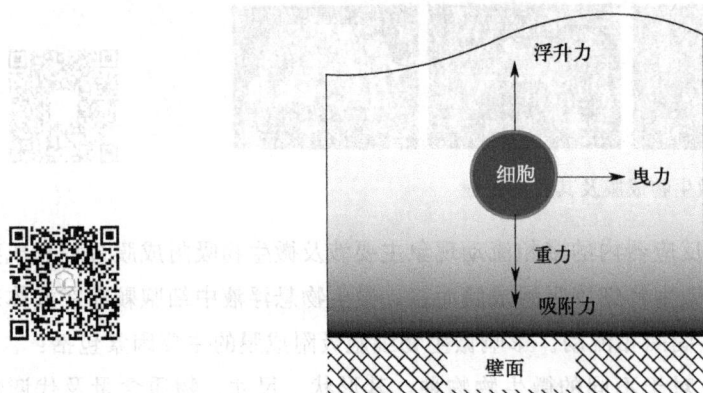

图 3-5　反应器近壁面处的微藻细胞受力情况

通常采用实验和理论计算的方法来探究微生物细胞的吸附成膜特性。实验法包括静态吸附法、出口溶液检测法、微管吸吮法、表面等离子体分析检测法以及可视化流动吸附法等。

其中，可视化流动吸附法是最典型的方法，它通过透明材料搭建平行板流动室，并将该流动室置于显微镜下对流动过程进行实时观测和原位表征。在理论计算方面，基于微生物细胞吸附的热力学模型，DLVO 理论和 EDLVO 理论等被用于微生物细胞吸附过程的分析和预测。随着 CFD 技术的发展，可以采用 Euler-Lagrange 模型对微生物细胞吸附过程的液-固两相行为进行数值模拟，探究反应器结构、液体流速、细胞大小分布、细胞浓度以及载体表面性质等对微生物吸附特性的影响，从而为细胞吸附成膜提供理论指导。

对于发育成熟的生物膜而言，影响其生化转化性能的主要因素包括反应器内局部气液两相流动、培养条件以及微生物自身特性。

① 反应器内局部气液两相流动　以非浸没式生物膜系统为例，生物膜可以直接利用环境中的气相底物，且系统中无明显的气泡产生或留存。而对于全浸没式系统和间歇浸没系统而言，气相底物通常是直接通入培养液中，使气相底物溶解在液体中，然后将预混液供给生物膜生长。同时，生物膜生长过程中不仅需要气相底物的输入，也会在生化转化过程中释放代谢气体，这些代谢气体在液相中溶解超过其饱和度后，也会以气泡的形式析出，从而在生物膜反应器内形成局部气液两相流动。生物膜反应器内代谢气体产生的气泡的产生、生长、脱离及运动行为和生物膜支撑载体的表面性质以及细胞活性有关。通常，细胞的活性越好，越容易生成代谢气泡；载体表面的浸润性越低，表面的疏水性越大，附着的代谢气泡越不容易脱离。生物膜反应器系统内存在气泡时，气液界面以及气泡的运动行为会直接影响底物传递。特别是在气泡的生长、脱离以及上升过程中，微生物细胞溶液被气液界面捕获，从而影响生物膜的结构。此外，气泡的破裂以及两个或多个气泡之间的聚并，进一步影响了生物膜反应器内的气液流动特性。

② 培养条件　生物膜的培养条件包括：温度、光照、底物浓度、底物类型、碳源浓度、培养液 pH 以及培养液流速等诸多因素。光是光合细菌等微生物能源转化过程的重要限制因子。而光不仅有光周期、光质和光强的不同，还有明显的时、空（纬度、水的深度）的变化。在水中，光强随深度呈指数下降，光谱组成也相应发生变化。温度对微生物细胞的影响主要在两方面：一方面是影响与温度有关的微生物细胞的组成物质的量及性质，特别是蛋白质、脂肪；另一方面影响与反应有关的温度系数，这个系数反过来又依赖于反应活化能的高低，细胞主要从这两方面进行包括酶反应、细胞渗透性和细胞组成等代谢的调节。流速是影响生物膜吸附成膜及其生长代谢的主要因素。低流速时，由于水力剪切力较弱，载体表面易形成微生物群落，并可观察到有单细胞在载体表面上附着，而在高流速的条件下，载体表面的微生物多呈堆叠状存在，单细胞在载体表面附着的情况很少出现。更重要的是，与低流速下形成的生物膜相比，在高流速下形成的生物膜因膜内水分受水流的挤压作用，使得生物膜更为致密，与载体表面的黏附能力也更强。

③ 微生物自身特性　在生物膜成膜生长过程中，EPS 作为黏合、加固物质，在微生物附着和成膜的过程中扮演着重要的角色。由于不同物种分泌 EPS 的能力不同，随着 EPS 分泌量变多，生物质积累速度最快，且成膜效果最佳。此外，不同种类的微生物初始成膜时间不同，因此在生物膜的建群过程中扮演的角色也不同。

3.2.3 多相流动对生物膜式反应器性能的影响

用于微生物能源转化的生物膜系统包括有微藻生物膜式反应器、光合细菌产氢生物膜式反应器以及制乙醇生物膜式反应器等。决定上述反应器性能的关键在于生物膜内微生物细胞的生长代谢特性。因此，要提高生物膜式反应器的性能，关键在于了解微生物细胞的吸附成膜过程和生长代谢特性，通过优化生物膜吸附成膜过程和反应器操作参数，从而提高微生物能源转化效率。以完全浸没式微藻生物膜式反应器为例，微藻生物膜通过光合作用生成的气泡会附着在具有一定疏水性的支撑载体表面。这是因为微藻光合代谢过程的生成物 O_2 的体积多于反应物 CO_2，而 O_2 在水中的溶解度仅为 CO_2 溶解度的 3%，所以代谢氧气很容易以气泡的形式饱和析出。疏水性越强的载体表面上附着的光合代谢气泡越多且停留时间长，过多的附着气泡使微藻生物膜周围形成了较高浓度的含氧环境，延滞了氧气的逸散，造成营养液中氧气浓度升高，当营养液中的溶解氧量高于氧气饱和度时，会导致光合反应逆向移动，从而降低光合作用效率，不利于微藻生物膜的生长。

适当的光合代谢气泡附着及其行为变化会对微藻生物膜的生物质积累产生有利影响。这是因为不同表面特性的支撑载体上的附着气泡的生长、脱离、运动以及破碎等行为，会引起生物膜内多孔结构呈现差异，进而造成了微藻生物膜内物质传递与生化转化特性的差异（图3-6)[19]。具体来说，在完全浸没式微藻生物膜光生物反应器内，附着气泡的脱离上升过程会对其周围的藻细胞产生携带作用。这些藻细胞少部分进入上层培养液，大部分在重力作用下重新回到生物膜表层，从而使得致密的生物膜变得疏松多孔，有利于液相营养物质、二氧化碳以及光能在生物膜内的传递和转化。此外，营养液的流动状况也将对附着气泡的数量和行为产生影响。一般而言，在营养液流动时，附着气泡的数量较营养液静置状态下要少。而适宜的营养液流动不仅会扰动附着气泡，还会促进氧气的循环，有助于避免代谢产物的积累，从而增强微藻生物膜的生长性能。

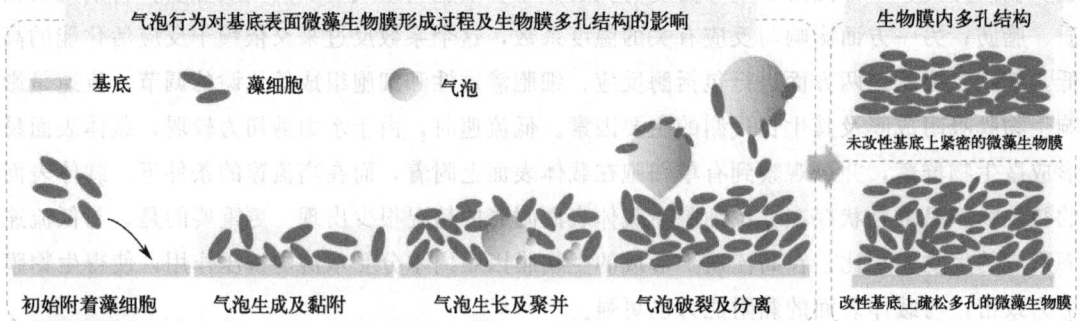

图 3-6　微藻光合作用气泡生成特性对生物膜结构的影响[19]

利用三维多孔网格作为微藻细胞吸附生长的载体有如下优势：其一，多层网格结构使培养系统在垂直空间上拓展延伸，极大地提高了系统的空间利用率，减少了占地面积；其二，三维多孔骨架能够有效缓解营养液流动剪切对生物膜的冲刷破坏，提高生物膜在载体上的附着稳定性。附着在三维多孔骨架上的微藻生物膜通过光合作用产生氧气，氧气集聚超过溶液溶解度后以气泡的形式析出，气泡的生长、脱离以及运动行为将直接影响多孔网格内的流动阻力、气液两相分布以及底物传递特性，最终影响微藻生物膜的生长。平板式生物膜反应器内的附着气泡由于受到液体流动方向的曳力容易脱离，而三维多孔网格载体内的气泡不易从网格之间脱离排出，能够长时间附着在多孔网格骨架之间。这些气泡堆积易形成气塞，会直接导致微藻生物膜与液相底物之间的接触面积减小，不利于营养底物和溶解的 CO_2 向生物膜内传递。此外，气泡堆积也会引起三维多孔反应器内流动阻力增大，不利于培养液更新，最终导致代谢产物积聚并抑制微藻生物膜的光合生长。

3.3 固定化细胞颗粒填充床反应器内的多相流动

固定化细胞颗粒填充床反应器是一类常用于生物过程工程反应器，广泛应用于废水处理、生物制氢、生物降解等领域。其中，最具代表性的固定化细胞颗粒填充床光生物制氢反应器是一种通过利用光能来降解有机废水并生成氢气的高效生物反应器。在该反应器中，光合微生物被固定在多孔颗粒材料上，形成了内部含有生化反应的多元多相流体流动及能质传输的复杂体系。了解并优化该反应器内的多相流动特性对于提高氢气产量、底物降解性能以及多孔填充床内微生物生化转化性能具有重要意义。本节将探讨固定化细胞颗粒填充床反应器的基本原理、多相流动特征及其影响因素，并介绍多相流动对反应器性能的影响。

3.3.1 固定化细胞颗粒填充床反应器的基本原理

固定化细胞技术是指通过物理或化学方法将微生物限制或定位在特定的空间范围内，保持其生长代谢活性，从而使其能被反复连续使用。由于固定化细胞颗粒主要包括包埋法和生物膜法，固定化细胞颗粒填充床反应器可以分为包埋颗粒反应器和生物膜填料反应器。其中，在包埋颗粒反应器中，微生物细胞进入多孔载体内部或将细胞包裹在凝胶网络结构或透明性良好的聚合物薄膜，以便于底物和代谢产物在颗粒内外可以实现自由扩散，并避免了固定化微生物细胞的流失。以固定化细胞颗粒填充床光生物制氢反应器为例，该反应器利用微生物在光照条件下降解有机废水并生成氢气（图 3-7）[20]。当有机废水流经填充有固定化微生物细胞的颗粒床时，废水中的污染物在颗粒间的孔隙中通过对流和扩散传递进入颗粒内部。随后，微生物在颗粒内部将污染物代谢降解，产生氢气和二氧化碳，同时释放热量。这些代谢产物通过反向扩散，从颗粒内部进入颗粒间的两相流区域，最终随主流排出反应器。多孔颗粒作为典型的多孔介质，其内部的多相流动理论及传递现象通常采用如下方法进行研究：

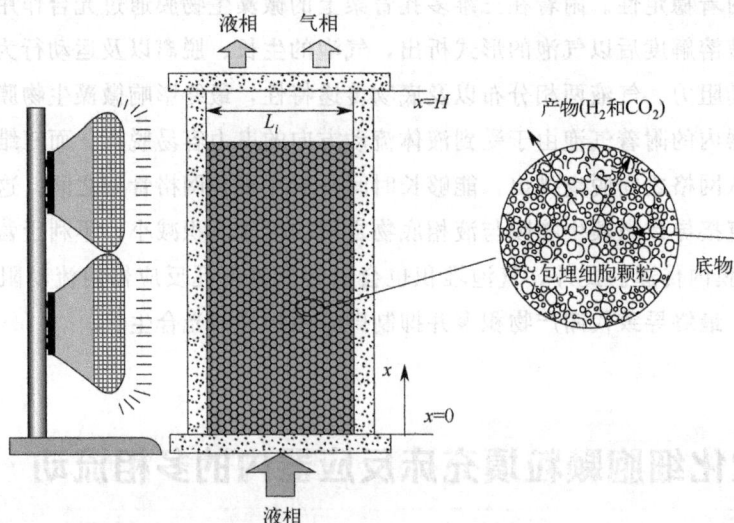

图 3-7　固定化包埋细胞颗粒填充床光生物制氢反应器[20]

① 多孔介质的一般研究方法　多孔介质中多相流动过程的研究方法主要包括分子水平、微观水平以及宏观水平。其中，分子水平是以多孔介质中流体的分子运动为研究对象，通过经典力学与能量分析获得分子运动与能量传递的变化规律。这种方法由于复杂性较高，实际应用较少。微观水平是指将多孔介质及其空隙中的流体视为连续介质，通过平均意义上的参数确定流体性质与规律。微观方法虽然简化了问题，但在描述复杂多相流动现象时仍存在一定局限性。宏观水平指围绕多孔结构内某点的流体参数进行平均，在一定范围内用平均值代替局部真值，所取的控制体被称为表征体元（REV）。通过在 REV 内利用能量、动量、质量守恒定律建立控制方程，并进行数值求解。

② 多孔介质中多相分相流动模型　多相分相流动模型将多孔介质中的各相流体视为不同的热力状态、传递特性和流动速度的相互独立的相。该模型利用每个流体相的基本守恒定律，并将相界面作为边界条件，通过数学表达式来描述各流体相的传递现象。采用通用的达西定律来描述各流体相的动量守恒，并引入相对渗透率来表示由于其他流体相的存在导致该流体相的有效流通横截面的减小。多相分相流动模型的复杂性主要体现在非线性、耦合效应以及尺度问题。在该模型中，流动方程和相对渗透率常数都是非线性的，不同相之间的相互作用和毛细现象使得模型更为复杂，从微观孔隙到宏观多孔介质，存在尺度跨越的难题。

③ 多孔介质的多相混合模型　该模型将整个多相区域视为一种混合流体，采用类似于处理多组分混合物的方法，将多相系统看作一种由相应分相组成的混合相。混合流动速度被认为是基于质量平均的混合速度，并且扩散流率表征了混合速度与分相速度之间的差异。多相混合模型具有以下特点：第一，多相混合模型的所有传输控制方程均由多相流分相传输理论推导而来，没有任何附加假设，各函数关系和作用形式与多相分相流模型相似；第二，作为多组分混合物，其所有物性参数与其组成要素的物性参数具有逻辑关系；第三，多相混合模型同样具有预测能力，并且在处理复杂边界问题时更具优势；第四，在某些情况下，多相混合模型可以简化为分相模型。在多孔介质中进行多相流动

数值模拟时，主要的难点在于单相区域和多相区域的分离导致的运动以及不规则的相界面，这些相界面的具体位置是不可预知的。在流动的模拟过程中，采用多相方法需要明确追踪这些运动的相界面，从而为坐标确定和求解带来很大的困难。相比之下，多相混合模型具有以下优越性：第一，它包含单相传输理论，容易进行数值计算分析；第二，多相混合模型仅需求解少量的非线性偏微分方程；第三，由于多相混合模型是一种混合方程，可以避免处理复杂的相变问题和两相区相分离导致的相界面跟踪问题；第四，多相混合模型具有传统多相流动模型的预测能力。

关于固定化细胞颗粒填充床反应器的研究主要集中在颗粒多孔介质内物质传输、微生物生化反应动力学以及颗粒多孔介质内多相流动等方面。比如，研究人员针对固定化包埋细胞颗粒光生物制氢反应器，建立了反应器内含多孔包埋颗粒生化反应的多相流动与传输混合模型，建立了混合相的连续性方程、底物质量组分守恒方程和动量方程及其求解方法，并采用微生物细胞密度增长系数对产氢速率和底物降解速率进行修正，修正后的模型预测值和实验值较为吻合[21]。

3.3.2　固定化细胞颗粒填充床反应器内的流动特征及其影响因素

以固定化细胞颗粒填充床光生物制氢反应器为例，该反应器内的流动特征包括底物液相的相产物的流动特性，具体包括气相和液相的饱和度、浓度、压力以及速度分布。而该固定化细胞颗粒填充床反应器内流动特性的影响因素包括：

① 固相填料的特性　填料比表面积、填料的孔隙率以及填料分布是影响填充床反应器内多相流动、底物降解和产物生成的重要因素。

② 反应器操作条件　温度、压力、入射光强以及液体的流量、pH、底物浓度等操作条件都会影响反应器内微生物的生长代谢活性和底物传质效率，进而影响到气相产物的生成，从而影响反应器内的流动特性。

3.3.3　多相流动对固定化细胞颗粒填充床反应器性能的影响

填充床反应器内包埋颗粒内部的细胞生长特性受到颗粒内孔隙率引起的扩散限制的影响，而孔隙率又与生物量密切相关。因此，包埋颗粒表面与颗粒内部的细胞生长特性存在差异。扩散限制会导致物质传输阻力大、浓度分布不均等问题，进而影响颗粒内微生物的代谢能力和生化反应速率，进而影响反应器内的多相流动。而多相流动特性对反应器内的传质效率、反应器压降以及微生物生长代谢等方面又会产生一定影响。因此，反应器内多相流动与能质传递及微生物生化转化是相互耦合的。以颗粒填充床光合制氢反应器为列，其内多相流动对其性能的影响主要体现在以下几个方面。

① 能质传递方面　在反应器内光合细菌利用简单底物进行光发酵的过程中，光照强度和波长等光照条件是影响光合细菌生长和产氢性能的重要因素。适当及均匀的光照能确保反应器内固定化细胞颗粒获得足够的光能，避免反应器内出现光抑制和光饱和。同时，反应器

内的气相产物（氢气、二氧化碳）形成的气泡及其运动会遮挡光线，降低反应器内光合细菌接收到的光能。此外，通过控制反应器操作条件进而调控气泡大小和运动轨迹，以此来减少气泡的遮光效应，维持反应器光照稳定。多相流动对质量传输特性亦有一定影响。气泡的生成、运动和破裂行为增强了固定化细胞颗粒周围液相底物的扰动，进而强化了颗粒之间区域液相底物向颗粒内微生物的传递。此外，颗粒表面较高的液体流速有助于减小边界层厚度，进而强化液相反应器底物向颗粒内的对流扩散。然而，过高的流速可能对固定化细胞产生剪切损伤。因此，通过调控反应器内的气液流动是改善反应器内能量与质量传输特性的有效手段。

② 微生物生化转化方面　反应器内多相流动状态对微生物的生长代谢活动也起到关键作用。适当的气液流动可以促进液相营养物质的均匀分布，有利于颗粒内微生物细胞的均匀生长。同时，通过有效的气液流动，可以及时排出微生物代谢产物，防止代谢产物积累对微生物的抑制作用。氢气是该类反应器内微生物代谢活动的主要产物之一，若氢气不能及时排出反应器，将导致反应器内气体压力升高，进而影响微生物的生长代谢效率。高效的气液流动可以在微生物生成氢气的同时，迅速将其带离反应器，避免高压对生化反应的不利影响。此外，通过优化气液流动条件，还可以提高氢气的收集效率，从而提升反应器系统整体的产氢能力。

③ 反应器能耗方面　反应器内气液流动影响其能耗，通过优化气液流动特性可降低能耗，提高反应器运行的经济性。通过优化包埋颗粒的形状、尺寸以及颗粒填充密度，一方面直接降低了填充床反应器的床层阻力和压降，另一方面，优化气液流动会通过影响包埋颗粒内光合细菌的生化转化性能进而影响反应器内的能耗。通过调整反应器的操作参数，可以优化反应器内的气液流动，避免形成流动死区，提升反应器的整体效能。

3.4　微生物膜悬浮颗粒流化床反应器内的多相流动

微生物膜流化床反应器是一种将微生物膜固体颗粒悬浮在流体中的反应器，它通过流体的流动使微生物膜固体颗粒处于悬浮状态，从而形成类似于液体的流态化床层。微生物膜悬浮流化床反应器结合了流化床技术和生物膜技术的优点，能够通过悬浮颗粒上的微生物生长代谢高效降解污染物，并且颗粒生物质容易收获，从而收获可供能源化转化利用的原料。

3.4.1　微生物膜悬浮颗粒流化床反应器的基本原理

典型藻-菌生物膜悬浮颗粒流化床反应器如图 3-8 所示。该反应器内的生物膜是指微生物细胞在填料颗粒表面形成的一层膜结构，膜上的微生物通过吸收液相底物的营养元素进行生长代谢。当反应器入口气液流速较低时，气液两相产生的浮升力不足以克服微生物膜颗粒本身的重力，造成生物膜颗粒依旧堆积在反应器内的某一区域。颗粒的堆积一方面会增大颗粒附近的气液流动阻力，另一方面会也对光传递造成遮蔽，影响藻-菌微生物细胞的生长代谢。此外，堆积状态的生物膜颗粒与液相反应物的接触面积有限，不利于传质。通过不断提高反应器入口的气液流速，使得原本堆积的颗粒逐渐随气液两相流一起运动，克服上述限制。此时，反应器内的气液两相流转变为明显的气-液-固三相流，生物膜颗粒进入流态化，分散于反应器内部。基于此，反应器内的光传输和营养物质传输得到改善，颗粒填料上生物膜的生长代谢性能得到增强。

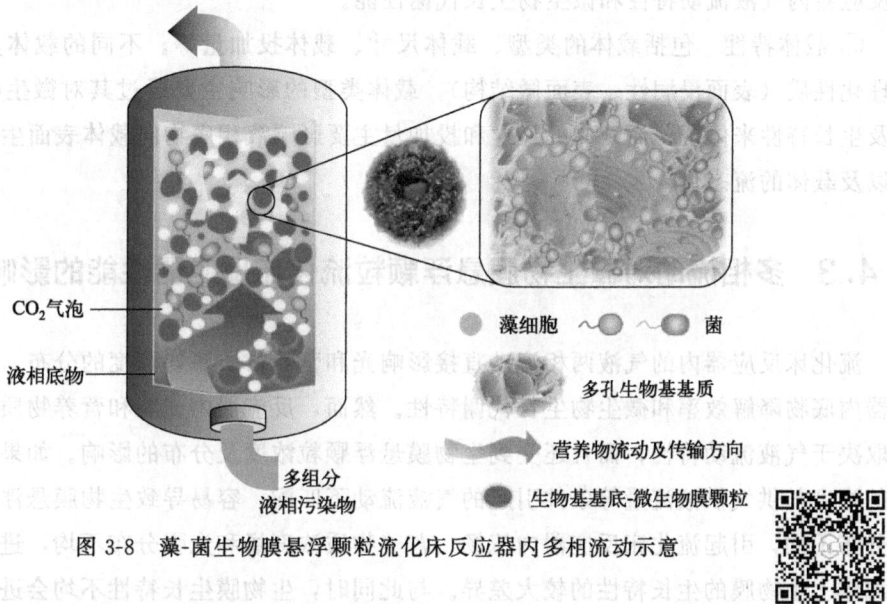

图 3-8　藻-菌生物膜悬浮颗粒流化床反应器内多相流动示意

3.4.2　微生物膜悬浮颗粒流化床反应器内的流动特征及其影响因素

微生物膜悬浮颗粒流化床反应器内的流动特征主要表现为流态、气泡行为和生物膜悬浮颗粒分布三个方面。具体如下：

① 流态　流态是指生物膜颗粒在流化床反应器中的运动状态。根据气相和液相的流速不同，生物膜颗粒流化床的流态可分为初始流化、完全流化和沸腾流化。初始流化时，生物膜颗粒刚刚开始悬浮；完全流化时，生物膜颗粒均匀分布于整个床层；沸腾流化时，床层内产生大量气泡，生物膜颗粒剧烈运动。

② 气泡行为　在生物膜流化床反应器中存在气-固-液三相流动，气泡的生成、聚集、破裂和上升行为对流化状态和底物传质过程有重要影响。气泡行为影响了气相的分布和液相底物流动状态，进而影响气液传质效率，最终导致反应器内微生物的生长代谢特性出现差异。

③ 生物膜悬浮颗粒分布　生物膜颗粒在流化床反应器内的分布受颗粒密度、颗粒尺寸以及流体流速等因素的影响。不均匀的颗粒分布会导致局部传质恶化，从而影响微生物生长

代谢效率和稳定性。通过优化流体流速和颗粒特性，可以促进生物膜颗粒的均匀分布，增强流化床反应器的底物降解性能和产物生成能力。

微生物膜悬浮颗粒流化床反应器内流态、气泡行为以及生物膜悬浮颗粒分布等流动特征主要受到反应器的类型及结构、操作参数以及生物膜载体特性等方面的影响。具体如下：

① 反应器的类型及结构　包括垂直圆柱式反应器高径比、圆柱式或板式反应器的内构件、反应器进液口和进气口布置及形式等都会对反应器内气液流动状态及生物膜颗粒分布的均匀性产生影响。

② 操作参数　包括流体浓度和流速、气液比、温度、压力以及 pH 等参数会影响流化床反应器内气液流动特性和微生物生长代谢性能。

③ 载体特性　包括载体的类型、载体尺寸、载体投加量等。不同的载体具有不同的表面理化性质（表面浸润性、表面微结构）。载体类型的影响主要通过其对微生物细胞吸附成膜及生长特性来体现；而载体的尺寸和投加量主要影响液相底物向载体表面生物膜的质量传递以及载体的流态化。

3.4.3　多相流动对微生物膜悬浮颗粒流化床反应器性能的影响

流化床反应器内的气液两相流动直接影响光和营养物质底物浓度的分布，进而影响该反应器内底物降解效率和微生物生长代谢特性。然而，反应器内光能和营养物质的传输特性不仅取决于气液流动特性，而且还受到生物膜悬浮颗粒浓度及分布的影响。如果悬浮生物膜颗粒的浓度与供气供液流量等条件引起的气液流动不匹配，容易导致生物膜悬浮颗粒在反应器内分布不均，引起流化床反应器内流场、营养物质浓度场和光强分布不均，进而导致悬浮颗粒载体上生物膜的生长特性的较大差异。与此同时，生物膜生长特性不均会进一步导致反应器内气液流动和底物分布的均匀性不断恶化，造成流化床反应器性能下降。

通过调控流化床反应器的操作条件、颗粒载体类型以及投加量等因素，来优化流化床反应器内气液流动状态和生物膜悬浮颗粒的分布，进而增强反应器内光和营养液底物的传输及生物膜内微生物细胞的生长代谢能力。此外，反应器结构也会对气液两相流动状态产生影响，进而影响光及底物浓度分布，最终导致悬浮颗粒上生物膜的生化转化特性差异。通过改变反应器形式、反应器内扰流件布置、进液口进气口形式及位置等方式，从而改善流化床反应器内气液流动状态和悬浮颗粒分布，进而提高反应器内底物降低效率和微生物生长速率。

3.5　本章小结

本章围绕微生物能源转化过程中的多相流动进行了深入探讨和系统总结。理解和掌握反应器内多相流动特性是优化反应器设计、调整操作参数以及提高微生物能源转化效率的重要基础。首先，我们分析了悬浮式反应器内多相流动的特征及影响因素。这类反应器主要用于微生物的悬浮培养，通过鼓泡或搅拌的方式在反应器内形成气液两相流，促进气液混合，优化藻细胞和营养物质的分布均匀性，从而增强微生物的生长代谢。特别强调了内构件设置对悬浮式反应器内的多相流动特性的影响及其在生物质积累中的作用。随后，本章介绍了生物膜反应器内的液固流动和气液流动。液固流动主要涉及细胞的初始吸附成膜过程，阐述了该过程的特点及影响因素；气液流动则主要涉及微藻光合作用生成气泡形成的局部气液两相流，阐述了气液两相流动对生物膜多孔结构及生物质产量的影响。这些内容对于理解生物膜的吸附成膜机制和优化生物膜反应器设计具有重要指导意义。另外，本章还研究了固定化细胞颗粒填充床反应器内的多相流动特性。通过优化反应器内颗粒填料的形状和填充密度，可以改善气液流动特性，降低流动阻力，从而提高了反应器的微生物能源转化效率。最后，本章详细介绍了微生物膜悬浮颗粒流化床反应器内的多相流动特性，该反应器结合了流化床技术和生物膜技术的优势，使微生物膜固体颗粒悬浮于流体中，形成了明显的气-液-固三相流，极大改善了反应器内光能和营养物质传质受限的不利环境，提高了反应器内污染物的降解速率和生物质产物生成速率。综上所述，本章通过对不同类型反应器内多相流动特性及其影响因素的系统阐述，为微生物能源转化过程的研究和应用提供了理论指导和实践参考，进而推动了微生物能源转化领域的发展。

思考题

3-1. 什么是悬浮式反应器？微藻悬浮式光生物反应器包括哪些类型？对比这些反应器的优缺点。

3-2. 悬浮式反应器中存在哪些典型的多相流动现象？用哪些指标可以评价这些流动的特征？这些特征受到哪些因素的影响？

3-3. 在悬浮式反应器中，多相流动和微生物生化转化性能是相互影响的，请简述多相流动和生化转化特性是如何相互作用的。提高悬浮式反应器内生化转化性能的方法有哪些？

3-4. 按照微生物细胞与外界环境的传质特点，生物膜反应器可以分为哪些类型？对比这些生物膜反应器内的气液传质特点。

3-5. 在浸没式微藻光生物反应器中，微藻光合作用生成的气泡及其行为对微藻生物膜结构及生长特性会造成什么影响？

3-6. 有一固定化细胞颗粒填充床光生物制氢反应器，该反应器利用微生物在光照条件下降解有机废水并生成氢气。请简述该反应器中存在的多相流动、能质传递以及生化转化过程。

3-7. 固定化颗粒填充床反应器内的流动特征有哪些？影响上述流动特征的因素是什么？

3-8. 微生物膜悬浮颗粒流化床反应器内存在哪些多相流动现象？该反应器能够增强微

生物生长代谢性能的原理是什么？

3-9. 微生物膜悬浮颗粒流化床反应器内的流动特征有哪些？该反应器内的流态化状态是如何达到的？

3-10. 如何提高微生物膜悬浮颗粒流化床反应器的性能？有哪些优化策略？

参考文献

[1] 诸发超，黄建科，陈剑佩，等. 敞开式跑道池光生物反应器的 CFD 模拟与优化 [J]. 化工进展，2012，31 (06)：1184-1199.

[2] Singh R N, Sharma S. Development of suitable photobioreactor for algae production—A review [J]. Renewable & Sustainable Energy Reviews, 2012, 16 (4): 2347-2353.

[3] Ugwu C U, Aoyagi H, Uchiyama H. Photobioreactors for mass cultivation of algae [J]. Bioresource Technology, 2008, 99 (10): 4021-4028.

[4] Ugwu C U, Ogbonna J C, Tanaka H. Design of static mixers for inclined tubular photobioreactors [J]. Journal of Applied Phycology, 2003, 15 (2-3): 217-223.

[5] Liao Q, Chang J S, Herrmann C, et al. Bioreactors for microbial biomass and energy conversion [M]. Berlin: Springer, 2018.

[6] Wang C C, Lan C Q. Effects of shear stress on microalgae—A review [J]. Biotechnology Advances, 2018, 36 (4): 986-1002.

[7] Yang Z, Del Ninno M, Wen Z, et al. An experimental investigation on the multiphase flows and turbulent mixing in a flat-panel photobioreactor for algae cultivation [J]. Journal of Applied Phycology, 2014, 26 (5): 2097-2107.

[8] Nauha E K, Alopaeus V. Modeling method for combining fluid dynamics and algal growth in a bubble column photobioreactor [J]. Chemical Engineering Journal, 2013, 229: 559-568.

[9] Ali H, Cheema T A, Park C W. Numerical modeling of two-phase bubbly flow mixing with mass transport in an effective microorganism odor removing system [J]. Journal of Chemical Technology and Biotechnology, 2016, 91 (4): 1012-1022.

[10] Xia A, Hu Z M, Liao Q, et al. Enhancement of CO_2 transfer and microalgae growth by perforated inverted arc trough internals in a flat-plate photobioreactor [J]. Bioresource Technology, 2018, 269: 292-299.

[11] Ketheesan B, Nirmalakhandan N. Feasibility of microalgal cultivation in a pilot-scale airlift-driven raceway reactor [J]. Bioresource Technology, 2012, 108: 196-202.

[12] Huang J K, Li Y G, Wan M X, et al. Novel flat-plate photobioreactors for microalgae cultivation with special mixers to promote mixing along the light gradient [J]. Bioresource Technology, 2014, 159: 8-16.

[13] Wang L L, Tao Y, Mao X Z. A novel flat plate algal bioreactor with horizontal baffles: Structural optimization and cultivation performance [J]. Bioresource Technology, 2014, 164: 20-27.

[14] Wang L L, Wang Q, Zhao R Q, et al. Novel flat-plate photobioreactor with inclined baffles and internal structure optimization to improve light regime performance [J]. ACS Sustainable Chemistry & Engineering, 2021, 9 (4): 1550-1558.

[15] Fu J W, Huang Y, Liao Q, et al. Boosting photo-biochemical conversion and carbon dioxide bio-fixation of Chlorella vulgaris in an optimized photobioreactor with airfoil-shaped deflectors [J]. Bioresource Technology, 2021, 337: 125355.

[16] Prussi M, Buffi M, Casini D, et al. Experimental and numerical investigations of mixing in raceway ponds for algae cultivation [J]. Biomass & Bioenergy, 2014, 67: 390-400.

[17] 康少锋. 基于 CFD 的平板式光生物反应器内部结构的优化设计 [D]. 上海：华东理工大学，2013.

[18] Yang Z B，Cheng J，Xu X D，et al. Enhanced solution velocity between dark and light areas with horizontal tubes and triangular prism baffles to improve microalgal growth in a flat-panel photo-bioreactor [J]. Bioresource Technology，2016，211：519-526.

[19] Zheng Y P，Huang Y，Liao Q，et al. Impact of the accumulation and adhesion of released oxygen during *Scenedesmus obliquus* photosynthesis on biofilm formation and growth [J]. Bioresource Technology，2017，244：198-205.

[20] 刘大猛. 含生化反应的固定化细胞光生物制氢反应器内的多相传输模型 [D]. 重庆：重庆大学，2011.

[21] 刘大猛，廖强，朱恂，等. 固定化包埋细胞颗粒填充床光生物制氢反应器内的多相传输模型 [J]. 自然科学进展，2009，19（12）：1386-1392.

第四章

微生物能源转化过程中的能量传递

光合作用是光合微生物的重要代谢途径之一，它通过光捕获装置捕获光能，并通过光合反应中心将其转化为化学能。光合作用的核心是光捕获和光能转化，这一过程涉及一系列复杂的生化反应和电子传递链。光捕获装置主要包括叶绿素和类胡萝卜素等光敏色素，这些色素在光的照射下激发电子，启动一系列的电子传递反应，从而将光能转化为化学能，储存在 ATP 和 NADPH 等分子中。电子传递链是光合作用中关键的组成部分，它通过一系列的电子传递体，将激发的电子逐级传递，最终用于驱动 ATP 的合成和 NADPH 的生成。在这一过程中，电子传递链不仅起到能量转换的作用，还在细胞内建立了电化学梯度，这一梯度对细胞的代谢活动和能量分配具有重要影响。电子传递链的高效运作依赖于一系列精细调控的生化反应和分子机器的协同工作，这些反应和机器之间的相互作用，展示了生命系统的复杂性和精密性。微生物光传输及其光合作用和电子传递，不仅是理解微生物代谢和生态功能的关键，也是探索生物能源和碳循环的重要领域。通过本章的学习，读者将对微生物光合作用、光传输以及电子传递有一个全面而深入的理解，这不仅有助于我们认识到微生物在自然界中的重要角色，也将启发我们对生命科学和环境科学的进一步探索。

4.1 光合生物反应器内的光传输与衰减

作为光合作用的原始驱动力以及光合能源转化过程的根本源头，光能的可用性直接影响光合生物的生长代谢及物质合成。过低的光能输入意味着缓慢的光合作用，所产生的 ATP 及 NADPH 不足以保证后续物质合成反应的正常运转，导致光合生物基本生命活动的进行受限；而过高的光能输入会导致光反应的超负荷运行，此时的光合生物细胞内可能发生一系列的光能损失反应（光热反应、光化学反应和光氧化反应），导致热耗散的增加及有害活性氧分子（如单线态氧、超氧自由基等）的产生，引起光氧化损伤，这些损伤会影响细胞的功能和生理活动，导致光合作用速率及效率下降，甚至是细胞死亡。一般而言，所有的光合生物均具有能进行最适生长的最佳光照强度，称之为饱和光强。不同物种的饱和光强不同，大部分藻类的最大生长速率对应的饱和光强在 $26\sim400\mu mol \cdot m^{-2} \cdot s^{-1}$ 的范围内。

在实际的光生物反应器内的培养过程中，如图 4-1 所示，由于光合生物细胞与光的相互作用（主要是色素分子的光吸收作用及细胞的光散射作用），光的能量在体系内的传输过程中不断衰减，导致光场的分布极不均匀。通常而言，根据光合生物的受光照强度从大到小的顺序可将反应器内划分为三个光区：光限制区、光饱和区、光抑制区（图 4-2）。在光限制区，光照的增加使光合作用速率几乎呈线性增加，光强增加至接近饱和光强时，光合作用速率趋于稳定并达到最大，光强的进一步增加不会提高光合作用速率；而处于光抑制区的光合生物所接受的光照高于细胞的光合需求，光合作用受抑制，光合作用速率不增反降。光抑制区及光限制区的存在，阻碍了经济高效的光合生物规模化能源转化的应用，因此，我们十分关注光生物反应器内的光分布状态，这也是为高性能的光生物反应器的设计及能源转化过程的调控提供指导的前置条件。在本节中，我们将主要介绍光与光合生物细胞的相互作用、光生物反应器内的光传输特性以及光分布信息的获取。

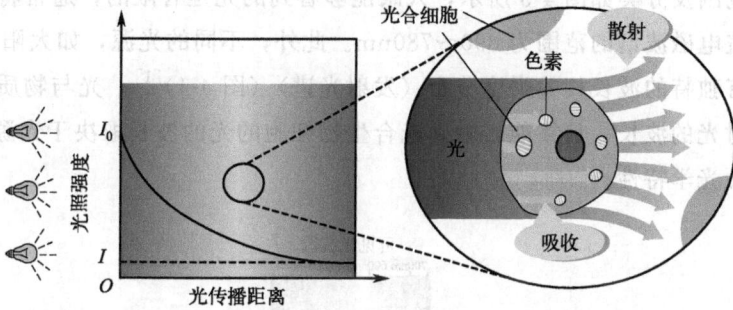

图 4-1　光合生物培养体系内的光传输及光与光合细胞相互作用示意

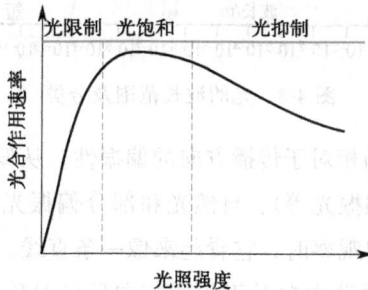

图 4-2　光合生物光照强度与光合作用速率的关系以及光区的分类

4.1.1 光与光合生物细胞的相互作用

光是一种电磁辐射，具有波粒二象性，意味着它既可以被描述为粒子（光子或光量子）又可以被描述为波。当光与介质接触时，介质中的微观粒子（如电子、离子或者分子）中的电荷在光电矢量的作用下受迫振动，引起一系列反应的发生，如吸收、散射、衍射、干涉等，最终导致光衰减现象的产生。本书中所提及的大多数光相互作用现象（散射、吸收、衍射）都是通过光波的描述来解释的，而粒子的描述用于荧光现象。

4.1.1.1 光的性质

要想明确地描述一束光，通常需要知道它的强度（或能量）大小、波长以及偏振状态（振动方向与传播方向的不对称性），这些性质与光的相互作用息息相关。波长，是指电磁波两个连续的波峰或者波谷之间的距离，等于电磁波的速度 c（m·s^{-1}）除频率 ν（Hz），波长常用希腊字母 λ（m）表示。不同波长的光子具有不同的能量，电磁波长与能量 E（eV）之间的关系式如式(4-1)所示：

$$E = h\nu = hc/\lambda \tag{4-1}$$

式中，h 为普朗克常数，约等于 6.63×10^{-34} J·s^{-1}。根据上式可知，波长越短，光子的能量越高。由于光子是光能传输的载体，也可用光量子数（mol）表征光的能量，对于具有相同能量但不同波长的光而言，该值不同。

光的波长范围及分类如图 4-3 所示，人眼能够看到的光是有限的，通常将此部分的光称作可见光，覆盖电磁波谱的范围为 390~780nm。此外，不同的光源，如太阳光、LED 灯或荧光灯，都具有独特的波长相关强度分布（发射光谱）（图 4-4）[1]。光与物质的所有光学过程都取决于入射光的波长，最终能接触到光合生物细胞的光的波长取决于光源的光谱和水生介质的波长相关光学特性。

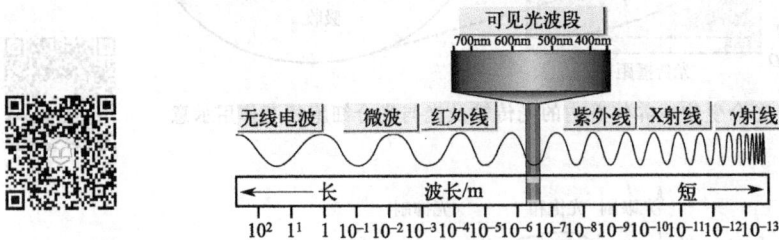

图 4-3 光的波长范围及分类

光的另一个重要特征是电场相对于传播方向的偏振性。从偏振性的角度来分类，光可以分为偏振光（包括线偏振光、圆偏振光等）、自然光和部分偏振光。线性偏振表示光的电场在单个平面上振荡，当沿着传播方向观察时，它看起来像一条直线。自然光包含了大量不同振动方向的线偏振光的集合，其电场振动方向对于传播方向呈轴对称性，普通光源发的光都是自然光，如阳光、烛光、钠灯光等。部分偏振光是相对于传播方向不呈轴对称性而具有一个明显的振动方向的偏向。通常，光合生物细胞的散射和衍射特性取决于入射光的偏振状态。

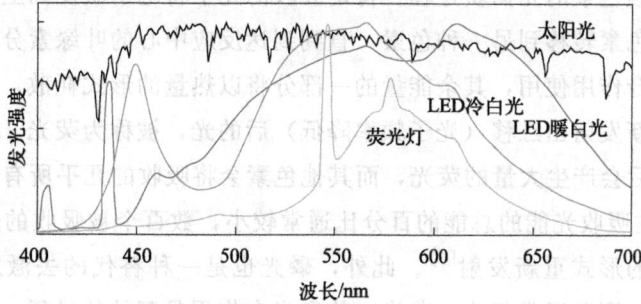

图 4-4　光源发射光谱[1]

4.1.1.2　光的吸收与散射

光吸收是指光与介质接触后物质与其发生相互作用，部分的电磁辐射能量转化为其他能量形式的物理过程。吸收光辐射或光能量是物质具有的普遍性质，任何介质对不同波长的电磁波能量都会或多或少地吸收，只是选择性不同。对于光合类生物而言，光吸收的过程主要是通过其细胞内的特定捕光色素分子实现的。作为光合作用的关键组成部分，它们像天线一样捕捉光能，并将其输送到光合系统Ⅰ和光合系统Ⅱ反应中心的叶绿素 a 分子中进行能量的转化。参与光合作用捕光的色素主要有三类：叶绿素、类胡萝卜素和藻胆素。每种色素的吸收都与光的波长密切相关（图 4-5），这些色素的组成决定了光合作用吸收的波长范围（通常在 $400 \sim 700\text{nm}$ 之间，几乎完全与可见光光谱重合），这部分能有效进行光合作用的光被称为光合有效辐射，约占地球上入射太阳能的 43% 和太阳光子的 28%[2]。

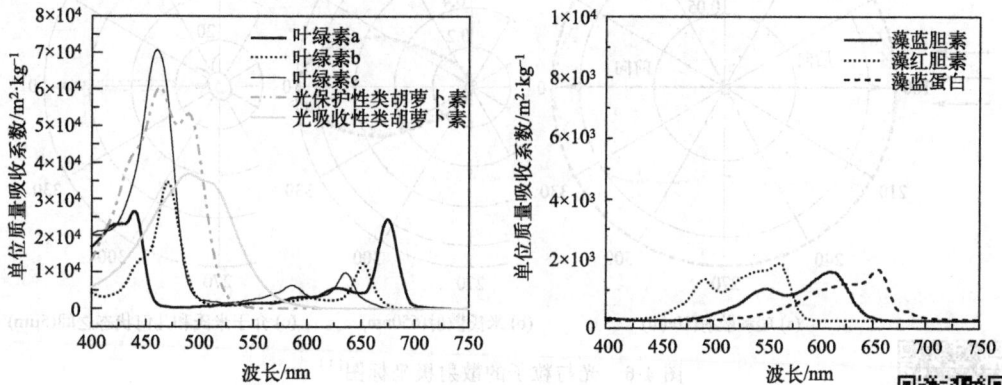

图 4-5　不同种类色素的吸收光谱[2]

吸收是色素固有的光学特性，但当色素被封装在独立的空间中时（如叶绿体或细胞），它吸光特性的叠加不是严格的线性增加。如果光合细胞的大小保持不变，增加色素浓度，则吸收不会随着色素浓度增加而线性提高；当色素浓度保持恒定且细胞大小增加时，单位色素的吸收能力将会降低。这种"包裹效应"是由以下事实引起的：随着任何颗粒（叶绿体、细胞）的大小增加，体积的增加速度快于面积，降低了色素收集光的有效性。

并且由于"包裹效应"，体内的色素特异性吸收能力总是低于色素提取液的吸收能力[2]。

让我们再次回顾色素的光捕获过程：特定波段的光子将电子激发到上层状态，来自激发电子的能量从一种色素转移到另一种色素，直到到达反应中心的叶绿素分子。激发电子的这种能量仅部分被光合作用使用，其余能量的一部分将以热量的形式耗散，另一部分则通过去激发回到基态并重新发射出红移（光子频率降低）后的光，被称为荧光。光系统内只有叶绿素 a 分子吸收光能后会产生大量的荧光，而其他色素会将吸收的几乎所有光子转移给叶绿素 a 分子。荧光部分占吸收光能的总能的百分比通常较小，数百个被吸收的光子中仅有几个会被叶绿素 a 以荧光的形式重新发射[3]。此外，磷光也是一种替代的去激发途径，但此部分能量相比荧光更少，因此通常忽略。荧光、热和光合作用是互补的过程，因此，通过测量叶绿素荧光的产率，可以获得有关光合作用和散热效率变化的信息。

光透射过细胞后，由于经过了不均匀介质，部分未被色素分子捕获的光子将会偏离原本的方向向四周分散传播，这就是光合细胞对光的另一种作用——散射。

光与粒子的电磁相互作用主要有三种模式，由粒子的尺度区分。

(1) 瑞利（Rayleigh）散射

当粒子尺度远小于光的波长时，散射光在空间中的角度分布强烈依赖于入射光的偏振状态，且强度与入射光波长的四次方成反比。对于非偏振光（如太阳光和白炽灯）而言，散射的角度分布近似各向同性，这意味着光向前和向后均匀散射，并且对光束的垂直度较低，如图 4-6(a) 所示，单个分子的光学特性属于这一类。

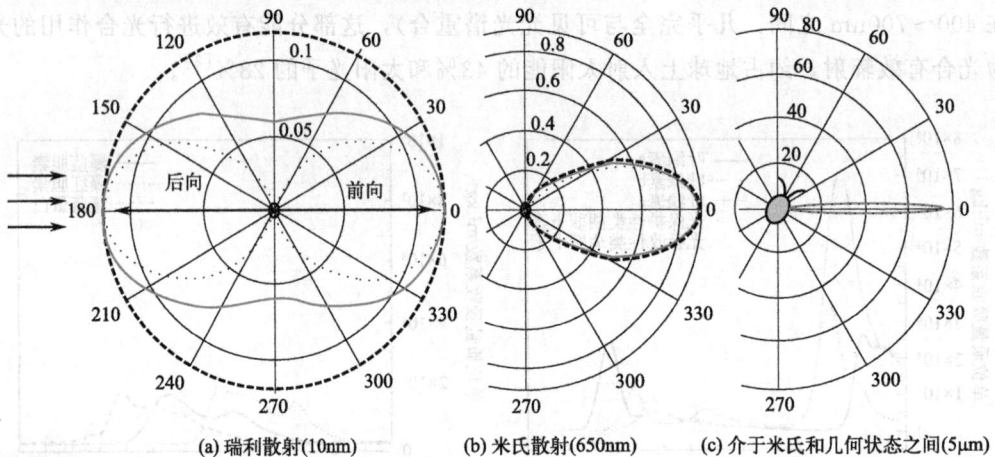

(a) 瑞利散射(10nm)　　(b) 米氏散射(650nm)　　(c) 介于米氏和几何状态之间(5μm)

图 4-6　光与粒子的散射极坐标图[1]

实线表示非偏振光，虚线表示垂直线性偏振光，

点线表示平行线性偏振光。光线从左边进入，粒子位于原点

(2) 米氏（Mie）散射

当粒子尺度接近波长尺度时，无论入射光的偏振状态如何，其散射光在各方向上是不对称的，散射光场存在一个前向峰值，具有明显的方向性并且只有小部分光会被反向散射[图 4-6(b)]。

(3) 几何（射线）光学

当粒子尺度远大于波长时，可忽略光的波动性，与光的相互作用可以用经典的光学现象（折射和反射）来解释。

多数光合生物细胞及较大的细胞器与光的相互作用介于米氏和几何状态之间，具有散射、吸收、衍射、折射和反射的贡献。比如，对于典型的光合藻类而言，具有强前向的散射模式[图 4-6(c)]，大约 90% 的散射光通常包含在围绕光轴前向 20° 的立体角内。

细胞由嵌入胞质溶胶中的几种不同大小和形状的细胞器组成，如叶绿体、细胞核、线粒体、充满气体或液体的液泡等，而每个细胞器可以进一步分为更小的成分：水分子、蛋白质、脂质、色素和碳水化合物等。这些成分都有自己独特的光学特性，并且细胞成分的多种尺寸尺度和形状使光学建模成为一项具有挑战性的任务。幸运的是，复折射率的概念为光合细胞的建模带来了便利性，折射率的实部包含有关光在介质中的速度、方向和波长如何变化的信息，与材料的密度成正比，折射率的虚部表示介质对光的吸收。当分子彼此靠近时，例如在细胞中，相互距离远小于光的波长，并且相消干涉（光波具有导致彼此破坏的相位差）抵消了单独分子的散射效应，因此，分子培养基可以被认为是均质的。即使分子分布稀疏，它们的散射也可以忽略不计，比细胞器或细胞的散射弱数倍。因此，在进一步的光学处理中，只需要考虑细胞器和细胞本身。

4.1.2 光生物反应器内的光传输与衰减

4.1.2.1 辐射传输模型

到目前为止，我们已经了解了光合生物细胞的光学特性，但在实际应用场景中，主要研究对象通常以宏观的光生物反应器为主。从宏观角度来看，无论是悬浮式培养还是生物膜式培养，都可以被看作是离散的吸收散射体的随机分布，其内的光传输数学描述可以用辐射传输理论来处理。传输理论认为离散介质具有有效的均匀性，并通过有效的散射和吸收系数以及有效的散射相位函数来描述光功率通过介质的传输情况。

辐射传输方程（radiative transfer equation，RTE）是辐射在参与介质中传播的控制方程，它描述了辐射能量在参与介质中传输的一般平衡，考虑了吸收、散射和发射过程的衰减和增强的相互作用。由于辐射传递方程的数学复杂性和问题的结构复杂性，只有少数简单的情况下存在解析解，因此数值模拟对于分析实际应用中的辐射传递是至关重要的。迄今为止，已经发展了许多求解辐射传递方程的数值方法，大致可以分为两类。第一类是基于随机模拟的方法，典型的例子是蒙特卡罗（MCM）方法；第二类是确定性方法，离散坐标方法（DOM）、有限体积法（FVM）、有限元法（FEM）、辐射单元法等。RTE 的拉格朗日形式在物理上是最清晰的，也是最简单的数学形式，被认为是最一般的公式，考虑空间控制体内的辐射传输，并忽略内发射辐射，辐射传输方程如式(4-2) 所示：

$$\boldsymbol{u} \cdot \boldsymbol{\nabla} I_\lambda(\boldsymbol{r}, \boldsymbol{u}) = -\beta(\lambda) I_\lambda(\boldsymbol{r}, \boldsymbol{u}) + \frac{\kappa_s(\lambda)}{4\pi} \int_{\Omega'=4\pi} p(\boldsymbol{u}, \boldsymbol{u}') I_\lambda(\boldsymbol{r}, \boldsymbol{u}') \mathrm{d}\Omega' \qquad (4-2)$$

式中，$I_\lambda(r, u)$ 表示波长为 λ 的光的光谱辐射强度单位是 $W \cdot m^{-2} \cdot Sr^{-1}$；$u$ 表示辐射传播方向；r 表示空间位置；$\beta(\lambda)$ 表示介质的光谱消光系数，等于光谱吸收系数 $\kappa_a(\lambda)$ 及光谱散射系数之和 $\kappa_s(\lambda)$，单位 m^{-1}；Ω 和 Ω' 均表示立体角；$p(u, u')$ 是散射相位函数，表示其他方向 (u') 的辐射散射进 u 方向的概率，反映了散射辐射能在空间中的分布特性，满足归一化条件[式(4-3)]：

$$\frac{1}{4\pi}\int_{4\pi} p(u, u')\,d\Omega = 1 \tag{4-3}$$

式(4-2)左边的项表示辐射能通过控制体的变化，右边的第一项表示由于吸光介质的吸收和散射而损失的辐射能量，而第二项表示从空间的所有方向散射到该方向的辐射能量的增益。

此外，光谱吸收和光谱消光系数可以分别使用光谱吸收截面 $E_a(\lambda)$（$m^2 \cdot g^{-1}$）、光谱散射截面 $E_s(\lambda)$（$m^2 \cdot g^{-1}$）、消光谱光截面 $E_\beta(\lambda)$（$m^2 \cdot g^{-1}$）表达[式(4-4)～式(4-6)]：

$$E_\beta(\lambda) = \beta(\lambda)X_m \tag{4-4}$$

$$E_a(\lambda) = \kappa_a(\lambda)X_m \tag{4-5}$$

$$E_s(\lambda) = \kappa_s(\lambda)X_m \tag{4-6}$$

式中，X_m 为吸收散射介质的浓度，单位是 $g \cdot m^{-3}$，对于细胞悬浮液而言，则代表了细胞的浓度。

如果已知辐射强度，可以很容易地计算其他导出量，如局部光谱辐射通量 G_λ（$W \cdot m^{-3}$）、单位体积辐射能光谱吸收率 $G_{a,\lambda}$（$W \cdot m^{-4}$）、局部光谱辐射通量 G（$W \cdot m^{-2}$）、单位体积辐射能吸收率 G_a（$W \cdot m^{-3}$）等[式(4-7)～式(4-10)]：

$$G_\lambda = \int_{4\pi} I_\lambda\,d\Omega \tag{4-7}$$

$$G_{a,\lambda} = \kappa_a(\lambda)G_\lambda \tag{4-8}$$

$$G = \iint_{4\pi} I_\lambda\,d\Omega\,d\lambda \tag{4-9}$$

$$G_a = \int G_{a,\lambda}\,d\lambda \tag{4-10}$$

单位体积辐射能吸收率将会被作为最终的反映光生物反应器内光合生物受光特性的参数，是后续与光合作用相关的动力学耦合的中间桥梁。

根据辐射方程可以发现，光谱吸收系数、消光系数以及散射相函数的确定是求解 RTE 的基础，通常将上述参数统称为辐射特性参数。这些参数可以通过基于光合细胞的光学模型的数值模拟或实验测量来确定。本书主要简单介绍实验测量方法的原理，如图 4-7 所示。积分球可以把前向空间所有的散射能量统计在内，因此，吸收部分的强度可以通过入射强度减去积分球收集到的强度获得，再根据上述方程计算可得光谱吸收系数；光谱消光系数则可以通过用光谱仪仅测量入射辐射的直射透射率并通过计算获得，光谱仪接收的能量不包含散射向其他方向的辐射能，因而是吸收及散射共同作用的结果。测量散射相函数时，将样品固定在垂直于水平面的样品支架上，以确保入射激光垂直照射样品，并通过在水平面内对探测器进行 180° 扫描来获得空间中的散射光场分布，在数值计算时，通常采用一些简化过的散射相函数模型去定量化该散射强度分布情况。

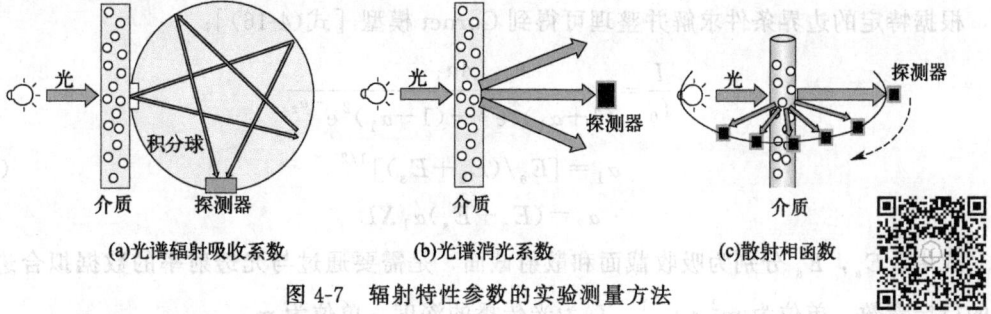

(a)光谱辐射吸收系数　　　　(b)光谱消光系数　　　　(c)散射相函数

图 4-7　辐射特性参数的实验测量方法

4.1.2.2　半经验光衰减模型

由于辐射传输方程及辐射传输过程的复杂性和高维性，除了常见的三个空间维度外，还包含一个光波维度和两个方向角维度，因此参与介质中辐射传递的数值模拟通常耗时且需要付出相当大的努力。为了避免庞大的计算成本，一种替代简便的方法是对 RTE 进行简化以获得解析解。例如，不考虑介质对光的散射作用仅考虑光吸收，辐射传输方程可简化为经典的朗伯比尔（Lambert-Beer）模型，如式(4-11)所示：

$$I/I_0 = e^{(-Al)} \tag{4-11}$$

式中，l 表示介质厚度，单位 m；I/I_0 表示光的透射率；A 表示介质的光吸收系数（也称为吸光度），与吸收介质的性质及入射光的波长 λ 有关，单位 m^{-1}。朗伯比尔定律是基本的光吸收定律，是物质定量的比色分析及分光光度法的基础。但出于对散射作用的忽略，该模型仅适用于单色光、均匀非散射介质。对光合生物细胞而言，散射的作用是不容忽略的，采用该模型进行光生物反应器内的光衰减会导致对结果的预测偏离。

事实上大多数光合生物培养的光生物反应器内的光传输均可视为一维的辐射传输，因为他们具有的强前向散射特性，如板式反应器的单双侧垂直照明，圆柱式、环式反应器的径向照明。因此，散射相函数的简化也是必要的，因为它贡献了求解方程过程中最复杂的部分。假设辐射场是各向同性的，并且认为散射的主要辐射方向为悬浮粒子的正向或负向（二热流近似），RTE 方程化简为可求解的常微分方程组[4]［式(4-12)～式(4-14)］：

$$\begin{cases} \dfrac{dI_\lambda^+}{dz} = -E_a(\lambda)X_m I_\lambda^+ + bE_s(\lambda)X_m(I_\lambda^+ - I_\lambda^-) & (4\text{-}12) \\[3mm] \dfrac{dI_\lambda^-}{dz} = E_a(\lambda)X I_\lambda^- - bE_s(\lambda)X(I_\lambda^+ - I_\lambda^-) & (4\text{-}13) \end{cases}$$

其中：

$$b = \frac{1}{2}\int_{\frac{\pi}{2}}^{\pi} p(\theta,\theta') \sin\theta' d\theta' \tag{4-14}$$

式中，I_λ^+ 和 I_λ^- 分别是前向、后向波长为 λ 的光的光谱辐射强度，空间中某点的总光强为 $I_\lambda = I_\lambda^+ + I_\lambda^-$；$b$ 表示后向散射的概率，各向同性假设下取 $b=0.5$［舒斯特（Schuster）方法］[5]。空间某点的总光强为［式(4-15)］：

$$I = \int_{\lambda_1}^{\lambda_2} I_\lambda \, d\lambda \tag{4-15}$$

根据特定的边界条件求解并整理可得到 Cornet 模型 [式(4-16)]：

$$\frac{I}{I_0} = \frac{4\alpha_1}{(1+\alpha_1)^2 e^{\alpha_2} - (1-\alpha_1)^2 e^{-\alpha_2}}$$

$$\alpha_1 = [E_a/(E_a + E_s)]^{1/2} \tag{4-16}$$

$$\alpha_2 = (E_a + E_s)\alpha_1 XL$$

式中，E_a，E_s 分别为吸收截面和散射截面，是需要通过与光透射率的数据拟合进行确定的待定参数，单位为 $m^2 \cdot g^{-1}$；L 为光传播的深度，单位为 m。

因为考虑了介质内光的吸收及散射，该模型在描述光生物反应器内的光衰减时，应用相比朗伯比尔模型更广泛。除这两类常用的基本模型，还提出了许多其他类似的光衰减模型、双曲模型、非线性多项式模型等，这些模型为纯经验模型，没有理论指导；为了提升光衰减模型的准确度，学者们在光衰减模型的优化上付出了大量的研究，比如进一步考虑不同种类色素分子对光吸收影响的 M-Cornet 模型[6]，考虑细胞形态、维数的修正模型等。

通过固定、明确的表达式去描述光生物反应器内的光衰减情况可以极大地降低运算时间成本，并能保证一个不错的预测精度。但这种半经验模型也存在推广性差、适用范围较窄的缺点。当更换介质时，模型需要重新构建（即重新拟合确定模型中的待定参数），不同介质的模型可能不通用。因此，在实际应用场景中对于上述方法的选用应当根据情况确定。

4.2 微生物能源转化过程中的能量转移与电子传递

4.2.1 光合系统内的电子传递

光合作用被誉为"地球上最重要的化学反应"，这一反应通常发生在绿色植物、藻类和某些光合细菌内。光合作用是生物通过捕光色素，收集自然界的光能并在多种酶的参与下，实现光能转变为化学能的过程。对于植物而言，这个过程通常可以分为光反应和暗反应两个阶段，涉及光吸收、电子传递、光合磷酸化和碳同化等多个重要步骤，本节将以小球藻（一种球形单细胞藻类）为例，重点介绍其中的能量转化与传递过程。

4.2.1.1 光合系统的组成

在能够进行光合作用的真核生物中，光合作用在叶绿体中进行。叶绿体由外被、类囊体和基质组成。外被是一层双层膜结构，膜间隙 $10 \sim 20nm$，外膜渗透性较大，允许无机磷等营养物质进入膜间隙；内膜则有较强的选择透过性，允许 H_2O、CO_2、O_2、磷酸甘油酸、三碳糖磷酸等物质透过。ADP、ATP、葡萄糖等物质虽然可以透过内膜，但透过速率相对较慢，而蔗糖、NADP$^+$ 等物质则不能直接透过内膜，需要依靠特定的转运蛋白才能实现物质的跨膜传递。在叶绿体膜内存在许多单层膜构成的扁平小囊，沿叶绿体的长轴平行排列，这些结构被称为类囊体。类囊体表面分布着大量光合色素及电子传递链相关蛋白，光反应阶段主要在此处发生，因此类囊体薄膜也被称为光合膜。类囊体像圆盘一样叠在一起构成基粒，每个叶绿体中通常包含 40～60 个基粒。在叶绿体膜和类囊体之间则是叶绿体基质，基质内充满了流动状态的物质，包含碳同化相关酶、DNA 和一些可溶性蛋白质，光合作用暗反应阶段在基质内完成，将 CO_2 固定为有机物。

(1) 光合色素

在类囊体薄膜表面分布着大量色素蛋白复合体，光合系统中光能捕获这一过程主要由这些色素复合体实现。光合色素主要可以分为以下几类：叶绿素、类胡萝卜素和藻蓝蛋白。其中，叶绿素和类胡萝卜素广泛存在于藻类和高等植物内，而藻蓝蛋白只有红藻、蓝藻等少数藻类含有。这些色素主要吸收波长范围为 400～700nm 的光，因此，400～700nm 波长范围的光照也被称为光合有效辐射（photosynthetically active radiation，PAR）。

(2) 光系统 II（photosystem II，PS II）

光系统 II 是类囊体薄膜上的一种光合作用单位，主要由捕光复合物（light-harvesting complex II，LHC II）和反应中心（PS II 中一个特殊的叶绿素 a 分子对）组成。通常情况下，捕光复合物包含的叶绿素约占类囊体薄膜内总叶绿素的 40%～60%。捕光复合物也被称为天线复合物（antenna complex），其主要作用是吸收光能并将能量传递给反应中心，这个过程产生一个带正电的供体 P680$^+$ 和一个带负电的原初电子受体（Pheo$^-$）。P680$^+$ 作为氧化剂可以接受电子，使 H_2O 光解，而 Pheo$^-$ 作为还原剂，失去一个电子，引起电子向质体醌的转移。

(3) 质体醌（plastoquinone，PQ）

质体醌是一种醌类化合物，由一个醌环和一个长的异戊二烯侧链组成，这种结构使其能够在类囊体薄膜中自由移动。叶绿体内具有几种不同种类的质体醌，它们的区别主要在于侧链上异戊二烯单位数目不同，叶绿体中最常见的是 PQ9。质体醌在光合电子传递链中既可以传递电子，也可以传递质子。具体而言，氧化型 PQ 从类囊体靠外的一侧接收电子，同时与膜外质子结合，随后，还原态质体醌（PQH$_2$）向类囊体薄膜内移动，被细胞色素 b_6f 氧化后发生电子转移并向类囊体薄膜内释放质子。

(4) 细胞色素 b_6f（cytochrome b_6f，Cyt b_6f）

细胞色素 b_6f 复合体位于叶绿体类囊体薄膜上，由包括细胞色素 b_6、细胞色素 f 在内的多个亚基组成，是连接 PS II 和 PS I 的桥梁。Cyt b_6f 从 PQ 中接收电子并向 PS I 转移，同时也可以将类囊体薄膜外质子泵入类囊体薄膜内，形成质子浓度差。除了电子传递与质子泵送外，Cyt b_6f 还参与调节光合电子传递线性和环形路径，从而调节电子在 PS II 和 PS I 之间的流动。这一功能有助于平衡细胞内 ATP 和 NADPH 的合成，以满足细胞光合作用的需求。

（5）质体蓝蛋白（plastocyanin，PC）

质体蓝蛋白是位于类囊体薄膜内侧表面的一种含铜蛋白质，在被氧化时呈现蓝色。质体蓝蛋白由多个色素蛋白亚基组成，包括藻蓝蛋白、藻红蛋白以及其他相关色素蛋白。在结构上，质体蓝蛋白通常为附着在类囊体膜表面的球形或半球形的超分子复合体。在光合电子传递过程中，质体蓝蛋白的主要作用是接收 Cyt b_6f 转移的电子并传递给 PS I 反应中心。此外，有研究表明质体蓝蛋白可能参与不同光照环境下光合系统的调节以实现更高的光合效率。

（6）光系统 I（photosystem I，PS I）

与光系统 II 相似，光系统 I 的核心复合体由反应中心 P700（最大吸收峰在 700nm 处）、电子受体和捕光复合物（LHC I）组成。与光合系统 II 不同的是，光合系统 I 内不包含与放氧有关的锰簇复合物和外周蛋白。光合系统 I 中的反应中心与叶绿素分子组成特殊分子对，这些色素吸收光能尤其是红光，将电子激发到更高能级。

（7）铁氧还蛋白（ferredoxin，Fd）

铁氧还蛋白是一种含有铁硫簇的蛋白质，广泛存在于细菌、藻类、高等植物中，在光合作用和呼吸作用中，铁氧还蛋白扮演着重要的电子载体角色。铁氧还蛋白通常由一个或多个亚基组成，每个亚基包含一或两个铁硫簇。铁硫簇是由铁和硫原子组成的无机化合物，由于其具有中等的氧化还原电位（约 $-0.44V$），因此它在电子传递链中能够进行可逆的氧化还原反应。

（8）铁氧还蛋白-$NADP^+$还原酶（ferredoxin-$NADP^+$ reductase，FNR）

在光合系统 I 中，铁氧还蛋白-$NADP^+$还原酶是一种可溶性蛋白，它连接了铁氧还蛋白和 $NADP^+$。FNR 通常由一个多肽链组成，其中包含了一个 α-螺旋和一个 β-折叠，从而形成一个紧密的三维结构，其活性中心位于蛋白质内部，能够与铁氧还蛋白和 $NADP^+$结合。在光合电子传递链中，FNR 接收光合系统 I 激发的高能电子并经过一系列传递，最终将电子传递给 $NADP^+$，使其还原为 NADPH。这是光合作用过程中产生还原力的关键步骤。

（9）三磷酸腺苷合酶（adenosine triphosphate synthase，ATP 合酶）

三磷酸腺苷合酶也称为 ATP 合酶，是一类存在于所有生物细胞中的关键酶，负责合成细胞能量货币——三磷酸腺苷（ATP）。ATP 合酶由多个亚基组成，通常分为 F0 亚基和 F1 亚基。F1 部分位于膜外，包含催化 ATP 合成的活性位点；F0 部分嵌入生物膜中，负责质子的传输。ATP 合成酶的主要功能是利用跨膜质子梯度（质子动力）来合成 ATP，这一过程称为光合磷酸化，主要负责完成光合作用中的能量转换。

4.2.1.2　电子传递路径

（1）三种电子传递途径

光合系统的电子传递链是藻类和植物将光能转化为化学能的核心过程，这一过程主要发生在类囊体薄膜上。根据电子传递途径的不同，光合系统中电子传递主要分为以下三种形式：非循环式电子传递（non-cyclic electron transport）、循环式电子传递（cyclic electron transport) 以及假环式电子传递（pseudocyclic electron transport）[7]。

① 非循环式电子传递　非循环式电子传递是光合系统产生还原型烟酰胺腺嘌呤二核苷酸磷酸（nicotinamide adenine dinucleotide phosphate，NADPH）和三磷酸腺苷（adenosine triphosphate，ATP）的主要途径，也是光合电子传递中最主要的一种电子传递方式，涉及 PSⅡ 和 PSⅠ。如图 4-8 所示，在非循环式电子传递过程，H_2O 是电子的原初供体，而 $NADP^+$ 是最终电子受体。传递过程如下：$H_2O \rightarrow PSⅡ \rightarrow PQ \rightarrow Cyt\ b_6f \rightarrow PC \rightarrow PSⅠ \rightarrow Fd \rightarrow FNR \rightarrow NADP^+$。

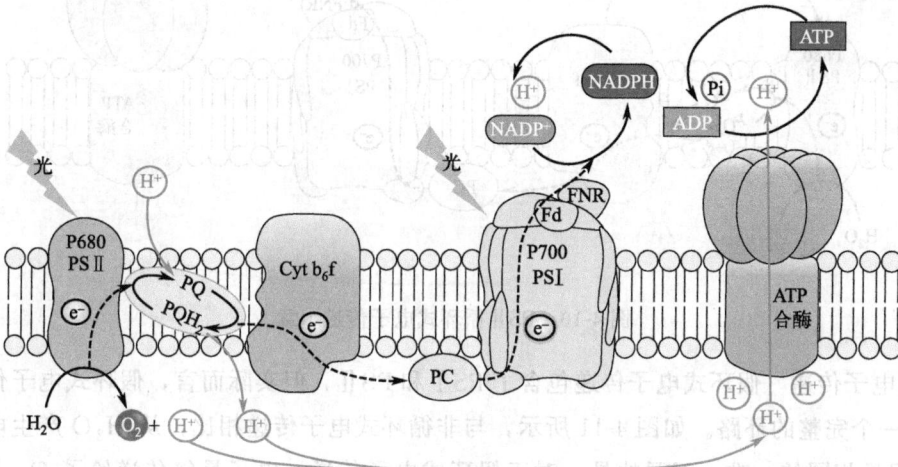

图 4-8　非循环式电子传递示意

② 循环式电子传递　在光合作用过程中，除了上面提到的非循环式电子传递途径外，还存在一种围绕 PSⅠ 和 PSⅡ 的循环式电子传递流。如图 4-9 所示，对于 PSⅠ 中的循环式电子传递，PSⅠ 先将电子传递给 Fd，使其转变为还原态的 Fd。但还原态的 Fd 并没有进一步将电子传递给 $NADP^+$，而是给了质体醌或直接将电子传递给 Cyt b_6f，从而形成 PSⅠ 电子循环。在这个过程中，电子也可能先由 FNR 或者 NADPH，而后转移到质体醌。

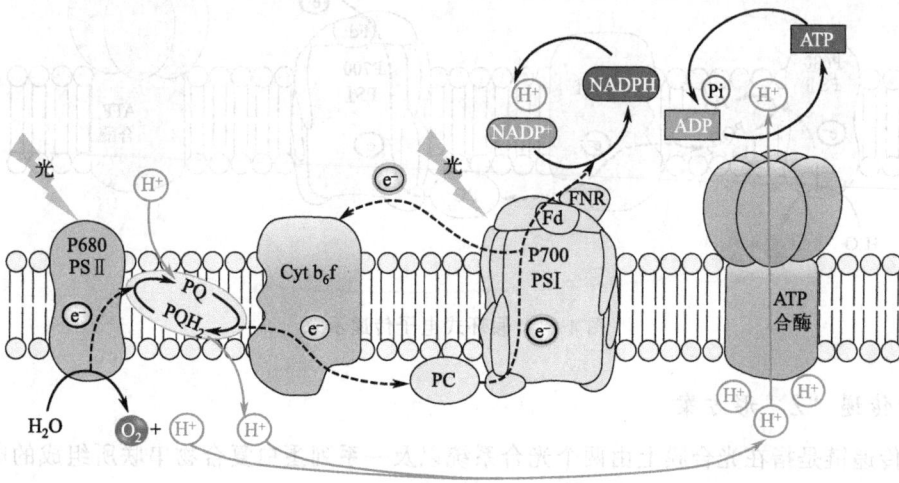

图 4-9　PSⅠ循环式电子传递示意

除了 PS I 内存在循环式电子传递途径外，有研究表明 PS II 内同样存在循环式电子传递途径。如图 4-10 所示，电子经由 PQ 或 Q_A、Q_B 向 Cyt $b_6 f$ 传递电子，随后电子回传到处于基态的 P680 或酪氨酸 Z，从而构成 PS II 内的循环式电子传递流。

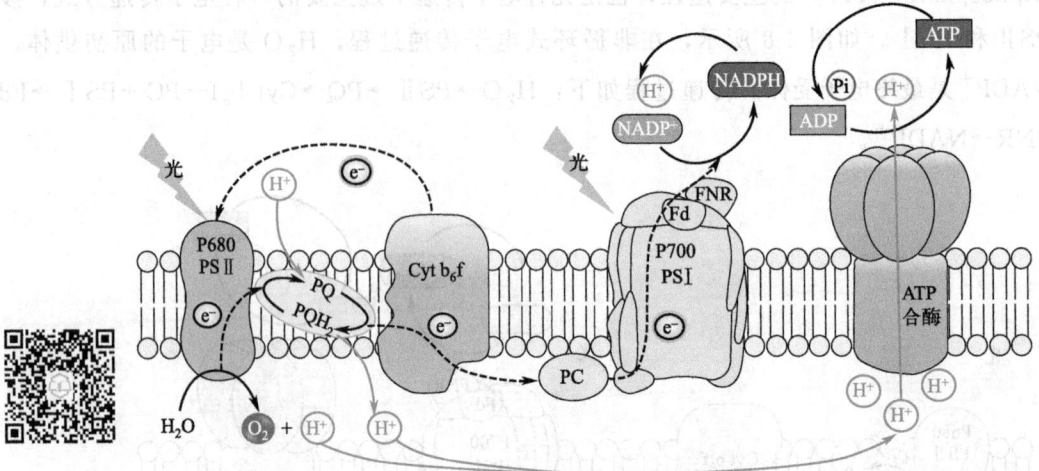

图 4-10 PS II 循环式电子传递示意

③ 假环式电子传递 假环式电子传递包含了 PS I 和 PS II，但实际而言，假环式电子传递并不能构成一个完整的环路。如图 4-11 所示，与非循环式电子传递相比，从 H_2O 产生电子到 Fd 的过程是相同的，唯一不同的是，对于假环式电子传递，电子最终传递给了 O_2 并产生超氧阴离子自由基（O_2^-），这一过程也被称为梅勒反应。超氧阴离子会对细胞正常生理活动造成损伤，因此生物演化出一套抗氧化系统以清除细胞内的超氧化物。

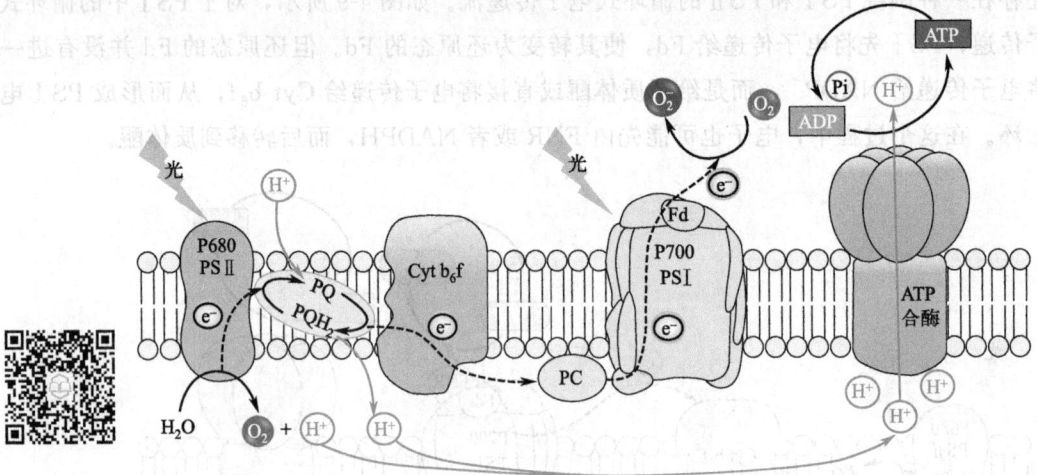

图 4-11 假环式电子传递示意

（2）电子传递"Z"形方案

光合电子传递链是指在光合膜上由两个光合系统以及一系列蛋白复合物串联所组成的电子传递链。值得一提的是，在光合系统中存在双光增益效应，也称为爱默森效应（Emerson effect)。具体而言，当同时使用红光和近红外光照射时，光合系统的光合速率会显著增加。这是由于光合系统存在两个不同的反应中心，在吸收光谱上对应着两个不同的吸收峰。爱默森效应揭示了光合系统中存在两种不同的光化学系统，即光系统Ⅰ和光系统Ⅱ，这一发现对后续光合作用的研究具有重要指导意义。

在光合和系统电子传递方面，现在较为公认的电子传递途径是由希尔等人于 1960 年提出并由后人不断修正补充的 "Z" 方案（"Z" scheme）。如图 4-12 所示，从图中可以看出，电子传递链上不同载体按照其氧化还原电位高低，呈 "Z" 形串联排列。由于氧化还原电位的差异，电子传递不能自发进行，需要依靠色素复合体吸收、转化光能来推动。在光系统Ⅱ中，处于基态的 P680 反应中心从水分子中获取电子并转变为激发态 P680*，同时释放氧气和 H$^+$，这个过程被称为水的光解。同时，P680* 将电子转移至初级电子受体（Pheo$^-$）并回落至基态。随后，电子沿电子传递链依次传递至 Q$_A$、Q$_B$、PQ，并最终传递给 Cyt b$_6$f，Cyt b$_6$f 通过质体蓝蛋白将电子传递给光系统Ⅰ，同时将类囊体薄膜外的质子泵入膜内，形成质子浓度梯度。当电子传递到 P700 反应中心后，其氧化还原电位已经很低，不足以支持后续的电子传递过程，因此需要利用 P700 反应中心再次吸收光能并将其激发至一个较高的氧化还原电位。处于激发态的 P700* 反应中心通过一系列电子载体将电子传递给铁氧还蛋白-NADP$^+$ 还原酶，在还原酶的催化下，NADP$^+$ 与电子结合，最终形成 NADPH[8]。

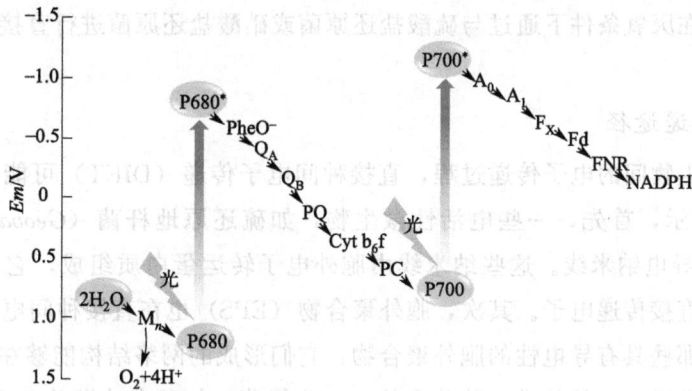

图 4-12　非循环电子传递 "Z" 形方案

4.2.2　微生物的种间电子传递

在自然界中，单细胞微生物可以通过小分子物质实现营养物质、信息和电子的交换，进而建立互营共生的关系以维持生物群落稳定。微生物种间电子传递（interspecies electron transfer, IET）是近年来发现的一种新型的互营共生方式，电子供体微生物与电子受体微生物之间通过细胞间直接接触或中间物质介导的间接途径，将电子从供体微生物转移到受体微生物，形成微生物间互营生长关系，完成单一细胞难以完成的生长代谢过程。微生物通过种间电子传递进行共代谢的现象在自然和人工条件下普遍存在。作为一种新型微生物代谢方式，种间电子传递对微生物种群的构成、温室气体排放等生化反应以及环境修复等具有重要研究意义。目前,微生物的种间电子传递受到广泛关注,已经成为微生物间相互作用的研究热点,但相关研究尚处于初始阶段,种间电子传递过程和电子传递机理研究尚待深入。本节将以近年来的研究进展为基础,介绍微生物的种间电子传递基本原理、参与电子传递的微生物种类以及电子传递途径。

4.2.2.1 直接种间电子传递

(1) 基本原理

直接种间电子传递是一种微生物之间直接进行电子交换的过程,这种交换不依赖于中间的电子载体。这种现象最早发现于厌氧消化过程,其中一种微生物通过其细胞表面的导电结构将电子传递给另一种微生物。直接种间电子传递的发现打破了人们对微生物间相互作用的传统认知,揭示了微生物生态系统中复杂的能量流动模式[9]。

(2) 参与直接种间电子传递的微生物

能够进行直接种间电子传递的微生物主要包含电活性微生物和厌氧甲烷氧化菌两类。对于电活性微生物,如地杆菌属 (*Geobacter*) 和希瓦氏菌属 (*Shewanella*),微生物能够通过自身的细胞表面导电结构(如导电纳米线或细胞膜上的多铁氧化还原酶)直接与其他微生物进行电子交换。对于厌氧甲烷氧化菌,如 ANME (anaerobic methanotrophic archaea) 菌群,微生物能够在厌氧条件下通过与硫酸盐还原菌或硝酸盐还原菌进行直接种间电子传递来氧化甲烷。

(3) 电子传递途径

为了实现微生物间的电子传递过程,直接种间电子传递(DIET)可能包括以下几种方式。如图 4-13 所示,首先,一些电活性微生物,如硫还原地杆菌 (*Geobacter sulfurreducens*),能够形成导电纳米线。这些纳米线由胞外电子转运蛋白质组成,它们能够跨越微生物之间的距离,直接传递电子。其次,胞外聚合物 (EPS) 也在直接种间电子传递中发挥重要作用。特别是那些具有导电性的胞外聚合物,它们形成的网络结构能够在微生物之间形成导电通路,从而促进电子的传递。除此之外,一些细菌,如奥奈达湖希瓦氏菌 (*Shewanella oneidensis*) 可以通过外膜上的细胞色素进行电子传递。这些细胞色素能够直接与另一种微生物的电子受体相互作用,实现电子交换。

4.2.2.2 间接种间电子传递

(1) 基本原理

间接种间电子传递的基本原理涉及不同微生物物种之间通过可溶性电子载体在环境中进行能量交换的过程,其中一种微生物(电子供体)释放电子,这些电子随后被溶解在周围环境中的电子载体所捕获,然后传递给另一种微生物(电子受体),后者利用这些电子进行其自身的能量代谢活动,如 ATP 合成,这种机制允许微生物群落中的成员在没有直接物理接触的情况下交换电子,促进了生态系统中能量和物质的循环[10]。

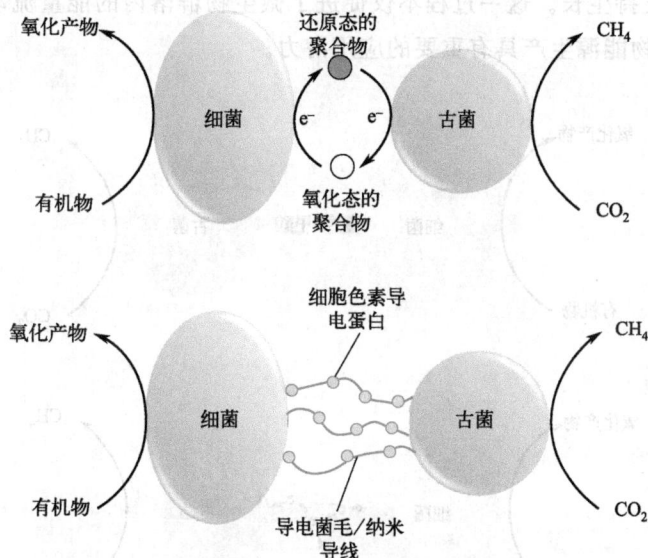

图 4-13　微生物直接种间电子传递示意

（2）参与间接种间电子传递的微生物

间接种间电子传递是一个涉及多种微生物的复杂过程，这些微生物利用电子载体如氢气、甲酸、维生素 B_2（核黄素）等进行电子交换。在这个过程中，不同的微生物通过特定的电子载体实现能量的转化和流动。

产甲烷菌与硫酸盐还原菌是间接电子传递的典型参与者。例如，在共培养体系中，*Pelobacter carbinolicus*（一种硫酸盐还原菌）能够与 *Geobacter sulfurreducens*（一种铁还原菌，也能进行硫酸盐还原）通过氢气和甲酸盐进行电子交换。这种相互作用促进了微生物群落中能量的有效传递。在厌氧消化过程中，产甲烷古菌也能与其他微生物发生间接电子传递，其中甲酸盐作为一种重要的电子载体参与了这一过程。脱卤菌在微生物脱氯过程中，可以通过间接电子传递的方式，利用其他微生物产生的电子进行卤代化合物的还原，这在环境修复中具有重要应用。沼泽红假单胞菌（*Rhodopseudomonas palustris*）是一种能够进行光合作用的细菌，在黑暗和缺氧条件下，它能够通过间接种间电子传递进行碳固定和生长，显示出其在不同环境条件下的适应性和代谢多样性。甲烷氧化古菌（methanotrophic archaea）同样能够与细菌发生间接电子传递，它们通过胞外电子传递网络与细菌进行能量交换，这一过程对于甲烷这一温室气体的生物地球化学循环具有重要意义。

（3）电子传递过程

间接种间电子传递是一种微生物间通过电子载体进行能量交换的复杂过程。如图 4-14 所示，在这个过程中，电子供体微生物通过其代谢活动，如发酵、呼吸作用或光合作用产生电子。随后，这些电子被释放到细胞外环境中，并被可溶性的电子载体，如无机分子（氢气 H_2）、有机酸（甲酸、乙酸）或有机分子（核黄素、酚类化合物）捕获。这些电子载体在细胞外环境中扩散，将电子从一个微生物传递到另一个微生物。电子受体微生物通过特定的膜结合或分泌的电子受体蛋白捕获这些电子，并利用它们进行各种代谢活动，包括还原代谢产物、合成 ATP 或支持生长。这一过程不仅促进了微生物群落内的能量流动和物质转化,而且对环境修复和生物能源生产具有重要的应用潜力。

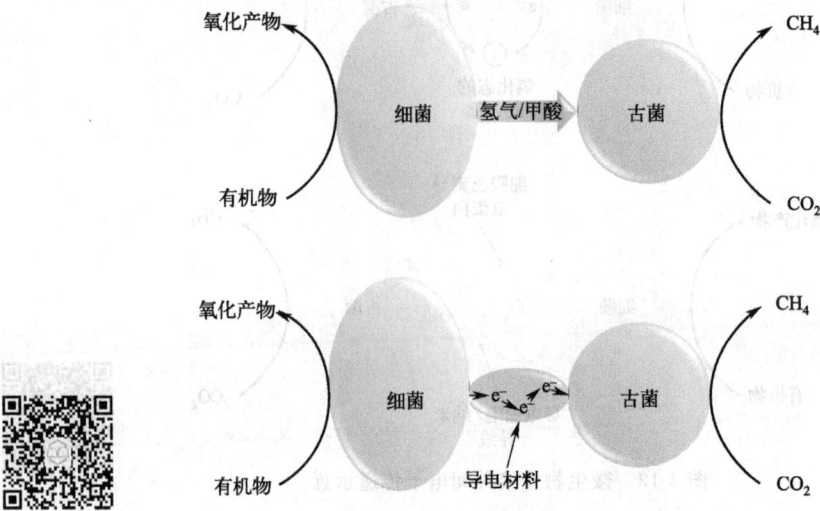

图 4-14   微生物间接种间电子传递示意

4.2.3   微生物电化学转化中的电子传递

微生物的呼吸作用是其进行代谢和能量摄取的必要流程。在该过程中,微生物在代谢底物的同时释放电子,电子通过电子传递链,即呼吸链进行传递并最终与氧气等电子受体结合从而生成水等代谢产物,该过程同时伴随着能量的释放。在以往研究中,微生物的呼吸作用被认为完全是在胞内进行的,而胞外呼吸(胞外电子传递)是近些年来新发现和定义的一类无氧呼吸方式。其指微生物在厌氧条件下将有机底物完全氧化,释放出的电子经呼吸链传递至胞外并还原外界的电子受体,与此同时产生能量以维持自身的生命活动。相比于传统的胞内呼吸,胞外电子传递独特的呼吸链能够允许电子从微生物体内依次穿越细胞内膜、周质空间和细胞外膜,最终传递至微生物体内并还原胞外的不溶性、难以进入胞内的固态电子受体(铁/锰氧化物、大分子腐殖质、电极等)。胞外呼吸的电子传递过程相较于胞内呼吸无疑难度更大。然而,电子能够被传导至胞外的能力意味着培养电活性功能微生物生产胞外高价值产物具备了可行性。因此,电活性微生物的胞外电子传递机制在被发现后引发了研究学者的广泛关注。

根据胞外终端电子受体的差异,胞外呼吸主要可以分为铁/锰呼吸、腐殖质呼吸以及产电呼吸三种类型。铁/锰呼吸是指微生物将底物完全氧化产生电子和能量,并将电子传递至胞外不溶性的铁(锰)氧化物(赤铁矿、MnO_2 等)这类电子受体的过程。由于微生物的生长代谢过程会在其周围聚集大量的 Fe^{2+},这为其进行胞外异化铁还原作用奠定了基础。在各类铁还原微生物中,地杆菌属和希瓦氏菌属被研究得最为广泛,已被用于胞外电子传递链模型的构建。

腐殖质呼吸与铁/锰呼吸类似，只是在胞外电子受体上存在差异。其指厌氧条件下，微生物在胞内氧化有机底物产生能量用于自身的生长繁殖，同时将该过程产生的电子通过呼吸链转移至胞外用于还原作为电子受体的腐殖质。由于腐殖质种类众多，常选用结构较为简单的 AQDS（蒽醌-2,6-二磺酸）作为腐殖质模式物开展该类型胞外呼吸的相关研究。值得一提的是，能够进行腐殖质呼吸的微生物基本也同时具备铁呼吸与产电呼吸的能力。

微生物产电呼吸过程的胞外终端电子受体为固态电极。相比于上述两种胞外呼吸类型，产电呼吸具有电子受体（电极）稳定（不溶解、不生成还原产物）、电子传递速率可量化等优势，意味着其可以作为一种测量工具实现对胞外呼吸微生物代谢等相关理化信息的监测。因此，基于产电呼吸的生物电极成为研究胞外电子传递理论以及实现能源转化和回收的重要途径。

近年来，研究者们针对电活性微生物的胞外电子传递路径进行了深入的研究。与有氧呼吸以及胞内无氧呼吸不同，胞外呼吸电子传递链的电子终端受体并不在胞内，而是在微生物体外。胞外电子传递过程主要分为三个阶段：

① 电子从细胞质跨越细胞内膜 有机底物作为电子供体在微生物体内被氧化产生还原力 H^+（$NADH_2$、$FADH_2$ 的氧化产物）和电子，两者通过细胞内膜上的 NADH 还原酶和醌等电子载体转移至内膜的外侧区域。其中，电子在内膜上通过电子传递体传送给内膜电子受体（c 型细胞色素 MacA 等），H^+ 则在内膜外侧 ATP 还原酶的作用下与 ADP 以及磷酸反应生成 ATP 从而维持微生物的生命活动。因此，电子从细胞质跨越细胞内膜的传递过程耦联了能量的产生。胞内的有氧呼吸和无氧呼吸这两种方式的电子传递流程至此已全部完成，而微生物胞外呼吸的电子传递流程还并未结束。

② 电子穿过细胞周质空间到细胞外膜 为了完成胞外电子传递整个流程，微生物的细胞周质中同样进化出能够进行电子传递的中介体（例如 c 型细胞色素 PpcA）。其负责接收和结合来自细胞内膜的电子并将其输送至细胞外膜区域与电子传递相关的细胞色素（例如 c 型外膜细胞色素 OmcB）。

③ 电子从细胞外膜传递到胞外电子受体 在细胞外膜内侧，负责电子传递的色素复合物能够将接收到的电子通过跨膜复合蛋白传递到细胞外膜的外侧并与胞外的电子终端受体结合。产电呼吸的整个胞外电子传递过程至此完成。

思考题

4-1. 影响光合生物反应器内光传输的影响因素有哪些？光照强度对其光传输特性有影响吗？

4-2. 在入射光为白光，入射光强为 $100\mu mol \cdot m^{-2} \cdot s^{-1}$ 的条件下，测得某小球藻悬浮液内的光衰减数据如下所示：

光传输距离/m		出射光强/$\mu\text{mol} \cdot \text{m}^{-2} \cdot \text{s}^{-1}$										
		0	0.002	0.004	0.006	0.008	0.01	0.014	0.018	0.024	0.03	0.04	0.05
微藻浓度/ $\text{g} \cdot \text{L}^{-1}$	0.545	100	57.5	46	33	28	23	16.5	12	7.5	4	1.5	1
	1.169	100	49	28	18	12	9	4	2.5	1	0	0	0
	1.84	100	38	19	11	6.5	4	1.5	0	0	0	0	0

假设光的传输是一维的，试用朗伯比尔模型或 M-Cornet 模型对上述数据进行拟合，确定模型中的待定系数，并比较两模型的差异。

4-3. 光系统Ⅰ和光系统Ⅱ在结构上有什么差异？它们各自的功能是什么？

4-4. 光系统Ⅱ和光系统Ⅰ如何协同产生 ATP？

4-5. 什么是光呼吸现象？光呼吸现象是如何在不同光强和氧含量条件下调节生物的光合作用？

4-6. 根据光合生物的受光强度可将反应器内划分为三个光区，简述三个光区的特点。

4-7. 什么是细菌的种间电子传递？电子传递的路径有哪些？他们的特点是什么？

4-8. 胞外呼吸（胞外电子传递）与胞内呼吸有什么区别？胞外呼吸可以分为哪几种类型？

参考文献

[1] Ooms M D, Dinh C T, Sargent E H, et al. Photon management for augmented photosynthesis [J]. Nature Communications, 2016, 7 (1): 12699.

[2] Dauchet J, Blanco S, Cornet J F, et al. Calculation of the radiative properties of photosynthetic microorganisms [J]. Journal of Quantitative Spectroscopy and Radiative Transfer, 2015, 161: 60-84.

[3] Mobley C. Light and water: Radiative transfer in natural waters [M]. New York: Academic Press, 1994.

[4] Cornet J F, Dussap C G, Gros J B. Conversion of radiant light energy in photobioreactors [J]. Aiche J, 1994, 40 (6): 1055-66.

[5] Schuster A. Radiation through a foggy atmosphere [J]. The Astrophysical Journal, 1905, 21 (1): 1-22.

[6] Ma S, Zeng W, Huang Y, et al. Revealing the synergistic effects of cells, pigments, and light spectra on light transfer during microalgae growth: A comprehensive light attenuation model [J]. Bioresource Technology, 2022, 348: 126777.

[7] 许大全. 光合作用学 [M]. 北京: 科学出版社, 2013.

[8] 韩国平, 韩志国, 付翔. 藻类光合作用机理与模型 [M]. 北京: 科学出版社, 2003.

[9] 何恩静, 彭洁茹, 邱晓营, 等. 微生物种间电子传递的研究进展 [J]. 微生物学通报, 2022, 49 (10): 4425-37.

[10] 李慧. 产电细菌及碳/铁基导电材料促进微生物电子传递强化发酵联产氢气和甲烷研究 [D]. 杭州: 浙江大学, 2022.

第五章

微生物反应器内多相能质传输及转化特性

微生物的生长是在反应器中进行的，反应器为微生物的繁殖提供需要的场所和适宜的环境条件，如光照、营养盐、温度、酸碱度等。然而，反应器提供的光照和营养盐需经历特定的传输过程方可到达微生物细胞表面，随后被微生物细胞吸收并在细胞内部进行转化利用。由此可知，微生物反应器内存在着复杂的能质传输和转化现象，为了更好地认识微生物反应器中的能质传输与转化特性，本章以微藻光生物反应器和光发酵制氢生物反应器为对象，对其内部存在的能质传输与转化特性进行介绍。

5.1 微藻光生物反应器内的能质传输及转化

微藻的培养是在光生物反应器（photobioreactor，PBR）中进行的，光生物反应器为微藻细胞的快速分裂增殖和胞内生化组分的代谢合成提供所需要的场所和适宜的环境工况。高性能微藻光生物反应器的研发是当前国内外研究的热点，经过近百年的发展，众多新型的微藻光生物反应器不断地被研发出来。根据反应器内微藻细胞存在形态的不同，现有的微藻光生物反应器主要分为悬浮式反应器、固定化生物膜式反应器、悬浮-生物膜耦合式反应器三个大类[1]。其中，悬浮式微藻光生物反应器具有操作运行简单、技术成熟等优点，是当前主流的微藻培养装置，广泛应用于微藻的商业化和实验室规模培养。

在悬浮式微藻光生物反应器中，微藻以浮游细胞的形态悬浮于大量液体培养基中，液体培养基为微藻细胞的生长提供氮磷等营养物质；富含 CO_2 的气体或空气经由曝气器以气泡的形式进入微藻细胞悬浮液，为微藻细胞的光合生长提供无机碳并实现微藻细胞悬浮液的扰动；外界光源发出的光子穿过反应器壁面进入微藻细胞悬浮液，驱动微藻细胞的光合固碳生长。综上可知，悬浮式微藻光生物反应器内部是一个多相的生化反应体系（固相：微藻细胞。液相：培养基。气相：含 CO_2 的气泡），并涉及复杂的能质传输与转化过程，如光能的传输及转化、CO_2 的传输及转化、无机营养盐的传输及转化等[2]，如图 5-1 所示。接下来将对微藻反应器内的能质传输及转化过程进行详细的介绍。

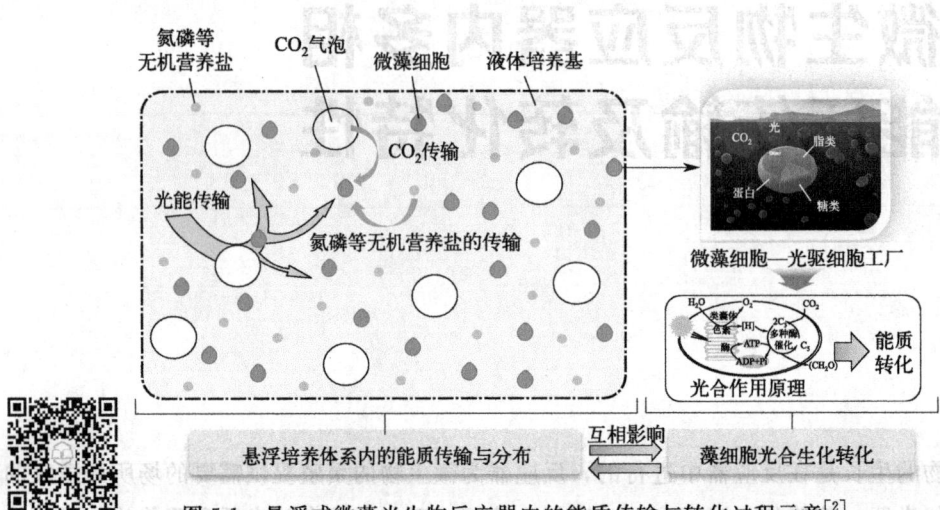

图 5-1 悬浮式微藻光生物反应器内的能质传输与转化过程示意[2]

5.1.1 光合作用驱动的光能传输及转化

对微藻的光自养培养而言，光是驱动微藻细胞生长的唯一能量来源。需要说明的是，微藻细胞的光合作用仅能利用波长在 $400\sim700$nm 范围内的光，该波长范围的光也被称为光合有效辐射（photosynthetically active radiation，PAR）。

太阳光和人工光源（如 LED、金卤灯、白炽灯、荧光灯等）均可为微藻细胞的光合固碳生长提供所需的光照，尽管利用太阳光可大幅降低微藻的培养成本，但受昼夜交替以及当地气候变化的影响，太阳辐射不连续且光照强度波动大，不能为微藻的生长提供稳定的光照，极大地阻碍了微藻的连续稳定培养。因此，为了实现微藻生物质的连续稳定可控生产，人工光源的引入将成为必然的发展趋势。然而，无论何种光源发出的光子，当其入射至微藻细胞悬浮液中时，反应器内不同位置处的微藻细胞接收到的光照强度并不相同，这是因为当光入射至反应器内且被微藻细胞吸收利用之前需经历一系列复杂的传输过程，相关内容已在第四章中提到，此处不再赘述。

光衰减现象的存在会引起微藻细胞悬浮液中光强分布的不均，根据反应器不同位置处的光强大小，可将整个反应器内的微藻培养腔室分为三个区域，即光抑制区、光限制区和无光区（图 5-2）。所谓光抑制区，是指反应器内靠近光入射面且光强高于微藻细胞光饱和点的区域，在该区域内微藻细胞接受的光强过高，会对微藻细胞产生损伤；在光限制区，微藻细胞接受的光照强度高于光补偿点而低于光饱和点，光强是微藻生长的限制性因素；无光区是指反应器内距离光入射面较远，且微藻细胞接受的光照强度低于光补偿点的区域，在该区域内微藻细胞呼吸作用消耗的有机物的量高于光合作用合成的有机物的量。值得注意的是，随着培养过程中微藻细胞浓度的增加，光在微藻细胞悬浮液中的穿透距离迅速减小，实验测量发现当小球藻细胞浓度达到 $2g \cdot L^{-1}$ 且入射光强为 $300 \mu mol \cdot m^{-2} \cdot s^{-1}$ 时，距离光入射面 3cm 以后的区域内的实际光照强度为 0。研究表明，光在微藻细胞悬浮液中的传输与分布主要受微藻细胞浓度、微藻细胞内色素组分及含量、微藻细胞形态、光程等多个因素的耦合影响。因此，深入认识微藻反应器中的光能传输与分布特性是高效微藻光生物反应器设计的基础。

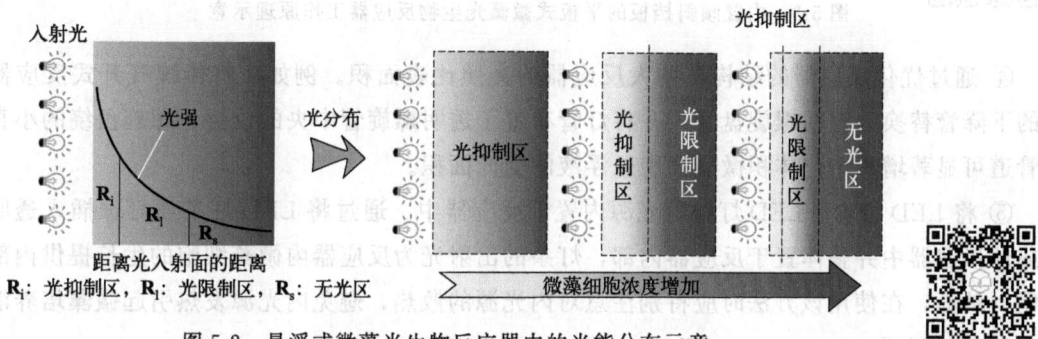

图 5-2 悬浮式微藻光生物反应器内的光能分布示意

为了降低光衰减对反应器内微藻细胞生长的不利影响，国内外学者提出了多种不同的方法，总的来说可归纳为以下六类：

① 单纯地提高反应器的入射光强。该方法操作最为简单，然而，单纯增加入射光强并不能显著改善反应器内远离光入射面区域内微藻细胞的受光状况。研究表明，对于浓度为 $2.6g \cdot L^{-1}$ 的微藻细胞悬浮液，当入射光强由 $1000 \mu mol \cdot m^{-2} \cdot s^{-1}$ 提高至 $7000 \mu mol \cdot m^{-2} \cdot s^{-1}$ 时，液面下方 0.5cm 位置处的光照强度仅从 $80 \mu mol \cdot m^{-2} \cdot s^{-1}$ 提高至 $400 \mu mol \cdot m^{-2} \cdot s^{-1}$，且过高的光强对微藻细胞产生强烈的光抑制作用，不利于微藻细胞的培养。

② 通过引入特殊结构的静态扰流装置对反应器内的流场进行改进，加强微藻细胞在反应器内光充足区域和光不足区域间的往复运动。例如，如图 5-3 所示，在平板式微藻光生物反应器中引入交错排布的倾斜挡板，沿反应器高度方向形成多个相互连通的梯形腔室，CO_2 气泡上浮过程中带动微藻细胞悬浮液的运动并在梯形腔室内形成多个涡流，涡流的产生可加强微藻细胞沿水平方向（即光衰减的方向）的往复运动，让更多的微藻细胞运动至反应器内靠近光入射面的区域，更好地接受光照[3]。

③ 在培养过程中，通过引入采收模块、采用半连续培养等方式合理控制反应器内的微藻生物质浓度。例如，在培养的过程中，当反应器中微藻细胞浓度较高、透光性较差时，从反应器中抽取一定比例的微藻细胞悬浮液进行微孔过滤，实现微藻细胞和透明液体培养基的

分离，随后，将含有未用尽营养盐的透明培养基重新注入反应器中，相应的，反应器中微藻细胞浓度被稀释、透光性增加，可保证反应器内的微藻细胞以较高的速率生长[4]。

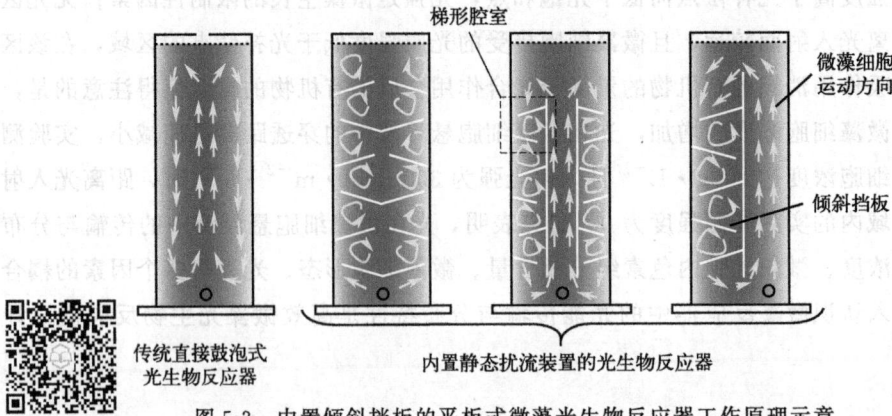

图 5-3 内置倾斜挡板的平板式微藻光生物反应器工作原理示意

④ 通过优化反应器的结构，增大反应器的光照比表面积。例如，将传统气升式反应器中的下降管替换为透明螺旋盘管，并将灯管布置于透明螺旋管中央的位置，螺旋盘绕的小直径管道可显著增加单位体积微藻细胞悬浮液的受光面积。

⑤ 将 LED 灯珠、LED 灯条等光源内置于反应器中。通过将 LED 灯条或灯珠插入透明管或球形容器中并整体置于反应器内部，灯条的出射光为反应器内微藻细胞的生长提供内部照明。然而，在使用该方法时应特别注意对内光源的散热，避免内光源发热引起微藻培养液温度过高的问题。

⑥ 在反应器中引入本身不发光但可将外部光源的光导入并重新分布于微藻细胞悬浮液中的导光材料，如光纤、导光管、导光板等。将新型导光材料与微藻光生物反应器相结合是近年来发展出的一种新型技术，可大幅优化反应器内的光能传输与分布，强化微藻细胞生物质的积累。例如，如图 5-4(a) 所示，将内壁面粘贴有光反射膜且尾端使用透明有机玻璃板密封的空心导光管嵌于平板式光生物反应器的光入射面，当光照射至光生物反应器的光入射面时，一部分入射光进入空心导光管内并在导光管内壁面光反射膜的反射作用下不断向前传输，并最终从导光管尾端出射，基于光在空气中传输时的衰减小于其在微藻细胞悬浮液中传输时的特点，导光管尾部的出射光可以为反应器内后半部区域中微藻细胞的生长提供更高强度的光照，促进反应器内远离光入射面区域内微藻细胞的生长[5]。除导光管外，也可以将内部掺杂有光散射颗粒的导光板引入微藻培养领域，构建导光板气升平板式和内置导光板的开放式跑道池反应[6,7]，并分别用于淡水小球藻和海水微拟球藻的培养，如图 5-4(b) 和图 5-4(c) 所示。与传统反应器不同，LED 灯条的出射光进入导光板内部后，在导光板内部光散射颗粒的作用下，光线被散射并最终从导光板表面出射，为微藻细胞悬浮液提供光照，导光板的引入可显著增大反应器的光照面积。实验结果表明在相同的 LED 灯条下，反应器内的光区比例与传统反应器相比分别提高了 21.4%~410% 和 19.68%~172.72%，在批次培养模式下的淡水小球藻和海水微拟球藻的生物质浓度分别提高了 220% 和 193.33%，证明了导光板在改善反应器内微藻细胞受光状况和提升微藻生物质产量上的巨大潜力。

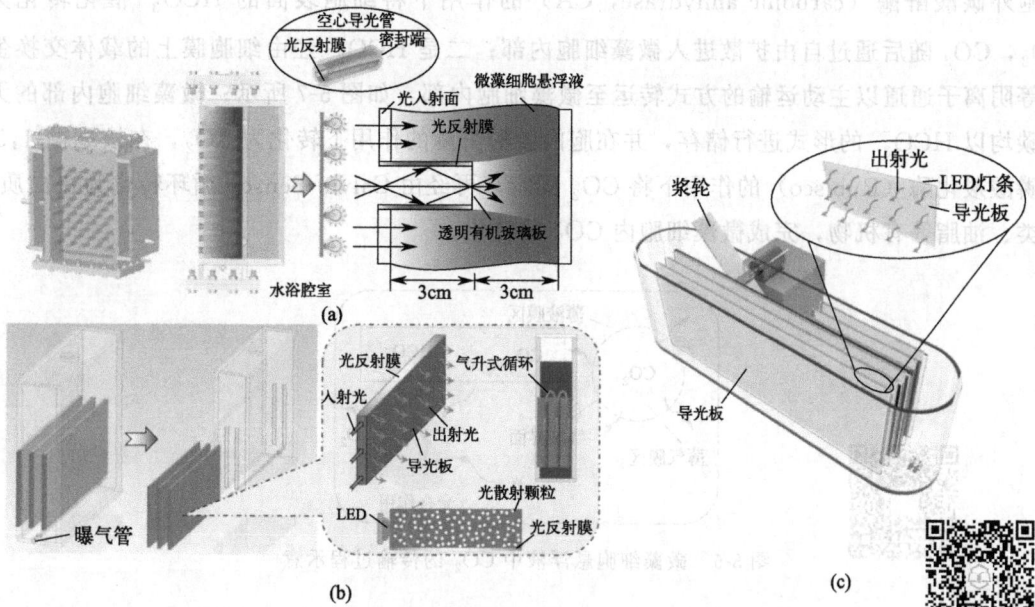

图 5-4　内置导光材料的微藻光生物反应器工作原理示意[5-7]

5.1.2　气相 CO_2 的传输及转化

碳元素约占微藻细胞干重的 50%，碳源的供给对微藻细胞的光合固碳生长至关重要。作为光合作用的原料，CO_2 的固定和转化是在暗反应阶段通过一系列酶促反应实现的。为了维持微藻细胞的生长，富含 CO_2 的气体或者空气通过曝气装置以气泡的形式进入反应器中的微藻细胞悬浮液。

然而，气泡中的 CO_2 分子在被微藻细胞吸收利用之前需经过一系列复杂的传输过程。具体而言，根据双膜理论，如图 5-5 所示，气泡中的 CO_2 分子首先由气相主流区扩散传输至气液界面附近的薄气膜区，随后依次穿过薄气膜区、气液界面、气液界面附近的薄液膜区，最终进入液相主流区，溶解在液体培养基中[8]。值得注意的是，CO_2 分子除溶解至液体培养基中之外，还会与水发生反应生成碳酸（H_2CO_3）、碳酸氢根（HCO_3^-）和碳酸根（CO_3^{2-}），即总的溶解无机碳（dissolved inorganic carbon，DIC）包括 $CO_{2(aq)}$、H_2CO_3、HCO_3^-、CO_3^{2-} 四种形式，且不同 pH 条件下的液体培养基无机碳的种类和含量各不相同（图 5-6）。如在 pH 小于 6 的水中，无机碳主要以 $CO_{2(aq)}$ 和 H_2CO_3 的形式存在；当水的 pH 值处于 6 和 9 之间时，无机碳主要以 HCO_3^- 的形式存在；当水的 pH 超过 9 时，无机碳主要以 CO_3^{2-} 的形式存在。

虽然无机碳在水中存在四种不同的形态，但只有 $CO_{2(aq)}$ 和 HCO_3^- 这两种形式的无机碳源可以被微藻细胞吸收利用，且 $CO_{2(aq)}$ 和 HCO_3^- 通过不同的传输方式由液体培养基进入微藻细胞内部。其中，溶解在水中的 $CO_{2(aq)}$ 在浓度梯度的驱动下，通过自由扩散的方式穿过细胞膜进入微藻细胞内部。而 HCO_3^- 传输至微藻细胞内的过程主要有两种方式：一是在胞外碳酸酐酶（carbonic anhydrase，CA）的作用下将细胞表面的 HCO_3^- 催化转化为 CO_2，CO_2 随后通过自由扩散进入微藻细胞内部；二是 HCO_3^- 经由细胞膜上的载体交换蛋白等阴离子通道以主动运输的方式转运至微藻细胞内部，如图 5-7 所示。微藻细胞内部的无机碳均以 HCO_3^- 的形式进行储存，并在胞内碳酸酐酶的作用下转化为 CO_2，在核酮糖-1,5-二磷酸羧化酶（Rubisco）的作用下将 CO_2 固定，再经由 Calvin-Benson 循环转化为蛋白质、糖类、油脂等有机物，完成微藻细胞内 CO_2 的转化。

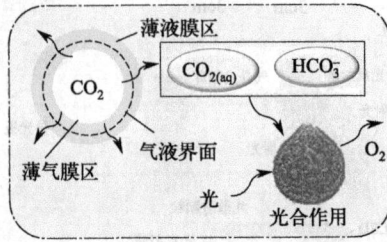

图 5-5　微藻细胞悬浮液中 CO_2 的传输过程示意

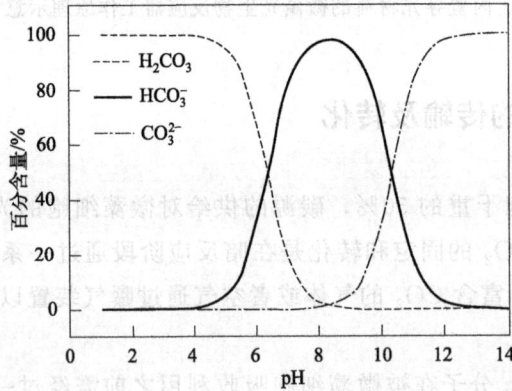

图 5-6　不同 pH 条件下水中无机碳的种类和含量

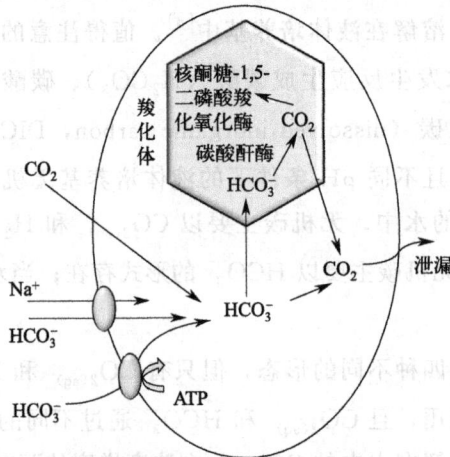

图 5-7　微藻细胞吸收及转化无机碳的过程示意

对于含 CO_2 的气泡而言，其在微藻细胞悬浮液中需经历生长、脱离和上浮三个阶段，由于含 CO_2 的气泡在微藻细胞悬浮液中上浮时伴随着 CO_2 的传输和转化过程，使得含 CO_2 气泡的动力学行为更加复杂。通过对微藻细胞悬浮液中含 CO_2 气泡的动力学行为进行研究发现，与纯水中含 CO_2 的气泡相比，微藻细胞悬浮液中含 CO_2 的气泡溶解速率更快。随着气泡中 CO_2 浓度的增加，附着在气泡气液界面处的微藻细胞数量变多，且吸附在 CO_2 气泡表面的微藻细胞在一定程度上阻碍了气泡间的聚并。由此可知，含 CO_2 的气泡在微藻悬浮液中的溶解传输特性与其在纯水中的溶解传输特性存在较大的区别。

值得注意的是，由于 CO_2 的气液传输过程阻力大（约是 CO_2 在气相中传输阻力的一万倍）且 CO_2 在水中的溶解度较低，导致培养基中的无机碳不足以维持微藻细胞的快速分裂增殖。基于此，国内外学者提出了众多强化微藻反应器内 CO_2 传输的方法，主要包括：

① 通过减小曝气器出气孔的孔径，降低 CO_2 气泡的直径。研究表明，随着 CO_2 气泡直径的降低，可增大气液接触面积并延长气泡在微藻细胞悬浮液中的停留时间，而曝气器出气孔的孔径显著影响着所生成的 CO_2 气泡大小。基于此，有学者提出采用具有较小孔径的纤维膜曝气器、多层编制网曝气器、中空纤维膜等产生直径小于 2mm 的 CO_2 微气泡，实现 CO_2 传输的强化。然而，当气泡直径过小时会产生气浮现象，即大量的微藻细胞被上浮的微米或纳米级的气泡携带并聚集在反应器顶部气液界面附近区域，造成反应器内微藻细胞存在严重的分层现象，不利于微藻光生物反应器的稳定运行。

② 在 CO_2 气泡的生成过程中，通过施加额外的剪切力缩短 CO_2 气泡的生成时间，减小 CO_2 气泡的直径。例如，采用振荡式的曝气器，加速 CO_2 气泡从曝气器出气孔处的分离，进而产生直径更小的 CO_2 气泡；通过水泵将微藻细胞悬浮液泵入蜗壳增氧机的环形流道，微藻细胞悬浮液以较高的流速通过 CO_2 出气孔，微藻细胞悬浮液流动过程中的剪切力可显著缩短 CO_2 气泡的生成时间和直径[9]；采用磁力驱动的旋转曝气器，一方面，曝气器的旋转产生的离心力可加速 CO_2 气泡从出气孔的脱离，另一方面，旋转曝气器与周围液体之间的速度差产生的剪切力也加速了 CO_2 气泡从出气孔的脱离，最终产生直径更小的 CO_2 气泡[10]。

③ 延长 CO_2 气泡在微藻细胞悬浮液中的停留时间。例如，在悬浮式微藻光生物反应器的曝气器上方增设倒置的弧形挡板[11]，或者在反应器中不同高度处设置倾斜挡板，将微藻细胞悬浮液内 CO_2 气泡的运动方式由直接上浮运动改为螺旋上升运动，以此来增加 CO_2 气泡在微藻细胞悬浮液中的停留时间，让更多的 CO_2 传输至微藻细胞悬浮液中。

④ 向微藻细胞悬浮液中加入添加剂，提高 CO_2 在微藻细胞悬浮液中的溶解度。例如，将纳米纤维加入微藻细胞悬浮液中，纳米纤维能够吸附一定量的 CO_2，且被纳米纤维吸附的 CO_2 可直接被微藻细胞吸收或者逐渐溶解至微藻细胞悬浮液中再被微藻细胞吸收利用；将沸石咪唑酸纳米颗粒添加至微藻细胞悬浮液之后，纳米颗粒在与 CO_2 气泡频繁地黏附和分离过程中加速 CO_2 分子的气液传输过程，进而增大微藻细胞悬浮液中的总溶解无机碳浓度，然而由于纳米材料与微藻生物质的分离比较困难，且微藻生物质中残留的纳米颗粒可能会对下游微藻生物制品的品质产生不利影响。此外，有学者提出将不溶于水的正庚烷作为添

加剂倒入微藻细胞悬浮液正上方，由于正庚烷具有较高的 CO_2 溶解度，因此可以将其作为 CO_2 的汇，且正庚烷中溶解的无机碳被证明可以被输送到底部的微藻悬浮液中，但正庚烷对微藻细胞的潜在毒性有待进一步的验证。

⑤ 将 CO_2 的化学吸收与微藻培养相结合。对该方法而言，富含 CO_2 的气体首先通入以碳酸钠、氨水等为吸收剂的溶液，CO_2 被快速吸收并生成碳酸氢钠、碳酸氢铵，随后被微藻吸收，为微藻细胞的生长提供碳源。由于 CO_2 在水中的溶解度低且 CO_2 气泡在悬浮式微藻光生物反应器的停留时间短，当含 CO_2 的气体鼓入微藻光生物反应器中时，仅有少量的 CO_2 通过传输过程进入微藻细胞悬浮液，绝大多数的 CO_2 从微藻光生物反应器的出气口流出。而将含 CO_2 的气体首先通入以碳酸钠、氨水等为吸收剂的溶液，可在短时间内实现 CO_2 的快速固定，减少了 CO_2 的逃逸，有助于实现 CO_2 的有效利用。

5.1.3 无机营养盐的传输及转化

除光照和无机碳之外，微藻细胞的生长还需要氮、磷等营养元素。通常而言，氮、磷等无机营养盐溶解并均匀分布在液体培养基中，被微藻细胞同化吸收利用维持细胞的繁殖。根据培养过程中营养盐添加方式的不同，可将微藻培养分为批次式培养、流加式培养和连续式培养三种模式。批次式培养是指在光生物反应器运行的初始时刻一次性添加微藻培养所需的全部无机营养盐，优点是操作简单，但随着培养过程的进行，反应器内无机营养盐浓度降低，在培养的后期可能会存在无机营养盐不足限制微藻细胞生长的问题。流加式培养是在微藻培养的过程中以连续添加或间歇添加的方式向反应器中添加无机营养盐，维持微藻细胞在整个培养过程中能够获得最佳的无机营养盐供给。连续式培养是指在微藻的培养过程中，以恒定的流速向光生物反应器内连续地注入新鲜的液体培养基，同时，以相同的流速从光生物反应器内连续地排出等量的微藻细胞悬浮液，维持光生物反应器内微藻细胞悬浮液体积的恒定。

事实上，微藻细胞从周围液体培养基中吸收无机营养盐是一个复杂的生理过程。在微藻细胞膜上离子通道或转运蛋白的作用下，完成无机营养盐从细胞外向细胞内的输运过程，并在细胞内完成各种无机营养盐的转化利用。除无机碳外，氮和磷是微藻细胞生长所需的两大营养元素，因此，本小节将重点介绍微藻细胞对氮和磷的吸收转化过程。

（1）微藻细胞对氮盐的吸收转化过程

氮是微藻细胞生长所必需的营养元素，研究表明，氮元素约占微藻细胞干重的 1%～10%，氮参与微藻细胞内叶绿素、氨基酸、蛋白质、酶等的合成。常用于微藻培养的无机氮源形式主要包括铵盐、硝酸盐、亚硝酸盐三种。具体而言，如图 5-8 所示，对于培养基中的硝酸盐而言，细胞膜上硝酸根转运蛋白将其从液体培养基中转运至微藻细胞内部，接着被细胞中的硝酸根还原酶还原为亚硝酸根并进入叶绿体内，并在叶绿体内被亚硝酸根还原酶还原成铵根。对于亚硝酸盐，细胞膜上的亚硝酸根转运蛋白首先将液体培养基中的亚硝酸根转运至细胞内部，并在细胞内叶绿体中亚硝酸根还原酶的作用下还原为铵根。对于铵盐，细胞膜上的铵根转运蛋白将其从细胞外转运至细胞内，并进入叶绿体中。

对于上述叶绿体中的铵盐，在谷氨酰胺合成酶的催化作用下，首先转化为谷氨酰胺；接着，谷氨酰胺中的酰胺基团被转移并生成谷氨酸盐。随后，氮还会在天冬氨酸转氨酶的作用下发生转氨作用产生天冬氨酸，并在天冬氨酸合成酶的作用下，合成一分子天冬酰胺和一分子谷氨酸盐。最终，谷氨酸盐、谷氨酰胺、天冬氨酸、天冬酰胺共同组成氨基酸、核苷酸、多肽类和叶绿素的大分子物质的骨架。

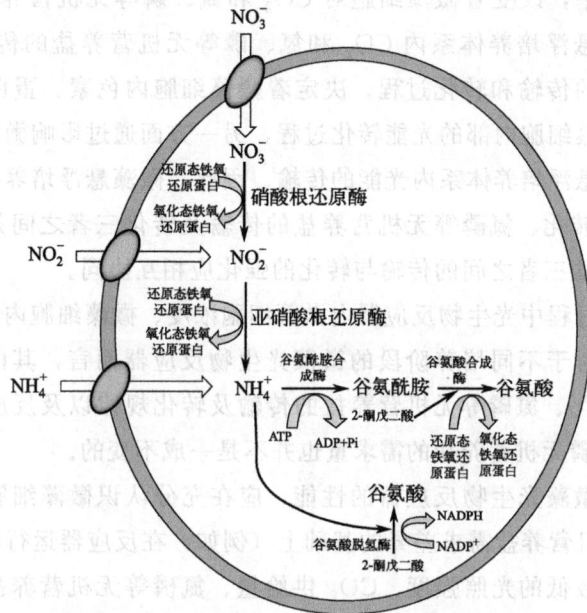

图 5-8 微藻细胞吸收和转化利用无机氮的过程示意

综上可知，硝酸盐和亚硝酸盐进入细胞内部之后均需经过一系列的反应先转化为铵盐才能被微藻细胞利用。因此，通常情况下，铵盐是微藻细胞最先吸收利用的无机氮源形式。

(2) 微藻细胞对磷盐的吸收转化过程

磷元素主要存在于细胞原生质和细胞核中，是组成细胞内 DNA、ATP、细胞膜等的重要元素之一，常用于微藻培养的磷源主要包括磷酸氢盐、磷酸二氢盐等可溶性无机盐。一般而言，微藻细胞通过主动运输的方式将培养基中的可溶性磷酸盐转入细胞内部，随后，大部分以可溶性磷的形式储存在细胞质中，另外的部分一是转化为用于储能和作为磷源的聚磷酸盐，二是用作合成磷脂等细胞组分的原料。需要说明的是，大量的研究表明，微藻细胞可吸收过量的磷酸盐并以聚磷酸盐的形式储存在细胞中。当外界培养基中磷酸盐充足时，微藻细胞主要吸收利用细胞外的磷酸盐维持细胞的生长，而当培养基中磷酸盐浓度较低时，微藻细胞可利用细胞内部储存的聚磷酸盐作为磷源。

除氮和磷外，微藻细胞的生长还需要诸如铁、锌、锰等元素，这些元素对维持微藻细胞的正常生长发育同样重要。如铁元素是细胞内色素、铁氧化还原蛋白、铁硫基蛋白等合成的必要元素，锰是组成叶绿体结构的元素并参与光合作用光反应阶段中水的光解过程。

5.1.4　能质传输及转化的协同作用

需要说明的是，在微藻光生物反应器内光能的传输及转化、CO_2 的传输及转化、无机营养盐的传输及转化三者之间是互相影响的。具体来说，光能的传输通过影响微藻细胞的受光状况及光合生长速率，改变着微藻细胞对 CO_2 和氮、磷等无机营养盐的吸收转化速率，进而影响着微藻细胞悬浮培养体系内 CO_2 和氮、磷等无机营养盐的传输过程；而 CO_2 和氮、磷等无机营养盐的传输和转化过程，决定着微藻细胞内色素、蛋白质等生化组分的合成，一方面影响着微藻细胞内部的光能转化过程，另一方面通过影响微藻细胞对光能的吸收过程影响着微藻细胞悬浮培养体系内光能的传输。因此，微藻悬浮培养体系内光能的传输及转化、CO_2 的传输及转化、氮磷等无机营养盐的传输及转化三者之间是互相影响的，即光能、CO_2 和无机营养盐三者之间的传输与转化的强化应相互协同。

此外，由于培养过程中光生物反应器内微藻细胞浓度、微藻细胞内生化组分及含量等均是不断变化的，因此对于不同培养阶段的微藻光生物反应器而言，其内部的光能传输及转化、CO_2 的传输及转化、氮磷等无机营养盐的传输及转化规律以及反应器运行的不同阶段对光能、CO_2 以及氮磷无机营养盐的需求量也并不是一成不变的。

为了进一步提升微藻光生物反应器的性能，应在充分认识微藻细胞不同生长阶段对光能、CO_2、氮磷等无机营养盐需求差异的基础上（例如，在反应器运行的前两天，反应器内微藻细胞浓度较低，较低的光照强度、CO_2 供给量、氮磷等无机营养盐浓度下即可实现微藻细胞的快速分裂增殖），通过在微藻细胞的不同生长阶段施加不同的光照条件（如光照强度、光谱等）、CO_2 浓度和流量以及氮磷等无机营养盐的浓度，进一步促进微藻细胞的快速分裂增殖。

5.2　光发酵制氢反应器内的能质传输及转化

由于氢气具有热值高、清洁（燃烧时产物只有水）、利用形式多样化等优势，氢能被誉为"21世纪终极能源"，对实现"碳达峰"和"碳中和"的战略目标具有重要的意义。目前，氢气的制取方式主要包括电解水制氢、光催化分解水制氢、化石燃料制氢、生物质热化学转化制氢、微生物制氢等，其中微生物制氢由于反应条件温和、成本低、环境友好等优点而备受关注。根据微生物制氢原理的不同，微生物制氢又可进一步分为依赖暗发酵细菌的暗发酵制氢、依赖蓝绿藻的光解水制氢、依赖光合细菌的光发酵制氢等三种方式。

光发酵制氢反应器是光合细菌在光能的驱动下降解有机物、生成氢气的装置。光能和有机物经传输过程被光合细菌吸收后，在光合细菌内部进行转化利用。与微藻光生物反应器类似，光发酵制氢反应器也可分为悬浮式光发酵制氢反应器和固定化生物膜式光发酵制氢反应器。

5.2.1 光发酵过程中的光能传输及转化

光是光合细菌分解有机物产生氢气的能量来源，是影响光发酵制氢反应器内光合细菌生长和氢气产量的关键因素之一。然而，当入射光进入悬浮式光发酵制氢反应器内的光合细菌悬浮液中时，由于光合细菌和发酵液对光能的吸收，以及光合细菌的自遮蔽效应，导致沿光传输方向光强呈指数规律衰减，光衰减引起的光能分布不均极大地限制了光发酵制氢反应器的性能，这一点与前文所讲述的微藻光生物反应器内的光能分布问题相类似。

与微藻类似，光照对光合细菌生长及氢气产量的影响主要体现在光照强度、光照周期和光谱三个方面。为了降低光衰减现象对光发酵制氢反应器内光合细菌生长的不利影响，国内外学者开展了大量的研究工作，主要体现在以下几个方面：

① 通过改变光源的排布方式、引入光纤等方式，优化光发酵制氢反应器内光能的传输与分布。例如，采用外置光源和内置光源相结合的方法，增大反应器内光合细菌的光照面积；在反应器内引入光纤，将太阳光导入并均匀分散在光发酵制氢反应器中。

② 采用基因工程、诱变育种等方法降低光合细菌中色素的含量[12]，由于光合细菌内部色素含量减少，减少了光能传输过程中光合细菌对光能的吸收，增加了光能在光合细菌悬浮液中的穿透深度，为光发酵制氢反应器内更多的光合细菌的生长和产氢提供光照，增大反应器的氢气产量；或者是通过基因工程技术，对光合细菌的基因组进行修饰，提高光合细菌的光子转化效率、提高 ATP 的产量和光合细菌对铵根离子的耐受能力（过量的铵根离子会对光合细菌光发酵产氢过程中固氮酶的活性产生抑制作用，降低氢气的产量）。

③ 向光发酵制氢反应器内添加二氧化钛、氧化锌、碳化硅等光催化纳米颗粒，添加的光催化纳米颗粒由于具有较大的比表面积和带隙，一方面能够通过使光合反应过程中电子更加有效地传递至细胞内部的酶系统，另一方面可拓宽光合细菌可利用的光谱范围，此外，某些纳米颗粒还能够提升固氮酶的活性，最终提高氢气的产量。

④ 将光合细菌以生物膜的形式固定在特定的发光载体表面[13]。例如，将光合细菌以生物膜的形式固定在具有一定粗糙度的光纤和导光板表面。一方面，由于光合细菌紧贴发光载体表面，发光载体表面的出射光直接被光合细菌利用，大大缩短了光能的传输路径，减少光能传输过程中的损失，提高光能利用率；另一方面，发光载体表面的粗糙度能够为光合细菌的附着提供更大的表面积、降低液体流动对光合细菌的冲刷作用。事实上，相较于悬浮式光发酵制氢反应器，固定化生物膜式光发酵制氢反应器由于可维持反应器内具有较高浓度且稳定的光合细菌群落，尤其适用于连续运行工况下的光发酵制氢工艺。

5.2.2 有机底物的传输及转化

在光发酵制氢过程中，有机底物为光合细菌的生长代谢提供所需的营养物质。对于悬浮式光发酵制氢反应器而言，由于具有较好的传质性能，光合细菌可直接吸收利用液相环境中的有机底物进行生长和产氢。而对于光合细菌以生物膜形式存在的固定化生物膜式光发酵制氢反应器而言，其内部的有机底物传输过程与悬浮式光发酵制氢反应器中的有机底物传输过程不同，具体而言，首先液相环境中的有机底物在浓度梯度的驱动下从主流区扩散至光合细菌生物膜表面，并扩散进入光合细菌生物膜内部，随后被光合细菌生物膜内的光合细菌吸收利用。且光合细菌生物膜的结构对有机底物的传输过程具有重要影响，主要包括以下几个方面：①光合细菌生物膜的微结构，如光合细菌生物膜的表面形态、孔隙分布、内部微结构等均显著影响有机底物在光合细菌生物膜中的传输过程。②光合细菌生物膜厚度的影响。具体而言，对于厚度较大的光合细菌生物膜而言，有机底物的传输是光合细菌产氢的主要限制性因素，而对于厚度较小的光合细菌生物膜而言，有机底物的传输不再是限制氢气产生的限制性因素，相反，光合细菌的生化转化速率是氢气产生的限制性因素。③光合细菌生物膜致密程度的影响。研究表面，疏松结构的光合细菌生物膜结构有利于反应器内液相主流区和光合细菌生物膜间有机底物的传输过程。

值得注意的是，光合细菌主要利用小分子的有机酸（如乙酸、丙酸、丁酸、苹果酸等）、单糖等维持自身的生长代谢并释放出氢气，因此利用光合细菌产氢应选取适宜的有机底物原料。光合细菌利用不同的有机底物产生氢气的反应方程式如式(5-1)~式(5-6)所示。

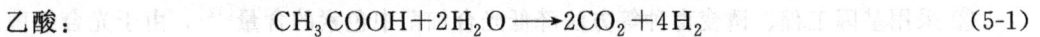

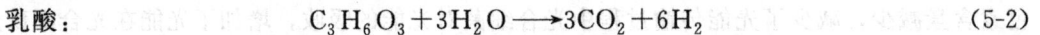

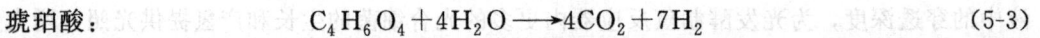

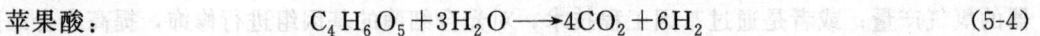

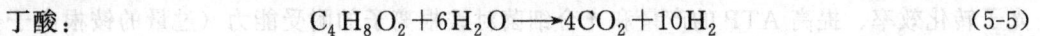

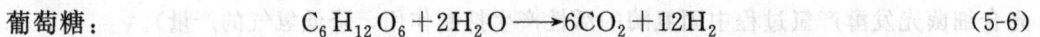

乙酸：$\qquad CH_3COOH + 2H_2O \longrightarrow 2CO_2 + 4H_2$ (5-1)

乳酸：$\qquad C_3H_6O_3 + 3H_2O \longrightarrow 3CO_2 + 6H_2$ (5-2)

琥珀酸：$\qquad C_4H_6O_4 + 4H_2O \longrightarrow 4CO_2 + 7H_2$ (5-3)

苹果酸：$\qquad C_4H_6O_5 + 3H_2O \longrightarrow 4CO_2 + 6H_2$ (5-4)

丁酸：$\qquad C_4H_8O_2 + 6H_2O \longrightarrow 4CO_2 + 10H_2$ (5-5)

葡萄糖：$\qquad C_6H_{12}O_6 + 2H_2O \longrightarrow 6CO_2 + 12H_2$ (5-6)

此外，采用适当的预处理方法可将某些大分子有机物转化为能够被光合细菌吸收利用的小分子有机物，基于此，某些大分子的有机物也可作为光发酵制氢工艺的有机底物。例如，近年来，为了进一步降低光发酵制氢的成本，工业废水（如豆腐废水、糖蜜废水、淀粉废水等）、生活废水、农业废弃物（如农作物秸秆）等廉价的有机底物被广泛用作光发酵制氢的原料，在实现废物处理的同时，实现了废物的资源化利用。由于木质纤维素类生物质原料具有紧密的结构，阻碍了内部糖分的释放，难以被光合细菌直接吸收利用，因此常采用物理法、化学法、生物法以及多种方法相结合的方法对木质纤维素类生物质原料进行预处理，预处理过程能够通过破坏原料的结构，增大木质纤维素的溶解度和比表面积，促进更多可被光合细菌吸收利用的有机质的释放，进而提高氢气的产量和底物的利用率[14]。具体如下：

① 物理法预处理过程。常用的物理法预处理方法主要包括机械破碎、超声波破碎和微波破碎。机械破碎常用于对木质纤维素生物质原料进行预处理，其主要通过降低大分子有机底物原料的粒度，增加有机底物原料的比表面积。同时，机械破碎可破坏纤维素的晶体结构，提高水解糖化的速度。超声波预处理主要是通过其机械和空化作用对固体结构进行粉碎和对废水中的污染物进行降解。

② 化学法预处理过程。与物理法预处理过程不同，化学法预处理过程是通过添加硫酸、氢氧化钠、氢氧化钙等酸碱性溶液对木质纤维素的成分进行溶解，降低木质纤维素的聚合度

和结晶度，促进光合细菌可以吸收利用有机质的释放。

③ 生物法预处理过程。在物理/化学法预处理过程之后，常采用生物法继续对木质纤维素生物质原料进行预处理，具体是通过酶水解实现的，且酶水解是实现有机物中糖释放的关键步骤。

④ 组合式预处理过程。为了实现不同预处理方法的优势互补，将多种不同的预处理方法相结合的组合式预处理过程近年来备受关注。例如，采用化学预处理和生物预处理相结合的方法对玉米秸秆进行预处理、采用微波预处理与碱性预处理相结合的方法对稻秆进行预处理、利用超声波预处理与生物吸附相结合的方法对啤酒和餐馆的混合废水进行预处理等。

除有机底物类型外，光发酵制氢反应器内有机底物的浓度对产氢性能具有重要的影响。当反应器中有机底物浓度过小时，有机底物不足以维持光合细菌的快速生长，导致氢气产量较低。而当反应器中有机底物浓度过高时，反应器内的酸碱平衡被破坏，还原糖被大量地转化为小分子酸，随着小分子酸累积一方面引起反应内的过度酸化，另一方面增大了光合细菌细胞内外的渗透压，严重抑制光合细菌的生长和氢气的产生。因此，应合理控制光发酵反应器内有机底物的浓度。与微藻培养类似，根据光发酵制氢反应器内有机底物添加方式的不同，现有的光合细菌培养模式主要分为批次式培养、流加式培养以及连续式培养三种。其中，批次式培养模式因具有操作简便、培养周期短、可有效避免运行过程中杂菌的污染等优点，是光合细菌产氢广泛采用的模式。

此外，碳氮比是衡量有机底物原料质量的重要指标之一，碳源主要为光合细菌的生长繁殖提供所需的能量，氮源为光合细菌新细胞的合成提供原料。当有机底物中氮含量过高，即碳氮比过低时，会造成铵根离子的累积，进而抑制光合细菌内固氮酶的活性，降低氢气的产量；当有机底物中氮含量过低，即碳氮比过高时，用于维持光合细菌生长和产氢的色素和相关酶的合成受到影响，光合细菌的生长和活性降低，限制氢气的产生。

思考题

5-1. 微藻光生物反应器除了悬浮式微藻光生物反应器还有哪几种？其中，悬浮式微藻光生物反应器的特点是什么？

5-2. 根据反应器不同位置处的光强大小，可将整个反应器内的微藻培养腔室分为几个区域？并分别阐述它们的特点。

5-3. 可以通过哪些方法降低光衰减对反应器内微藻细胞生长的不利影响？

5-4. 简述 CO_2 分子在被微藻细胞吸收利用之前经过的传输过程。强化微藻反应器内 CO_2 传输的方法有哪些？

5-5. 根据培养过程中营养盐添加方式，微藻培养可以分为几种模式？它们的特点分别是什么？

5-6. 目前，关于降低光衰减现象对光发酵制氢反应器内光合细菌生长的不利影响主要体现在哪几个方面？

5-7. 光合细菌生物膜的结构对有机底物的传输过程有哪些影响？

5-8. 简述光能的传输及转化、CO_2 的传输及转化、无机营养盐的传输及转化三者之间的联系。

参考文献

[1] Sun Y, Huang Y, Martin G J O, et al. Photoautotrophic microalgal cultivation and conversion [J]. Bioreactors for Microbial Biomass and Energy Conversion, 2018: 81-115.

[2] Sun Y, Hu D, Chang H, et al. Recent progress on converting CO_2 into microalgal biomass using suspended photobioreactors [J]. Bioresource Technology, 2022, 363: 127991.

[3] Huang J, Li Y, Wan M, et al. Novel flat-plate photobioreactors for microalgae cultivation with special mixers to promote mixing along the light gradient [J]. Bioresource Technology, 2014, 159: 8-16.

[4] Huang Y, Sun Y, Liao Q, et al. Improvement on light penetrability and microalgae biomass production by periodically pre-harvesting *Chlorella vulgaris* cells with culture medium recycling [J]. Bioresource Technology, 2016, 216: 669-676.

[5] Sun Y, Huang Y, Liao Q, et al. Enhancement of microalgae production by embedding hollow light guides to a flat-plate photobioreactor [J]. Bioresource Technology, 2016, 207: 31-38.

[6] Sun Y, Liao Q, Huang Y, et al. Integrating planar waveguides doped with light scattering nanoparticles into a flat-plate photobioreactor to improve light distribution and microalgae growth [J]. Bioresource Technology, 2016, 220: 215-224.

[7] Sun Y, Huang Y, Liao Q, et al. Boosting *Nannochloropsis oculata* growth and lipid accumulation in a lab-scale open raceway pond characterized by improved light distributions employing built-in planar waveguide modules [J]. Bioresource Technology, 2018, 249: 880-889.

[8] Zhao S, Ding Y, Liao Q, et al. Experimental and theoretical study on dissolution of a single mixed gas bubble in a microalgae suspension [J]. RSC Advances, 2015, 41: 32615-32625.

[9] Cheng J, Miao Y, Guo W, et al. Reduced generation time and size of carbon dioxide bubbles in a volute aerator for improving *Spirulina* sp. growth [J]. Bioresource Technology, 2018, 270: 352-358.

[10] Li N, Chen C, Zhong F, et al. A novel magnet-driven rotary mixing aerator for carbon dioxide fixation and microalgae cultivation: Focusing on bubble behavior and cultivation performance [J]. Journal of Biotechnology, 2022, 352: 26-35.

[11] Xia A, Hu Z, Liao Q, et al. Enhancement of CO_2 transfer and microalgae growth by perforated inverted arc trough internals in a flat plate photobioreactor [J]. Bioresource Technology, 2018, 269: 292-299.

[12] Cheng D, Ngo H H, Guo W, et al. Enhanced photo-fermentative biohydrogen production from biowastes: an overview [J]. Bioresource Technology, 2022, 357: 127341.

[13] Guo C, Zhu X, Liao Q, et al. Enhancement of photo-hydrogen production in a biofilm photobioreactor using optical fiber with additional rough surface [J]. Bioresource Technology, 2011, 102 (18): 8507-8513.

[14] Zhang Q, Zhu S, Zhang Z, et al. Enhancement strategies for photo-fermentative biohydrogen production: A review [J]. Bioresource Technology, 2021, 340: 125601.

应用篇

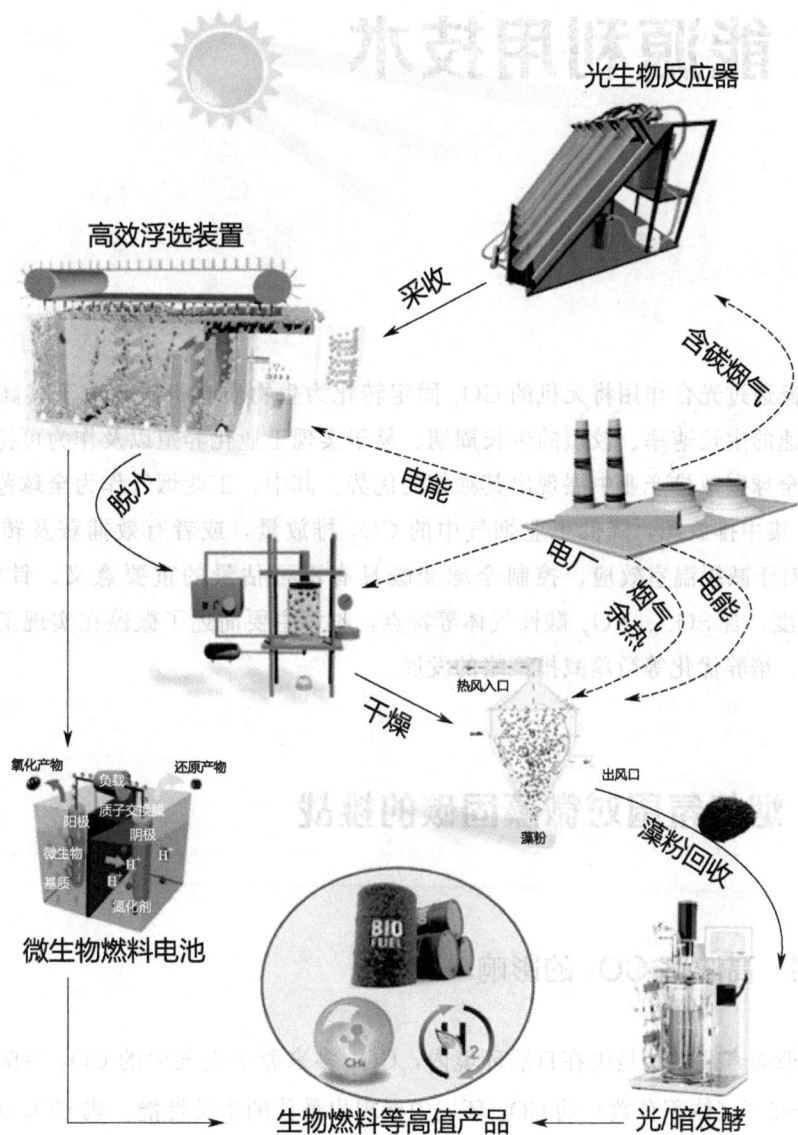

第六章

微藻光合固定烟气二氧化碳及能源利用技术

微藻通过光合作用将无机的CO_2固定转化为生物质有机碳，由于其高效的光合固碳性能、快速的生长速率、较短的生长周期、易于实现工业化养殖以及作为可持续能源原料等优点，在全球碳减排产业中展现出其独特的优势。其中，工业烟气作为全球范围内长期且稳定的CO_2集中排放源，降低工业烟气中的CO_2排放量，或者有效捕获及转化利用烟气中的CO_2，对于减缓温室效应、控制全球变暖具有不可估量的重要意义。针对工业烟气中高CO_2浓度，含SO_x、NO_x酸性气体等特点，本章主要简述了微藻在实现工业烟气减排中藻种选育、培养优化等微藻减排策略的发展。

6.1 烟气氛围对微藻固碳的挑战

6.1.1 高浓度 CO_2 的影响

一般而言，微藻是生在自然环境内，CO_2多来源于空气中的CO_2溶解到水域中，在含有1%～5%（体积分数）的CO_2环境中展现出最佳的生长性能。当CO_2体积分数超过5%时，高浓度的CO_2环境会造成藻液酸化，使得溶液中的pH下降至3，影响细胞酶活性，从而抑制微藻生长甚至可能使微藻酸化致死。然而，工业烟气中的CO_2浓度常高达10%～

30%，鼓入培养液后使得溶液 pH 下降至 5 以下[1]，远远偏离微藻适宜的生长范围。当 pH 值降低时，微藻细胞内酶的活性降低，不利于微藻的生长和固碳。因此，微藻必须能够耐受高浓度 CO_2 及其带来的酸性环境，以实现微藻减少烟道气中的 CO_2。这种影响首先体现在微藻对高浓度 CO_2 的耐受性上，这受到其代谢调节机制的调控。不同种类的微藻在生化组分和酶活性方面的变化程度可能显著不同。微藻吸收 CO_2 过程见图 6-1。

微藻对高浓度 CO_2 的适应性主要受两个因素的调控：其一，PSⅠ附近的循环电子传递，它参与 ATP 的产生；其二，由液泡 ATP 酶（V-ATPase）构成的质子泵，该泵利用循环电子传递产生的 ATP 来维持细胞 pH 内稳态。在高浓度 CO_2 环境下，微藻细胞通过一系列机制，如增加 ATP 产量、上调 H^+-ATPases 活性、调整 PSⅠ/PSⅡ能量比、下调 CO_2 浓缩机制（carbon concentrating mechanism，CCM）相关基因表达以及改变细胞膜脂肪酸成分等，来增强对高浓度 CO_2 的适应性。高浓度 CO_2 对微藻生长的抑制可能源于细胞质和叶绿体的酸化。在酸性条件下，多种 CO_2 同化酶，如 Rubisco 酶，易于失活，从而抑制卡尔文循环。

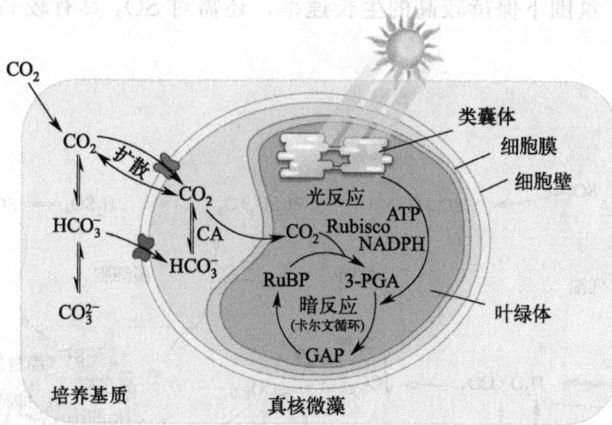

图 6-1　微藻吸收 CO_2 过程[2]

此外，胞内碳酸酐酶的活性也可能受到抑制，进一步加剧细胞内的酸化。因此，在高浓度 CO_2 条件下，碳酸酐酶的活性可能降至极低水平。在暴露于高浓度 CO_2 压力后，耐高浓度 CO_2 的微藻表现出短暂的停滞期，随后恢复生长的两阶段性过程。在停滞期中，CO_2 固定速率、O_2 释放速率以及 PSⅠ的量子效率均呈现先降低后增加的趋势。同时，PSⅠ的活性，特别是 PSⅠ周围循环电子传递的活性显著增强，PSⅠ/PSⅡ比例提高。相比之下，不耐高浓度 CO_2 的微藻并未表现出明显的两阶段性生长模式。此外，CO_2 浓度的改变会影响有机碳在淀粉和油脂合成途径之间的平衡，进而影响蛋白质和油脂的含量。因此，在微藻固定烟气 CO_2 的工程实践中，筛选耐高浓度 CO_2 的微藻藻株成为首要任务。

6.1.2　酸性气体 SO_x 的影响

烟气中除了 CO_2 外，还可能含有其他污染物，如 SO_x、NO_x、重金属等物质，这些污染物可能对微藻的生长和固碳过程产生不利影响。NO_x 的排放水平普遍在几百至几千 $\mu g/g$ 之间浮动，其中 NO 占据显著地位，其浓度常高达 $90\%\sim95\%$，而 NO_2 则占据 $5\%\sim10\%$ 的比例。经过烟气脱硝处理后 NO 的浓度能够有所降低，稳定在 $50\times10^{-6}\sim200\times10^{-6}$ 的范围内。NO_x 进入微藻培养基后，对培养液 pH 的降低效应并不明显。但 SO_2 对微藻培养的影响尤其显著，当 SO_2 溶解到微藻培养基中时会形成硫酸盐，这一过程会导致培养液的 pH 值降低，从而对微藻的正常生长产生显著影响。当废气中存在 250×10^{-6} 的 SO_2 时，培养物中的 pH 可能会因为 SO_2 的水解而降低至 2.5，远低于一般微藻生长所适宜的 pH 范围（$6.5\sim7.5$）。这种低 pH 环境严重偏离了微藻的适宜生长条件，进而导致细胞内酶活性降低，微藻生物量减少，固碳效率下降，甚至可能引起微藻的死亡。此外，SO_2 溶解后使藻液 pH 迅速降低，意味着藻液中 H^+ 浓度迅速升高。由于培养液中大部分 H^+ 来源于 CO_2 和 SO_2 的溶解电离，且 SO_2 在溶液中的溶解强度远大于 CO_2，因此推测 SO_2 的溶解可能会阻碍 CO_2 的溶解和扩散，进而影响到微藻的碳吸收和碳转化过程，如图 6-2 所示。因此，一方面，要研究烟气 SO_2 对微藻生物固碳的影响，另一方面，筛选用于固定烟气 CO_2 的微藻藻株不仅要在高 CO_2 氛围下保持较高的生长速率，还需对 SO_2 具有较高的耐受性。

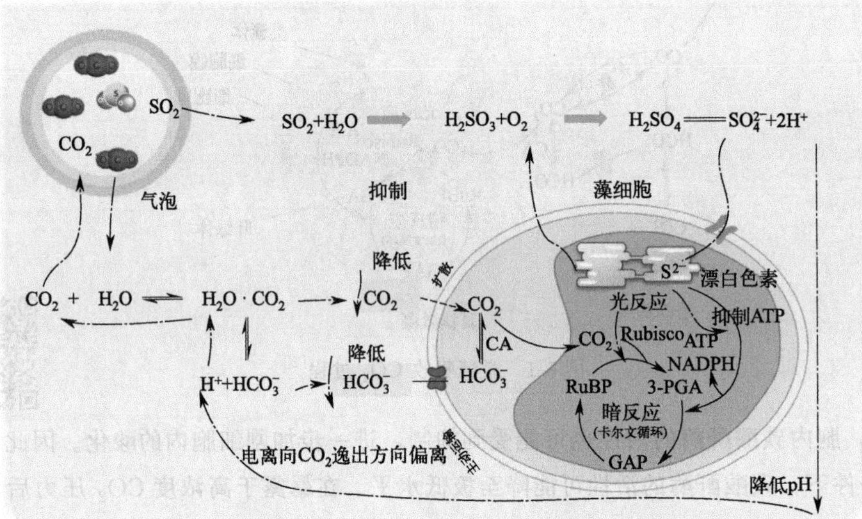

图 6-2　酸性气体 SO_2 对微藻固碳抑制的原理示意

在筛选用于固定烟气 CO_2 的微藻藻株时，不仅需要考虑其在高 CO_2 环境下的生长速率，还需特别关注其对 SO_2 的耐受性。为了获得低 pH 耐受性良好的微藻，结合藻种筛选和驯化是一种可行的方法[3]。在酸性水域收集生长良好的藻株，并通过逐步降低培养基 pH 值的驯化，使微藻能够在较低的 pH 条件下维持较高的 CO_2 固定效率和生物量积累。对于高浓度 SO_2 对微藻的胁迫作用，采取添加额外试剂的方法来缓解培养基的酸化问题[4]。例如，在持续暴露于 SO_2 环境中，添加亚精胺作为额外试剂，能显著提高小球藻的生长速率和生物量积累。这一效果主要归因于亚精胺在微藻中的多重作用：它增强了藻类的抗氧化反应，有效抵御了氧化损伤；保护了光合系统的结构完整性；促进了叶绿素的合成；并有效缓解了培养基的酸化问题。综上所述，通过藻种筛选和驯化或添加额外试剂，可以有效解决燃煤烟气中 SO_2 溶于藻液所带来的硫胁迫和培养液 pH 迅速降低的问题。

6.1.3　重金属及其他因素的影响

燃煤发电厂烟气中主要含有以下重金属：汞（Hg）、镉（Cd）、铅（Pb）、铬（Cr）、砷（As）、镍（Ni）和锌（Zn）。这些重金属的含量因具体的燃煤类型和发电厂技术条件而有所不同。研究表明，燃煤发电过程中产生的汞和砷等重金属在烟气中的含量较为显著。例如，汞的排放量通常在 $0.01 \sim 0.1 \mathrm{mg \cdot m^{-3}}$ 之间，而砷的排放量可能在 $0.02 \sim 0.05 \mathrm{mg \cdot m^{-3}}$ 之间。镉、铅、汞、砷、铬、镍、铜和锌等重金属在工业烟气中会对微藻产生有害影响，主要表现为抑制生长、光合作用和代谢过程。具体影响的严重程度取决于重金属的类型和浓度，解决这些污染物对于优化微藻的生长和固碳至关重要。

镉是高度毒性的重金属，能够抑制微藻的生长并诱导氧化应激反应，研究表明，低至 $0.01 \mathrm{mg \cdot L^{-1}}$ 的镉浓度就能够显著影响微藻的光合作用和细胞分裂。铅的存在则会抑制微藻的酶活性和光合作用，$0.1 \mathrm{mg \cdot L^{-1}}$ 的铅浓度已经可以导致微藻的生长速率显著降低。汞则会导致细胞结构损伤和氧化应激，抑制微藻的生长和 CO_2 固定能力，汞浓度在 $0.05 \mathrm{mg \cdot L^{-1}}$ 时已经显示出显著的毒性影响。砷会干扰微藻的代谢过程，减少叶绿素含量，从而抑制生长，$0.01 \mathrm{mg \cdot L^{-1}}$ 的砷浓度对微藻有明显的负面影响。

微藻在固碳过程中面对重金属污染的挑战，但通过一系列策略和机制，可以有效克服这些不利影响。首先，微藻可以通过细胞壁的物理吸附和细胞内的生物化学机制吸附和积累重金属。细胞壁含有多糖、蛋白质等生物分子，能够与重金属离子结合，细胞内则通过主动运输或被动扩散将重金属包裹在细胞器中，减少毒性作用。其次，微藻通过增强抗氧化防御机制来减轻重金属诱导的氧化应激。抗氧化酶（如超氧化物歧化酶、过氧化氢酶和谷胱甘肽过氧化物酶）和非酶抗氧化剂（如维生素 C、维生素 E 和谷胱甘肽）在清除由重金属引起的活性氧方面发挥重要作用。通过基因工程技术，能够开发出耐重金属的微藻株系。引入或过表达与重金属抗性相关的基因（如金属硫蛋白、谷胱甘肽和耐金属蛋白质），或删除与重金属敏感性相关的基因表达，从而提高微藻的耐受性。调整培养基和培养条件也是有效方法。通过调节培养基的 pH 值，可以影响重金属的溶解性和可用性，增加某些营养元素的浓度也可以通过竞争性吸附减少重金属的吸收。

最后，开发能够同时处理多种污染物的综合方法，如生物吸附与光生物反应器结合使用，可以提高重金属的去除效率和 CO_2 固定效率。多阶段处理工艺通过预处理步骤去除大部分重金属，然后在优化的条件下进行微藻培养，也是一种有效的方法。总的来说，通过这些策略，微藻在固碳过程中可以有效应对重金属污染，提高固碳效率和生物量产出。

在微藻用于工业烟气固碳的应用中，除了高浓度 CO_2、酸性气体 SO_2 和重金属等物质的影响外，还需综合考虑温度、光照、营养物质、pH 值、气体接触时间和接触面积、微生物竞争以及操作维护等因素。研究现状表明，通过优化光照条件、控制温度、补充营养物质、调节 pH 值、改进反应器设计、选择具有竞争优势的微藻品种和应用自动化控制系统，可以显著提高微藻的生长速率和碳固定效率。未来发展方向包括开发耐高温、耐酸碱、低营养需求的微藻品种，进一步优化光生物反应器设计，利用基因工程和代谢工程增强微藻的固碳能力，以及提高系统的自动化和智能化水平，以实现工业烟气的高效、低成本处理和资源化利用。

6.2 高效固碳藻种的选育

藻株选育是获取具有显著生长速率、高效光合作用效率、强大 CO_2 耐受及固定能力等多种优良性状于一体的"理想藻株"的关键途径。这一选育过程旨在通过优化藻株的遗传特性，以满足工业生产中对高效固碳能力的需求。固碳藻种的筛选通常可借助自然选育、诱变选育、细胞融合及基因工程等多种方法。然而，由于微藻固定 CO_2 的分子机制尚未得到深入透彻的研究，当前利用基因工程手段筛选固碳藻种的研究相对稀缺，技术成熟度有待提高，且存在一定的生物安全风险。在固碳藻种的筛选过程中，藻种对烟气中高浓度 CO_2 的耐受性成为筛选的首要依据。此外，由于微藻的生长受到环境因素的显著影响，藻种的筛选往往受到地域性条件的限制，需根据不同地区的具体环境进行适应性筛选。因此，目前固碳藻种的筛选方法主要聚焦于选择育种、诱变育种和驯化育种这三个方面，以期在特定环境条件下筛选出具有高效固碳能力的藻株。表 6-1 列出了常见微藻筛选方式的优缺点。

表 6-1　微藻筛选方式的优缺点

诱变方式	优点	缺点
自然筛选	易操作性、低成本和高实用性	选择范围相对狭窄,筛选工作量大
化学诱变	操作方便,突变频率远高于自发突变	突变区域随机,有毒,污染环境
紫外线诱变	快速有效,灵活控制	非定向
激光诱变	灵活控制	突变区域随机,设备复杂
核辐射诱变	波长短,能量高,穿透能力强;突变频率远高于其他诱变剂	非定向,需要辐射源
驯化	稳定性高,适用性广泛	耗时长,需要进行大量世代,可能随驯化中断而退化

6.2.1 自然筛选

在燃煤发电厂周边地区，筛选本地藻株是获取合适藻株的重要途径之一。燃煤发电厂通常会排放大量 CO_2，而筛选出的微藻能够在这样的环境中正常生长，具有较强的 CO_2 耐受能力。尽管基于特定环境的筛选方法具有环境友好、操作简便的优点，但其局限性也不容忽视。首先，选择范围相对狭窄，可能限制了优良性状的发掘。其次，筛选工作量大，需要投入大量的人力和时间。此外，地域性限制也可能影响筛选结果的广泛适用性。因此，在未来的研究中，需要进一步优化筛选方法，扩大选择范围，提高筛选效率，以更好地满足能源微藻育种的需求。

6.2.2 诱变育种

诱变育种是指通过化学（各种诱变剂）或物理（射线、激光及紫外线等）的手段使微藻细胞发生变异，再通过定向的筛选、培育，来获得性状优良的目标藻株。

6.2.2.1 化学诱变

化学诱变育种是指使用一些导致基因突变的化学诱变剂处理微藻，从而诱发遗传物质的改变，进而引起性状的变异，然后根据育种目标对变异藻株进行鉴定、培养和选择，以期最终育出符合需求的新品种。化学诱变方法相较于其他育种技术，具有其独特的优势。首先，它对基因的损害程度相对较低，且具有一定的特异性，能够较为精准地影响目标基因序列。其次，化学诱变操作简便，成本较低，且能够实现广泛的突变范围，从而为育种者提供了丰富的选择空间。因此，化学诱变育种在育种领域得到了广泛的应用。但是化学试剂对微藻的毒性较大，也存在突变频率低等问题，且使用过程中具有一定的毒性。微藻化学诱变适用于需要在短时间内获得大量变异株的育种研究，尤其是当目标是优化某些特定性状时。它适合于低成本、快速生成突变体的实验场景，能够为育种者提供丰富的变异选择。然而，在使用过程中需要注意化学试剂的毒性以及合理控制诱变条件，以减少对微藻的负面影响。

6.2.2.2 物理诱变

物理诱变主要依赖于 α 射线、β 射线、中子以及其他高能粒子、紫外辐射和微波辐射等物理因素来诱导生物体（如微藻）的遗传物质发生变异。这些物理因素通过作用于生物分子结构，特别是 DNA 分子，进而诱发染色体结构上的异位、缺失、重组或断裂等现象。这些染色体结构的变化，最终导致生物体在遗传信息表达上的多样性，从而引起其后代在表型性状上的显著变异。常见的物理诱变育种包括紫外线辐射、射线、激光以及超声波等。

（1）紫外线诱变育种

紫外线是一种非电离辐射，可导致 DNA 链断裂、DNA 分子的交联、核酸与蛋白质的交联以及胞嘧啶和尿嘧啶的水合作用等，这些变化最终可能导致基因突变。紫外线诱变技术因其控制灵活、操作简便的特性，在包括微藻在内的多种生物体的诱变研究中得到了广泛应用。通过紫外线诱变技术成功诱导并筛选具有对高浓度 CO_2（达到 20%）的出色耐受性、对烟气环境的适应性以及高 CO_2 固定能力的微藻突变体。虽然，紫外线辐射引起的突变为非定向，但是，可以灵活控制使微藻发生突变，不需获取微藻的遗传信息。与基因工程相比更易操作；与化学方法相比，紫外线诱变能够有效避免潜在的二次污染风险。此外，紫外线诱变对生物体产生的显著生物学效应，如提高固碳能力、脂质和虾青素等生物活性物质的产量，为生物技术的应用带来了更高的经济收益和生态效益。

（2）激光诱变育种

激光诱变通过调控热、压力、光和电磁场等物理效应对生物体施加影响，从而引起细胞DNA/RNA及染色体发生畸变，激活或抑制酶，并调节细胞分裂和细胞代谢活动。在光作用机制中，生物分子在吸收特定波长的光子后，能级发生跃迁，从而引发分子结构的变异；热作用则通过热能导致酶失活、蛋白质降解，进而引发生物体的生理生化层面的变异；压力作用则通过使细胞破裂、组织变形，最终导致生物体在生理和遗传层面上的显著变异；而电磁场作用则通过产生自由基，导致DNA或RNA、染色体结构的畸变。激光诱变技术作为一种有效的遗传改良手段，可以提升小球藻的固碳效率，并在短时间内显著促进其生物量的快速增长[5]。该技术凭借其操作简便、安全突变率高、辐射损伤低等诸多优势，在工业微生物育种领域得到了广泛的认可与应用。然而，在微藻育种领域，激光诱变技术尚处于初始的探索阶段，其潜在的巨大应用价值和优化策略仍需通过深入的科学研究进行系统的探索与验证。

（3）核辐射诱变育种

核辐射诱变技术，通过电离作用，能显著改变DNA分子的结构，直接引起碱基、脱氧核糖以及糖-磷酸连接处的化学键断裂。γ射线具有更强的穿透力，可以与物质中的分子发生相互作用，进而产生自由基。这种自由基水平的升高会严重破坏细胞内的关键大分子，如蛋白质、核酸和碳水化合物，进而引发遗传性状的变化。最常用的诱变辐射源是^{60}Co和^{137}Cs。采用γ射线^{60}Co对微藻进行辐射处理，经过辐射诱变后，突变体的生物量产量和固碳率相较于野生菌株分别提升了20.8%和22.4%[6]。在微藻育种领域，核辐射诱变技术展现出了其独特的优势。它无须依赖复杂的测序遗传资源即可产生突变体，相较于基因工程，其操作更为简便。此外，与紫外法相比，核辐射诱变技术具有更高的能量密度和突变率，因此能够产生表型更为多样化的突变菌株。

6.2.3 驯化育种

驯化，亦称作适应性进化（ALE），是一种在微藻研究领域中至关重要的工具，旨在通过模拟环境压力（如高浓度、高盐度、高温等）来引导微藻菌株的遗传变异，从而筛选出具有优秀表型的进化型微藻。在微藻的研究与应用中，通过人工定向的高浓度CO_2驯化，能够有效增强微藻在CO_2环境下的生长与生产速率，进而优化其在工业过程中（如烟气CO_2脱除）的效能。为了获取具备高CO_2耐受性且能有效固定CO_2的微藻藻株，通过在固定的高CO_2浓度（如20%）环境下对微藻进行周期性驯化实验，能够有效筛选出在高CO_2环境中能迅速生长的藻株[7]。这一方法涉及在模拟的极端CO_2条件下，反复将微藻暴露于其中，以诱导其适应并增强对CO_2的耐受性。另一种策略是在普通微藻的生长周期内，通过逐步增加气体中的CO_2浓度（从初始的5%逐步递增至30%），来筛选出具有最大CO_2固定速率的藻株[8]。这种方法基于生态生理学原理，通过模拟自然环境中CO_2浓度的变化，促进微藻的适应性进化，从而筛选出高效固定 CO_2 的藻株。

6.2.4 代谢和基因工程

代谢工程是指利用多基因重组技术有目的地对细胞代谢途径进行修饰、改造，改变细胞特性，并与细胞基因调控、代谢调控及生化工程相结合。由于基因组测序、基因靶向、转化、生物信息学、基因组重建和组学技术方面的广泛最新进展，现在对各种微藻菌株进行快速有效的代谢工程成为可能。

其中，基因编辑代表了一种简单而准确的方法，可以克服现有的遗传缺陷，并增强微藻中靶分子的产生。与其他工业相关微生物相比，可用于微藻的遗传工具箱仍然有限。最先进的合成生物学和分子工具包——包括 RNAi、CRISPR-Cas、Cre/loxP 和模块化克隆系统，辅以一长串启动子、报告基因和调控元件，极大地促进了微藻的代谢工程和细胞重编程。目前，微藻之间巨大的种间遗传变异，以及大多数菌株可用的基因组学和蛋白质组学数据不完整，构成了微藻工程中分子工具利用的关键限制。由于基因组测序成本的下降，以及用于分析和解释大型组学数据的计算方法应用的进步，预计在不久的将来该领域将出现飞跃进化，这将有可能支持微藻作为细胞工厂的整体编程，以实现脂质的可持续生产，最终实现微藻的高效固碳，并制造生物燃料，实现碳捕集、利用与封存（CCUS）的固碳路径。

总体而言，用于烟气固碳的藻种选育方法主要包括自然筛选、诱变育种、基因工程、杂交育种、适应性进化、代谢工程等。每种方法有其独特的适用场景和优缺点，适用于不同的研究需求和目标。在实际应用中，往往需要结合多种方法来达到最佳效果。例如，可以先通过化学和物理诱变产生广泛的基因变异，再通过杂交和分子育种进一步优化和精确改良。化学和物理诱变可以结合两者的优点，增加突变频率和多样性。杂交和分子育种可以通过杂交获得多样性，再通过分子育种精确改良。常见的还有诱变和筛选的共同选育，先通过诱变产生变异，再通过严格的筛选获得优良藻种，选育出适合烟气氛围生长的高效微藻品种。同时，为了维持藻种的稳定性，需要在模拟烟气条件下进行多代连续培养，每隔几代进行生理和生化指标的检测，筛选出性能稳定的藻株。或者，通过分子标记或基因组测序等手段，检测基因组是否保持稳定。

6.3 烟气碳传输强化

选育耐受高 CO_2 浓度、SO_x 等酸性气体、重金属等不利影响因素下的藻种，是实现微藻烟气固碳的基础。在此基础上，强化微藻用于烟气固碳的手段可以从多个方面入手，包括开发高效微藻光生物反应器。其中，强化光生物反应器内烟气 CO_2 的溶解扩散是促进微藻固碳性能的重要途径。

在开放式培养系统，由于培养深度较浅，CO_2 传质效率较差，容易从培养基中逸出，CO_2 固定效率在 $10\%\sim30\%$ 之间。这种低效率导致微藻培养成本密集。相比之下，封闭式光生物反应器通过其设计优势，可以延长 CO_2 在系统中的滞留时间，并有效提高 CO_2 传质效率，从而减少 CO_2 的逸散损失。然而，尽管封闭式光生物反应器在提升 CO_2 利用方面表现出一定的优势，但在处理高浓度 CO_2 时，其固定效率仍然受到一定限制。因此，为了优化微藻在烟气固碳过程中的效能，对微藻光生物反应器的调控与强化策略的研究显得尤为关键。

6.3.1 强化气泡停留时间

内构件是指放置在反应器内，用于改变气泡运动轨迹和流动特性的结构组件。这些组件通过物理阻挡或改变流体的流动路径，增加了气泡在液体中的停留时间，从而提高了气液接触面积和传质效率。常见的内构件包括隔板、筛板、网格、填料等。通过在光生物反应器内部安装内构件可以强化气泡的停留时间，从而强化 CO_2 的传质效率，这是一种既高效又经济的溶液混合策略，无需依赖额外的能源输入。内构件的加入不仅显著增强了光生物反应器内的 CO_2 传质性能，还有效降低了系统的运营成本。

导流板是用于更改气液混合情况中常见的内构件，通过合理的布置，翼型导流板可以引导流体沿特定路径流动，从而优化系统内的流体分布和流动状态。例如有人[9] 提出了含有翼型导流板内构件的微藻光生物反应器[图 6-3(a)]。翼型导流模块完全浸没在微藻悬浮液中时会形成三个区域。为了实现微藻悬浮液在三个区域之间的循环流动，在反应器的底部中央位置安装了一根 10cm 长的条形曝气器（外径：10mm。内径：8mm），并且曝气器表面均匀分布 10 个直径为 0.5mm 的曝气孔（沿着曝气器轴向）。由于翼型导流模块的存在，当连续曝气时，微藻细胞能够定期在光照充足的区域和光照不足的区域之间移动。同时，上升室中的气泡被分离成三个气泡子群，这可以提高微藻悬浮液的混合程度。

如图 6-3(b) 所示，八个孔径为 1mm 的微孔等间距对称分布在倒置带孔弧形槽内构件顶部壁面两侧[10]。当 15% CO_2 经反应器底部气体分布器鼓入微藻悬浮液中，气泡上升至反应器内构件腔室的气液相界面处，气液相界面将内构件腔室分为相界面上侧的气相区和下侧的液相区。随着气泡在相界面处破裂，气泡内的混合气体分子不断地从气泡内进入内构件的气相区，随着气相区压力的增加，气液相界面的位置随之下降。由于气相区压力的增加促进了 CO_2 溶解传输。当内构件腔室内气相区压力增加到能够平衡液压和孔口的局部阻力时，内构件壁面处孔口形成两股气泡流运动上升，对内构件上部悬浮液造成一定程度的混合扰动，由于气相区内混合气以气泡的形式逸散，此时内构件腔室内气相区压力减小，气液相界面位置上升。CO_2 混合气在内构件腔室的积聚过程延长了气液接触时间。随着气泡的连续鼓入，循环往复经历以上过程，因而反应器内构件壁面孔口形成了"二次周期性曝气"的现象。同时，由于内构件下沿的气液相界面的存在，CO_2 气泡运动到相界面处上升速度被滞止，气泡停留在相界面处而不致破裂，随后沿着相界面运动到 UIAT 内构件边缘，在浮力作用下气泡上升离开相界面，从而延长了气液接触时间。气体在内构件下停留时间的分布概率图像呈现"中间高，两端低"的趋势，30%的CO_2气泡在气液相界面处的停留时间在201～300ms，低于100ms和高于500ms的气泡不足10%。取相界面停留时间的平均数，为309ms。气泡在液相总接触时间为847ms，而在无内构件反应器的气液接触时间平均为448ms，因而倒置弧形槽内构件的存在使CO_2气泡与液相的接触时间平均增加了89%，极大地促进CO_2从气相到液相的传递过程。

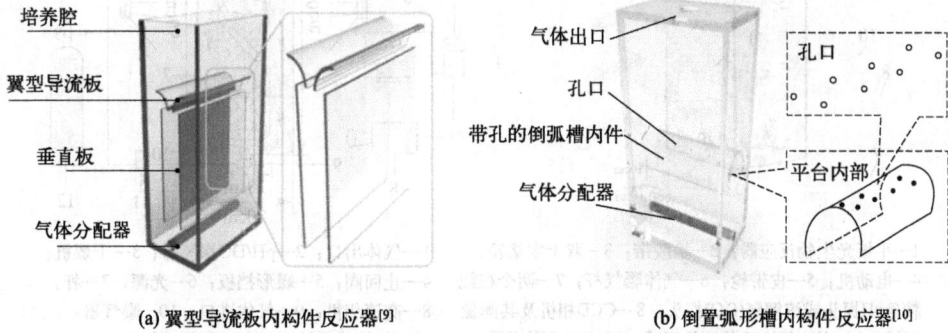

(a) 翼型导流板内构件反应器[9]　　　　　　(b) 倒置弧形槽内构件反应器[10]

图 6-3　含有内构件的微藻光生物反应器

　　通过增加内构件来强化气泡在反应器中的停留时间，是提高气液传质效率的一种有效方法。这一技术通过延长气泡路径、增强紊流和促进气泡分散等方式，提高了二氧化碳的吸收效率和微藻的碳固定能力。在设计和应用中，需要根据具体情况进行优化，以达到最佳的传质效果和操作性能。

6.3.2　强化气液混合

　　叶轮设计对于反应器中气液两相流动的直接影响，使得其在强化光生物反应器传质效率中具有重要地位。在光生物反应器中安装双桨叶轮，能够显著增强传质与混合效果[11]。双桨轮平板光生物反应器见图 6-4(a)。该叶轮采用透明有机玻璃材质制造，有效避免了遮光问题，确保反应器内部光照均匀。叶轮结构上，轮轴上共安装了四个精心设计的叶片。为驱动叶轮旋转，主轴两端配置了直径为4cm的皮带轮，并通过电机提供动力。通过双桨叶轮的应用，反应器内部成功形成了高效的循环流，显著提高了平板光生物反应器中暗区与明区之间的流体速度。这一设计使得气泡形成时间缩短了24.4%，气泡直径减少了27.4%，同时溶液混合时间也缩短了31.3%。更为重要的是，这一改进导致传质系数显著提升，达到41.2%的增长，而藻类的生物量增加了127.1%。

　　通过安装静态挡板能有效诱导湍流现象，进而通过涡流流场的形成显著增强溶液内部气泡的动力学行为。针对双柱光生物反应器，蝶形挡板的引入，可以有效改善CO_2的传质效率[12]。蝶形挡板的双柱光生物反应器见图 6-4(b)。具体而言，蝶形挡板以20cm的间隔固定于1cm厚的塑料支撑杆上。在此过程中，CO_2气体以恒定的$30mL \cdot min^{-1}$速率从立管段底部注入，随后沿系统内部上升，与蝶形挡板产生的流场相互作用，最终进入下流段。引入的蝶形挡板在反应器内部成功引发了垂直流动的漩涡，显著强化了光/暗循环的交替过程。

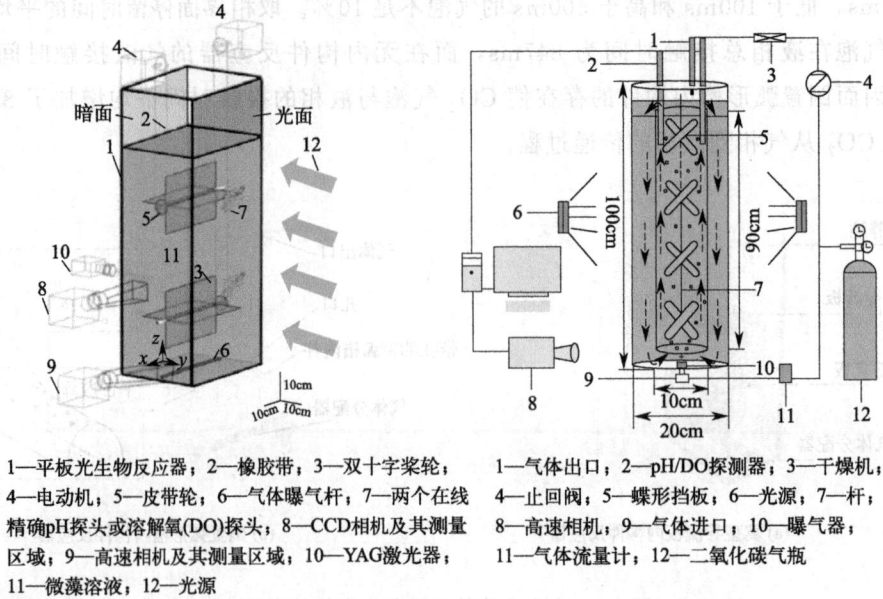

1—平板光生物反应器；2—橡胶带；3—双十字桨轮；
4—电动机；5—皮带轮；6—气体曝气杆；7—两个在线
精确pH探头或溶解氧(DO)探头；8—CCD相机及其测量
区域；9—高速相机及其测量区域；10—YAG激光器；
11—微藻溶液；12—光源

1—气体出口；2—pH/DO探测器；3—干燥机；
4—止回阀；5—蝶形挡板；6—光源；7—杆；
8—高速相机；9—气体进口；10—曝气器；
11—气体流量计；12—二氧化碳气瓶

(a) 双桨轮平板光生物反应器[12]　　　　　　(b) 蝶形挡板的双柱光生物反应器[12]

图 6-4　内构件强化气液混合的反应器结构

适当引入导流板来确保反应器内液体充分混合，防止 CO_2 浓度梯度的形成。这一设计不仅确保了跑道池内液体的充分混合，还显著提升了其内部的流速，缩小漩涡区域[13]。直接导致了反应器内混合时间的显著缩短（达 20%）以及传质系数的显著提高（达 32%）。此外，进一步优化挡板的尺寸，能够显著加强内外柱之间的明暗循环，从而提升光化学效率，加速生物量的产生。

6.3.3　优化曝气方式

曝气是一种将空气中的氧气强制转移到液体中的技术过程，其目的在于确保液体中获得充足的溶解氧。此外，曝气还具有防止池内悬浮体沉降、促进池内有机物与微生物及溶解氧的充分接触等多重功能。这些功能共同保障了池内微生物在充足的溶解氧环境下，对污水中的有机物进行高效氧化分解。曝气环节恰当的设计可以节约能源投入，增强培养液混合，提高产量。良好的气液交换对于维持培养液中氧气浓度的稳定至关重要。通过有效的曝气过程，可以降低培养液中氧气浓度过高所带来的光抑制和光氧化风险。强化微藻反应器气液传质的曝气方式包括传统鼓泡式、气升式和新型膜技术（图 6-5）。

传统的强化微藻反应器气液传质技术主要涵盖鼓泡式与气升式曝气方法。这两种方法均依赖于底部曝气气泡与藻液间的表面接触，实现 CO_2 的有效传递和 O_2 的解吸。其中，气升式技术通过内置的导流筒设计，不仅实现了藻液的内外循环，还促进了光-暗循环，从而显著促进了微藻的生长效率。

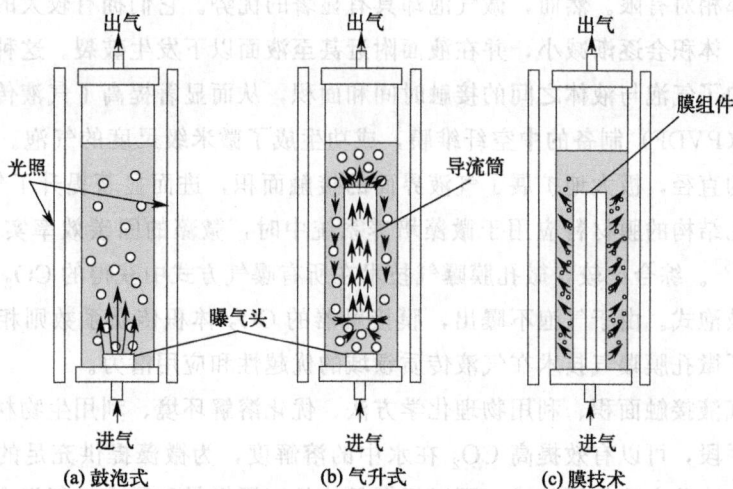

图 6-5　强化反应器气液传质的曝气方式[14]

在反应器内部，气泡的大小与上升速度直接影响着气泡的比表面积与气泡停留时间，这两个参数对气液传质速率具有决定性的影响。因此，鼓泡式和气升式技术均致力于优化气泡特性，如减小气泡体积、降低气泡流动速率，以期提高反应器中 CO_2 的传质效率。尽管鼓泡式和气升式技术因结构简单、运营成本低等优势在微藻固碳领域得到了广泛应用，但由于其固有的工艺与设计限制，其性能提升空间有限。在实际应用中，为了进一步提高其效能，往往需要额外的强化装置与更为复杂精细的控制系统，这不可避免地增加了体积需求和运营成本。

膜分离技术，基于膜的选择透过性特性，在外界能量与化学位差的共同驱动下，实现对混合物中溶质与溶剂的高效分离、分级、提纯及富集。现有研究揭示，膜技术的应用在微藻培养过程中能够显著强化 CO_2 的传递效率，进而提升生物量产率及 CO_2 的去除效能。当前，膜技术在微藻固碳领域的主要应用聚焦于提升反应器系统对 CO_2 的吸收效率。根据气液相是否混合，膜技术强化气液传质的方法可分为膜接触器和微孔膜曝气两种。尽管膜技术的应用显著提升了光生物反应器中的气液传质效率，进而促进了 CO_2 的吸收与固定，然而，膜污染现象仍然是影响膜技术广泛推广和应用的一个不容忽视的重要问题。膜污染不仅可能导致传质效率的下降，还可能影响膜的寿命和稳定性，进而对微藻培养过程产生负面影响。膜材料表面普遍具有微孔结构，其孔径范围通常位于 $0.1nm$ 至 $10\mu m$ 之间。膜的孔径与孔隙率是影响膜材料两相接触比表面积的关键因素。此外，膜材料微孔曝气所产生的气泡体积较小，这一特性有助于增加气泡与液体之间的接触比表面积，进而改善藻液的混合效果，显著提高反应器中 CO_2 的气液传质效率。

相较于传统的膜接触器，微孔膜曝气技术显著地提升了气液传质效率。这一提升的核心在于微孔膜能够产生微小的气泡。这些气泡一旦进入液相，其微小尺寸将大幅度增加气液接触面积，并延长接触时间，从而显著超越其他传质方式。传统的曝气头孔径常在 $1\sim2mm$ 之间，而微孔膜材料的孔径则能达到微米级，这一特性极大地缩减了气泡的尺寸。具体而言，液相中的大气泡通常具有较高的运动速度，常常在抵达液面时立即破裂，因此其气液接触时间和面积都相对有限。然而，微气泡却具有显著的优势。它们拥有较大的比表面积，在液相中上升时，体积会逐渐减小，并在液面附近甚至液面以下发生破裂。这种独特的动力学行为极大地增加了气泡与液体之间的接触时间和面积，从而显著提高了气液传质效率。基于聚偏二氟乙烯（PVDF）制备的中空纤维膜，成功生成了微米级尺度的气泡。此类微气泡凭借其显著减小的直径，极大地扩展了气液界面的接触面积，进而显著提升了气液传质效率。当这种具备微孔结构的膜材料应用于微藻培养系统中时，微藻的固碳效率实现了至少 0.95 倍的显著提升[15]。综合比较，微孔膜曝气技术在所有曝气方式中获得的 CO_2 体积传质系数最高，其次是鼓泡式。由于气泡不曝出，膜接触器的 CO_2 体积传质系数则相对较低。这一结论充分证明了微孔膜曝气技术在气液传质领域的优越性和应用潜力。

采用增加气液接触面积、利用物理化学方法、优化溶解环境、利用生物材料以及应用创新技术等多种手段，可以有效提高 CO_2 在水中的溶解度，为微藻提供充足的碳源，促进其生长和碳固定。这些方法相辅相成，可以根据具体的应用场景和需求进行组合和优化，以实现最佳的固碳效果。

6.4 优化培养条件

除了前文提及的选育具有高固碳性能的微藻品种、开发高效的光合固碳反应器来强化固碳能力外，还可以从调控培养基成分和优化规模化培养工艺方面着手，以提升微藻的固碳效率。

6.4.1 调控培养环境酸碱度

在微藻培养过程中，藻液 pH 值的变动对 CO_2 分子在水体中的溶解性具有显著影响。这是由于调整培养液的 pH 值会打破培养基中 CO_2 与无机碳（特别是 HCO_3^- 形式）之间的平衡状态，进而影响到营养物质的生物可利用性以及微藻的光合作用效率和生物机制。具体而言，当 pH 值升高时，更多的 CO_2 气体将被转化为 HCO_3^-，为微藻细胞提供重要的无机碳源。然而，过高的 CO_2 浓度会抑制微藻的光合作用活性。因此，为了维持微藻生长的最佳条件，必须在高 pH 值（有利于微藻生长）与 CO_2 浓度之间找到一个平衡点。调控 pH 值的方法之一是通过添加酸（如盐酸）或碱（如氢氧化钠）。然而，值得注意的是，尽管传统的 pH 控制方法在一定程度上能够达到预期的调控效果，但它们往往伴随着化学物质的额外消耗，并可能潜在地对微藻细胞造成损害。

为了克服这一挑战，并优化微藻培养过程，一种创新且有效的策略是在培养过程中引入 2.5% 的 CO_2 来直接控制 pH 值。这种策略通过利用 CO_2 投料代替传统的酸碱滴定法，不仅提高了 CO_2 的脱除效率，还促进了微藻的生物积累量[16]。在提升培养体系中 CO_2 溶解度的策略时，向培养基中添加化学试剂已被证实为一种有效的方法。这些化学添加剂广泛涵盖了碳酸盐、氨基酸盐、氨溶液和醇胺溶剂等。其中，醇胺溶剂以其卓越的 CO_2 吸收活性在实际应用中备受青睐。在微藻培养体系中引入单乙醇胺（MEA）作为添加剂，已显示出显著提升生物质和油脂产量的效果，同时有效提高了 CO_2 的利用率。相较于传统的氢氧化钠（NaOH），单乙醇胺（MEA）在吸收 CO_2 分子方面的性能更为卓越。通过添加 MEA 能够使得藻液中总无机碳浓度实现翻倍，并且生物质中的蛋白质浓度也相应提高了 17%[17]。

对于不同种类的微藻培养体系，除了考虑添加的吸收剂种类、浓度以及吸收过程等因素外，还需权衡成本效益和环境友好性等综合因素。此外，混合不同类型的吸收剂可以优化溶液的整体特性，从而促进 CO_2 的吸收效率，进而提升整体的吸收效果。这一策略不仅为微藻培养过程中的 CO_2 管理提供了新的思路，也为实现低碳、高效的生物技术应用提供了有益的参考。

6.4.2　优化光照条件

微藻的光合作用效率直接受到光照条件的影响，因此优化光照条件是提高微藻光合固碳能力和生物量产量的重要研究方向。当前，关于微藻光照条件优化的研究主要集中在光源类型、光强度、光周期、光质、光分布、光利用效率等方面。适当提高光强可以增加微藻的光合作用速率，从而增强碳固定能力。使用高强度的 LED 灯或优化自然光的利用，可以有效提高光合作用效率。但是利用自然光或模拟太阳光来培养微藻，可以显著降低能源成本。研究显示，通过优化温室结构和光学透镜技术，可以提高自然光的利用效率。同时，模拟太阳光的人工光源也在实验室研究中广泛应用，以评估不同光谱组合对微藻生长的影响。调整光照时间和黑暗时间的比例，优化光周期，可以促进微藻的生长和光合活性。通常采用16h 光照和8h 黑暗的光周期。确保光照在反应器内部的均匀分布，避免光照不均引起的微藻生长不平衡。更进一步地，动态光照系统可以根据微藻的生长阶段和密度调整光照强度和角度，从而优化光能利用效率，减少光能浪费。

优化微藻光照条件的研究涵盖了从光源类型、光强、光周期到光质和光分布的各个方面。通过利用新型光源、调控光强和光质、设计先进的反应器和光控系统，可以显著提高微藻的光合效率和碳固定能力。当微藻被用于烟气固碳时，优化光照条件依然是实现微藻高效生长的关键因素，各优化条件和研究结论依然适用于微藻的烟气固碳过程中。

6.4.3　调控营养供应

在微藻生长过程中，常见的矿物质元素如氮（N）、磷（P）、钙（Ca）、镁（Mg）和铁（Fe）等扮演着至关重要的角色，它们构成了藻细胞内酶、蛋白质、色素以及脂肪酸等生物分子的基本结构单元。在微藻培养过程中，氮（N）和磷（P）的需求尤为显著，对于微藻的生长速率和油脂积累具有显著影响。因此，N/P 比常被视作一个关键的生理参数。当 N/P 比过高时，可能反映磷元素的供应受限；而 N/P 比过低，则可能意味着氮源供应不足。

多项研究指出，培养基中的氮水平是调控微藻生化组成的首要因素。在氮含量较低的环境中，微藻细胞内蛋白质的合成减少，而脂肪和碳水化合物的含量则相应增加。例如，在硅藻培养物中，随着营养水平的下降，三酰甘油（TAG）的积累现象尤为明显。多数针对氮源的研究集中于低氮或氮限制条件，但也有少量研究探索了非限制性或高氮浓度下的微藻培养，这种条件下通常能够获得较高的总生物量或特定成分的产量，但总脂占干重的百分比可能会下降。在氮源的吸收和利用方面，微藻通常遵循以下顺序：氨＞尿素＞硝酸盐＞亚硝酸盐。这是因为氨能够直接参与氨基酸的合成，而其他氮源则需先转化为氨才能进一步合成氨基酸。磷源在微藻规模化培养中同样不可或缺，不同形式的磷酸盐在微藻中的代谢途径各异，其中正磷酸盐因其易于被微藻吸收而备受关注，对微藻生长具有显著促进作用。通过优化或外加营养盐来调控培养基中 N/P，为微藻提供更为适宜的生长环境，进而实现微藻生长速率和固碳效率的提升。

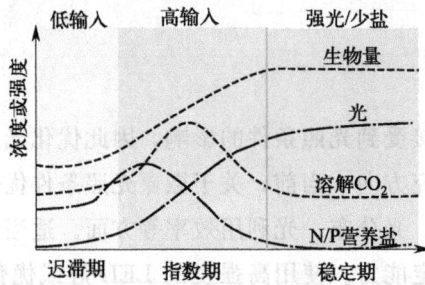

图 6-6　微藻不同培养阶段的营养需求

在培养过程中，营养物质的供应与微藻生长的需求通常不是完全对应的，如图 6-6 所示。通过调节营养物供给侧与小球藻培养侧的目标离子浓度差，实现控制营养物向小球藻培养液内传输的速率。自适应式离子交换膜微藻光生物反应器结构见图 6-7，该反应器由透明有机玻璃板组装而成，包含三腔室：两个营养物供给腔室（分别位于两侧）和一个中央微藻培养腔室。其中微藻培养腔室尺寸为长 180mm，宽 30mm，高 310mm；有效工作体积为 1600mL。两侧的营养物供给腔室尺寸相同，均为长 40mm，宽 30mm，高 210mm，其有效工作体积均为 250mL。在营养物供给腔室与小球藻培养腔室之间，嵌入阴离子交换膜，使得氮磷营养物可连续跨过离子交换膜，从营养物供给腔室传递至中间小球藻培养腔室，为小球藻生长提供必要的营养支持。通过调节营养物供给腔室中氮磷营养物的浓度，可以控制氮磷营养物向小球藻培养腔室的传递速率。该反应器可根据小球藻生长需求，实现营养物向小球藻培养腔室的自适应式连续传输，有效避免了营养物不足或过量对小球藻生长造成的不利影响。为确保营养物在反应器内的均匀混合，在反应器内部安装了导流板。同时，通过鼓入培养液内的 CO_2 混合气体，促进反应器内培养液的循环流动，从而确保传递至小球藻培养腔室的营养物能够均匀混合。通过反应器性能测试，该离子交换膜反应器展现出卓越的实时传输能力，确保了营养物向小球藻培养腔室的持续供应，有效避免了培养液内营养物不足对小球藻生长的限制作用，同时抑制了过量营养物浓度对小球藻生长的负面影响。该反应器显著提升了小球藻的固碳效率，相较于传统反应器，小球藻的生物量浓度从 $1.30g \cdot L^{-1}$ 提升

至 $2.98g \cdot L^{-1}$。因此，根据微藻生长和代谢的生理特性，并采取相应的调控措施，全面优化了微藻生长影响因素，为提升微藻生物质和油脂产率、增强微藻生物质能源大规模产出的经济性提供了有力的技术支持。

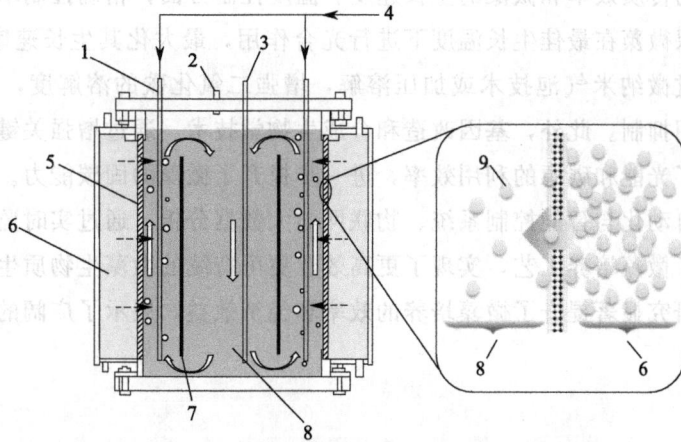

图 6-7　自适应式离子交换膜微藻光生物反应器结构

1—通气管；2—出气口；3—样品出口；4—进气口；5—阴离子交换膜；
6—营养物供给腔室；7—挡板；8—培养腔室；9—营养物质

6.4.4　优化微藻培养工艺流程

微藻培养作为一种高效的生物固碳技术和生物质生产方式，其工艺优化对于提高微藻生物量产量和碳固定效率至关重要。当前，微藻培养工艺的研究主要集中在以下几个方面：光照条件、营养供给、培养基成分、反应器设计、温度控制、搅拌和气体供应等。

有人在研究中采取高密度与半连续间歇培养模式对微藻进行培养，实现了 CO_2 固定效率的大幅提升，超过 10%[18]。另有研究通过交替通入空气与 CO_2，并结合分批培养技术，对小球藻进行培养，进而将固定效率显著提升至 45.6%[19]。此外，有实验详细探讨了 CO_2 气泡大小对微藻吸收 CO_2 效率的影响[20]。研究发现，微型气泡在藻液中具有更长的驻留时间，因此，减小气泡尺寸能够有效提升 CO_2 的利用效率。还有研究聚焦于气泡行为对微藻固碳能力的影响，实验表明柱式反应器中微藻的最优生长条件是入口 CO_2 浓度为 5%，曝气孔直径为 $20\mu m$ 和曝气流量为 $20mL \cdot min^{-1}$[21]。此外，在一个面积达 $1191m^2$ 的跑道池中，开展了微藻固定燃煤电厂排放烟气的示范工程实验[22]。通过调控白天的平均光照强度与溶液温度，显著加速了微藻的生长，使得固定 CO_2 的速率从 $18g \cdot m^{-2} \cdot d^{-1}$ 跃升至 $41g \cdot m^{-2} \cdot d^{-1}$。

总体而言，优化微藻培养工艺流程的各研究主要集中在优化光照条件、营养供给、反应器设计、温度控制、气体供应以及应用现代生物技术和智能控制系统，从而显著提高微藻的生长效率和固碳能力。光照条件方面，LED 光源因其高效节能、可调节波长和强度的优势，被广泛应用于微藻培养中，通过调整光强、光周期和光分布，显著提高了微藻的光合作用效率和生长速度。在营养供给和培养基成分优化上，合理调配氮、磷、钾等营养元素比例，增加有机碳源，利用废水资源作为培养基，有效提高了微藻的生物质产量并降低了培养成本。反应器设计方面，通过改进光生物反应器和膜反应器设计，优化搅拌和气体分布系统，显著提升了二氧化碳的传质效率和微藻的生长速度。温度控制方面，精确控制培养环境温度，管理温度波动，确保微藻在最佳生长温度下进行光合作用，最大化其生长速率和碳固定效率。气体供应优化通过微纳米气泡技术或加压溶解，增强二氧化碳的溶解度，同时控制氧气浓度，避免光合作用抑制。此外，基因改造和合成生物学技术，通过增强关键酶的活性和优化代谢路径，提高了光能和碳源的利用效率，进一步提升了微藻的固碳能力。

现代技术如自动化与智能控制系统、物联网与大数据分析，通过实时监测和调节培养参数，进一步优化了微藻培养工艺，实现了更高效、更可持续的微藻生物质生产和碳固定。这些多方面的优化研究显著提升了微藻培养的效率和经济效益，展示了广阔的应用前景。

思考题

6-1. 有哪些方法可以显著提高微藻的生长速率和固碳效率？

6-2. 微藻筛选方式有哪些？各自的优缺点是什么？

6-3. 对微藻光生物反应器的调控与强化策略有哪些？

6-4. 优化微藻培养条件可以从哪几个方面入手？

参考文献

[1] Solovchenko A, Gorelova O, Selyakh I, et al. A novel CO_2-tolerant symbiotic Desmodesmus (Chlorophyceae, Desmodesmaceae): Acclimation to and performance at a high carbon dioxide level [J]. Algal Research, 2015, 11: 399-410.

[2] 姜加伟. 微藻固定烟气浓度 CO_2 转化油脂的 pH 调控和膜技术强化研究 [D]. 杭州: 浙江大学, 2014.

[3] Desjardins S M, Laamanen C A, Basiliko N, et al. Selection and re-acclimation of bioprospected acid-tolerant green microalgae suitable for growth at low pH [J]. Extremophiles, 2021, 25 (2): 129-141.

[4] Wang Z, Cheng J, Zhang X, et al. Spermidine protects chlorella sp. from oxidative damage caused by SO_2 in flue gas from coal-fired power plants [J]. ACS Sustainable Chemistry & Engineering, 2020. 8 (40): 15179-15188.

[5] Politaeva N, Smyatskaya Y, Slugin V, et al. Effect of laser radiation on the cultivation rate of the microalga Chlorella sorokiniana as a source of biofuel [J]. IOP Conference Series: Earth and Environmental Science, 2018, 115 (1): 012001.

[6] Zhu Y, Cheng J, Zhang Z, et al. Mutation of Arthrospira platensis by gamma irradiation to promote phenol tolerance and CO_2 fixation for coal-chemical flue gas reduction [J]. Journal of CO_2 Utilization, 2020, 38: 252-261.

[7] Li D, Wang L, Zhao Q, et al. Improving high carbon dioxide tolerance and carbon dioxide fixation capability of Chlorella sp. by adaptive laboratory evolution [J]. Bioresource Technology, 2015, 185: 269-275.

[8] Yun Y S, Park J M, Yang J W. Enhancement of CO_2 tolerance of Chlorella vulgaris by gradual increase of CO_2 con-

centration [J]. Biotechnology Techniques, 1996, 10 (9): 713-716.

[9] Fu J, Huang Y, Liao Q, et al. Boosting photo-biochemical conversion and carbon dioxide bio-fixation of Chlorella vulgaris in an optimized photobioreactor with airfoil-shaped deflectors [J]. Bioresource Technology, 2021, 337: 125355.

[10] Xia A, Hu Z, Liao Q, et al. Enhancement of CO_2 transfer and microalgae growth by perforated inverted arc trough internals in a flat-plate photobioreactor [J]. Bioresource technology, 2018, 269: 292-299.

[11] Cheng J, Xu J, Lu H, et al. Generating cycle flow between dark and light zones with double paddlewheels to improve microalgal growth in a flat plate photo-bioreactor [J]. Bioresource Technology, 2018, 261: 151-157.

[12] Kumar S, Jia D, Kubar A A, et al. Butterfly baffle-enhanced solution mixing and mass transfer for improved microalgal growth in double-column photobioreactor [J]. Industrial & Engineering Chemistry Research, 2022, 61 (38): 14181-14188.

[13] 孔维利, 陈剑佩, 李元广. 能源微藻敞开式光生物反应器增设内构件 CFD 研究 [J]. 化工进展, 2010, 29 (S1): 107-112.

[14] 姜加伟, 程丽华, 徐新华, 等. 微藻固定转化烟气 CO_2 强化技术 [J]. 化工进展, 2014, 33 (07): 1884-1894.

[15] Fan L H, Zhang Y T, Cheng L H, et al. Optimization of Carbon Dioxide Fixation by Chlorella vulgaris Cultivated in a Membrane-Photobioreactor [J]. Chemical Engineering & Technology, 2007, 30 (8): 1094-1099.

[16] Chen C Y, Kao P C, Tan C H, et al. Using an innovative pH-stat CO_2 feeding strategy to enhance cell growth and C-phycocyanin production from Spirulina platensis [J]. Biochemical Engineering Journal, 2016, 112: 78-85.

[17] da Rosa G M, Moraes L, Costa J A V. Spirulina cultivation with a CO_2 absorbent: Influence on growth parameters and macromolecule production [J]. Bioresource Technology, 2016, 200: 528-534.

[18] Chiu S Y, Kao C Y, Chen C H, et al. Reduction of CO_2 by a high-density culture of Chlorella sp. in a semicontinuous photobioreactor [J]. Bioresource Technology, 2008, 99 (9): 3389-3396.

[19] Kao C Y, Chiu S Y, Huang T T, et al. Ability of a mutant strain of the microalga Chlorella sp. to capture carbon dioxide for biogas upgrading [J]. Applied Energy, 2012, 93: 176-183.

[20] Zheng Q, Xu X, Martin G J O, et al. Critical review of strategies for CO_2 delivery to large-scale microalgae cultures [J]. Chinese Journal of Chemical Engineering, 2018, 26 (11): 2219-2228.

[21] Ding Y D, Zhao S, Liao Q, et al. Effect of CO_2 bubbles behaviors on microalgal cells distribution and growth in bubble column photobioreactor [J]. International Journal of Hydrogen Energy, 2016, 41 (8): 4879-4887.

[22] Cheng J, Yang Z, Huang Y, et al. Improving growth rate of microalgae in a 1191m2 raceway pond to fix CO_2 from flue gas in a coal-fired power plant [J]. Bioresource Technology, 2015, 190: 235-241.

第七章

固碳微藻生物质分离及
液态生物燃料制取

    微藻，作为固定烟气 CO_2 的高效践行者，其所孕育的微藻培养液具有一些独特的特点：微藻细胞表面带有多种官能团（如氨基酸、羧基和磷酰基等），这些官能团使得细胞表面带有负电荷；微藻的密度与水相近，在培养液中，微藻细胞之间的静电斥力会导致微藻间存在能量壁垒，使得微藻细胞悬浮在培养液中。这种悬浮状态虽然会有助于微藻在培养液中的均匀分布，从而获得良好的营养物质和光照条件，却导致微藻不易沉降，增加了后续分离的难度。

    通常情况下，固碳微藻生物质在培养液中的浓度仅为 $0.5\sim2\,g\cdot L^{-1}$，而后续制取液态生物燃料所需的生物质浓度通常需要达到 $200\,g\cdot L^{-1}$ 以上。这意味着需要将微藻培养液中的微藻细胞进行浓缩采收，甚至脱水干燥。微藻生物质的采收方法主要包括沉降、絮凝、浮选、离心及过滤等技术，可将微藻生物质的浓度提高至 $15\sim200\,g\cdot L^{-1}$。根据生物燃料生产工艺对原料干燥程度的要求，有时仅靠采收技术还不够，还需对采收后的微藻生物质进一步脱水干燥，将生物质浓度提高到 $200\,g\cdot L^{-1}$ 以上。干燥过程不仅能提高微藻生物质的存储稳定性，还能显著提高后续转化过程的效率和产出率。因此，从低浓度的培养液中有效分离并浓缩微藻生物质，是实现微藻生物质制取液态生物燃料的关键环节。通过优化微藻采收和干燥技术，能够为后续的生物燃料生产提供高质量原料，进而提升整体工艺的经济性和可持续性。

7.1 微藻生物质分离与采收

微藻生物质的分离与采收过程，主要指将培养液中的微藻细胞与水分及其他杂质进行有效分离，以便进一步提取和利用微藻中的有效成分。这一过程通常包括微藻采收和脱水两个核心环节。

7.1.1 微藻采收

7.1.1.1 沉降法

沉降法，作为微藻采收的一种传统方法，主要依靠重力使微藻细胞逐渐沉降到容器底部实现分离。微藻沉降过程遵循斯托克斯定律[式(7-1)][1]：

$$v = 2g(\rho_m - \rho_w)r^2/9\eta \tag{7-1}$$

式中，v 为微藻细胞沉降速度，$m \cdot s^{-1}$；g 为重力加速度，$m \cdot s^{-2}$；ρ_m 为微藻密度，$kg \cdot m^{-3}$；ρ_w 为培养液密度，$kg \cdot m^{-3}$；r 为微藻细胞直径，m；η 为培养液黏度，$Pa \cdot s$ 或 $Ns \cdot m^{-2}$。

可见微藻沉降速度主要受微藻密度、粒径和培养液黏度的影响。此外，环境条件，如温度、压力等也会影响微藻的沉降过程。例如，温度的变化可能会影响流体的黏度和微藻的活性。沉降法的优点在于其适用性广泛，能够适用于多种微藻的采收工作。在微藻产业中，尤其适用于对品质要求不高的领域，如微藻生物燃料的生产，由于沉降法不需要复杂的设备和技术支持，且能源消耗相对较低，因此被视为一种高度节能的采收方法。

然而，沉降法也存在一些明显的不足，由于微藻密度与水相近且细胞表面通常带有负电荷，使得微藻在培养液内呈现出一定的分散性而不易沉降。此外，整个沉降过程耗时较长（几个小时甚至几天），长时间的采收过程可能导致大部分生物质发生腐化变质，从而影响最终产品的质量和价值。另外，沉降法对藻细胞密度的依赖也限制了其在一些特定场景下的应用，且它对土地面积的需求相对较高，这主要体现在沉淀池和水池的建设上。为了优化沉降效果，高效沉降系统和模型不断地被探索开发，如澄清槽和薄片型沉降槽等高效沉降系统，能够获得较高的生物质浓度。此外，还可将沉降法与其他采收方法结合来提高采收效率，絮凝法就是一种常用的辅助方法，加速微藻的沉降过程。

7.1.1.2 絮凝法

絮凝技术是一种在水处理领域中应用极为广泛的分离手段，可以有效去除水中的分散颗粒和胶体物质。自 20 世纪 80 年代起，絮凝技术就被创新性地运用于微藻的分离和收集工作中，为微藻的商业化应用提供了新的可能性。在絮凝过程中，通过添加特定的絮凝剂，可以促使悬浮在水中的微藻细胞聚集成较大的絮体，大直径的絮体可以通过重力沉降的方式快速沉积在反应器的底部，实现对微藻生物质的高效采收。

微藻细胞在培养液中呈现出胶体特性，细胞表面负电荷会吸引反离子形成双电层结构（图7-1）。该结构包含紧密贴合的束缚反离子层（吸附层）和反离子浓度随距离降低的自由反离子层（扩散层）。吸附层与扩散层构成胶体的双电层。其中，吸附层与微藻合称胶粒，因束缚的反离子不足，胶粒带负电荷。胶粒与扩散层构成电中性的胶团，其间界限为滑动界面。胶核表面与外层电位差称为总电位（ψ），胶粒移动时滑动面与外层电位差称为移动电位（ζ）。ζ越高，胶粒带电量越大，同电荷颗粒间斥力增强，胶体更稳定。

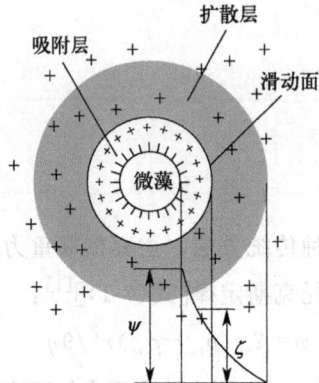

图 7-1　微藻细胞在培养液中的双电层结构

微藻细胞在培养液中的相互作用遵循由德加根（Derjaguin）和兰道（Landau）以及伏维（Verwey）和奥贝克（Overbeek）共同提出的DLVO理论。在DLVO理论中，微藻细胞（胶体颗粒）间的相互作用势能与其间距的关系可以通过一条特定的曲线来直观展现（图7-2）。这条曲线包含了排斥势能（E_R）和吸引势能（E_A）。E_R主要源于胶体颗粒间的静电斥力，随着胶体颗粒表面间距的增大而呈现指数关系递减。另一方面，E_A则源于两胶体颗粒间的范德华力，这种引力与胶体颗粒表面间距成反比，即当颗粒距离较近时，吸引力变得更为显著，倾向于促使颗粒絮凝。总势能（E）则是E_R和E_A的加和，当两个胶体颗粒由远逐渐靠近时，首先起主导作用的是E_R，它形成了一个能量屏障，即排斥能峰。只有当两颗粒能够克服这一能峰，进一步靠近到某一特定距离时，E_A才开始占据主导地位。然而，由于胶体颗粒的布朗运动能量远小于这一排斥能峰，因此实际情况下，两个胶体颗粒往往难以相互靠近到足以克服E_R并发生絮凝的程度，从而保持了胶体的稳定性。若要使两胶体颗粒相互靠近并絮凝下沉，就需要通过降低ζ来减少静电斥力，进而降低排斥能峰的高度。这样，胶体颗粒间的E_A便有机会占据主导地位，促进颗粒间的絮凝过程。

微藻在培养液中的絮凝机理主要涵盖四个方面。首先是压缩双电层作用，当向微藻培养液中加入含有高价态反离子的电解质时，高价反离子会通过静电引力作用置换出低价反离子，进而导致双电层中反离子数量减少，双电层厚度变薄。随着双电层的压缩，ζ会逐渐降低，当降至0时，微藻间的排斥势能完全消失，微藻因此失去稳定性，发生微藻絮凝。其次是吸附电中和作用，微藻表面会吸附异号离子、异号胶粒或链状带异号电荷的高分子物质，

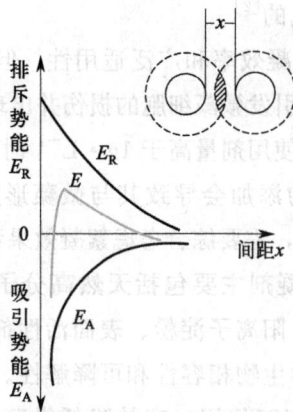

图 7-2　微藻细胞在培养液中的相互作用势能与细胞间距的关系

中和微藻本身所带的部分电荷，进而减少了微藻间的静电斥力，使微藻更容易絮凝。再次是吸附架桥作用，高分子物质在与微藻的接触中，其链的一端会吸附到某一微藻上，而另一端则可能吸附到另一个微藻上，形成"微藻-高分子-微藻"的絮体。这种架桥作用通过高分子的连接作用，有效地促进了微藻的絮凝。最后是网捕-卷扫作用，当向水中投加铝盐、铁盐等絮凝剂时，这些物质水解后会形成大量具有三维立体结构的水合金属氧化物沉淀。当这些水合金属氧化物体积收缩沉降时，它们会像一张多孔的网一样，将水中的微藻捕获并卷扫下来，从而实现沉淀分离。在实际絮凝过程中，上述四种作用机理可能会在同一过程中同时发生，也可能仅有其中的一种、两种或三种机理起主导作用。这些机理的协同作用或独立作用，共同决定了微藻絮凝的效果。根据絮凝剂种类的不同，微藻絮凝法可以分为化学絮凝、生物絮凝和其他絮凝方法等多种类型。

（1）化学絮凝

化学絮凝是指通过添加化学絮凝剂来使微藻发生吸附聚并的絮凝方法。由于微藻细胞的表面电荷多表现为负电荷，因此，添加的化学絮凝剂多为阳离子型絮凝剂。此外，按照絮凝剂的种类，化学絮凝又可分为无机絮凝和有机絮凝。

① 无机絮凝　无机絮凝原理主要是利用无机絮凝剂在水中溶解后释放出的阳离子，如 Al^{3+}、Fe^{3+}、Mg^{2+}、Ca^{2+} 及 Zn^{2+} 等，这些阳离子能够与微藻细胞表面的负电荷相互作用，从而削弱或中和这些负电荷，降低微藻细胞间的静电斥力，使得微藻细胞能够相互吸附并聚集成较大的絮体。

金属盐如 $Al_2(SO_4)_3$、$Fe_2(SO_4)_3$ 和 $FeCl_3$ 等是最为常见的无机絮凝剂。无机絮凝剂的絮凝效率与金属离子的价位密切相关，金属离子的价位越高，其对微藻的絮凝效率就越好。因此，三价 Al^{3+} 和 Fe^{3+} 在无机絮凝剂中表现出较高的絮凝效率，并被广泛应用于微藻的采收。此外，在一定的 pH 值下，Al^{3+} 和 Fe^{3+} 还能形成 $[Al(OH)_3]_n$ 和 $[Fe(OH)_3]_n$ 等聚集体，通过架桥和网捕作用于微藻细胞促进其絮凝沉降。在各类金属盐无机絮凝剂中，铝盐被证明是微藻絮凝效果最佳的絮凝剂，其次为铁盐和锌盐铝盐。此外，无机絮凝剂的絮凝效果与微藻培养液的盐度有关（淡水或海洋），如同种无机絮凝剂在海水或半咸水中要取得与淡水同样的絮凝效果，需要添加的絮凝剂浓度为淡水中絮凝剂浓度的 5 倍左右，这主要是由高盐度对絮凝剂活性的抑制作用造成的[2]。

尽管无机絮凝剂具有较高的絮凝效率和广泛适用性，但它们也存在一些潜在的问题。例如，微藻生物质中残留的铝离子会引发微藻细胞的损伤并出现胞溶现象，影响脂肪酸甲酯的组成并残留于提取的油脂中；铁盐的使用剂量高于 $1g \cdot L^{-1}$ 时可以观察到微藻细胞颜色的变化，从而影响微藻色素的质量；锌盐的添加会导致其与微藻形成的絮体附着在容器壁上难以移除[3]。因此，在选择无机絮凝剂时，需要综合考虑絮凝效果和对微藻生物质的潜在影响。

② 有机絮凝　常用的有机絮凝剂主要包括天然高分子有机絮凝剂和人工合成絮凝剂。天然高分子有机絮凝剂如壳聚糖、阳离子淀粉、表面活性剂和纤维素等，这些物质不仅来源广泛、成本较低，而且具有良好的生物相容性和可降解性。它们通过带有表面正电荷的官能团与微藻细胞表面的负电荷发生相互作用，有效降低微藻的表面电荷，充当细胞之间的桥梁，从而促进微藻细胞的聚集和沉降。人工合成絮凝剂则以聚丙烯酰胺为代表，凭借高分子量和强电荷密度，能够更高效地中和微藻细胞表面的负电荷，实现快速絮凝。然而，人工合成絮凝剂的成本相对较高，且可能存在环境风险和生物毒性等问题，因此在应用时需要综合考虑其效果和安全性。

壳聚糖是一种从甲壳类动物壳中提取的阳离子天然聚合物，在酸性条件下，壳聚糖分子链上的大量氨基转化为带正电的胺离子，中和藻类细胞的电负性，并通过吸附架桥作用，促使微藻絮凝。其可生物降解和无污染的特性，使其在微藻采收领域具有广阔的应用前景，适用于食品、饲料、生物燃料等多元产业。然而，壳聚糖的价格相对昂贵，在一定程度上限制了其大规模应用。

面对天然絮凝剂的局限性，基于自然资源开发的合成絮凝剂逐渐崭露头角。其中，淀粉因其丰富的表面活性基团和长链结构，成为环保型絮凝剂的重要天然骨架之一。阳离子改性淀粉，作为天然淀粉的衍生物，是通过醚化反应使淀粉链上的羟基被季铵基所取代合成的。与壳聚糖相比，阳离子改性淀粉在价格上更具优势，来源也更加广泛。因此，它被视为壳聚糖的潜在替代品。聚丙烯酰胺是一种人工合成高分子絮凝剂，其分子量范围广泛，通常在400万到2000万之间，这一特性使得它能够充分发挥絮凝作用。聚丙烯酰胺分子中含有一个酰胺基团（—$CONH_2$），这个基团既具有亲水性，又具备吸附性，因此能够同时实现电荷中和与架桥功能。

（2）生物絮凝

① 自絮凝　自絮凝一词是由微藻研究领域的学者 Golueke 和 Oswald[4] 命名的，自絮凝不仅是某些微藻细胞的自发沉降，还包括加入碱或消耗 CO_2 以改变培养基 pH 而引起的细胞聚集过程。例如，在微藻的培养过程中，随着光合作用的进行，培养液中的 CO_2 逐渐被消耗，进而导致 pH 值的升高，当 pH 值超过 9 时，某些微藻种类，如三角褐指藻（*Phaeoclactylum tricornutum*），便会在培养液中自发形成自絮凝现象。微藻自絮凝的发生机制颇为复杂，涉及碳酸盐的沉淀以及因减少 CO_2 供应导致的镁离子和钙离子的共沉淀。这些沉淀物通过电中和或网捕促进絮凝的发生。此外，当 pH 值升高时，磷酸钙盐也会发生沉淀。在此过程中，多余的带正电荷的钙离子会与带负电荷的微藻细胞发生相互作用，进一步推动絮凝反应的进行。

在微藻的培养过程中，除了自然发生的自絮凝现象，我们还可以通过人为干预来引发或促进这一过程。其中，一种常见且有效的方法就是在培养液中添加碱性物质。例如，通过添加石灰石，可以使微藻发生自絮凝，絮凝效率高达 80%。研究表明，高 pH 条件下微藻的自絮凝主要是由无机沉淀物的形成引起的，而非 pH 本身的变化[5]。除了添加碱性物质外，降低培养液的 pH 值同样可以引发微藻的自絮凝。酸性条件下微藻自絮凝的机理在于，微藻细胞表面的羧基和氨基基团在酸性环境中电离程度受到抑制，从而以—COOH 及—NH^{3+}的形式存在于细胞表面。这使得微藻细胞表面的负电荷减弱，导致网络结构不稳定，最终引发细胞絮凝并沉降。Pérez 等人通过降低培养液的 pH 值至 2~6，成功絮凝了海洋藻 *Skeletonema costatum* 和 *Chaetoceros gracilis*，并获得了 60% 的微藻絮凝效率[6]。

然而，通过调节 pH 值自絮凝的微藻生物质往往含有较高浓度的矿物质。虽然这些矿物质的毒性较低，但在微藻的后期应用中，如作为食品、饲料或生物燃料等，仍可能会产生一定的影响。因此，在实际应用中，需要综合考虑自絮凝效率和微藻生物质的质量，以找到最佳的采收策略。

② 微生物絮凝　微生物絮凝是通过细菌、真菌等微生物所产生的多糖、蛋白质或其他生物絮凝剂引发的，这些生物絮凝剂能够与微藻细胞形成稳定的复合物，从而促进微藻的絮凝。在生物絮凝过程中，离子的电中和作用也起着重要作用。例如，培养液中的 Ca^{2+} 等阳离子可以与微藻细胞表面的负电荷发生中和反应，降低其表面的电荷密度，从而有助于微藻细胞的聚集。此外，细菌等微生物与微藻细胞或胞外聚合物的关联也是生物絮凝的重要机制之一。细菌可以通过与微藻细胞或胞外聚合物的相互作用，形成更大的絮体结构，提高微藻的采收效率。

微藻细胞表面由于带有负电荷，细胞之间静电排斥并悬浮在培养液中，而丝状真菌在生长和代谢期间会分泌多种有机酸（如柠檬酸、葡萄糖酸和乙酸），菌丝表面带有功能基团（羧基和胺基）并保持质子化呈现表面正电荷。当带正电荷的真菌与带负电荷的微藻进行接触时，会发生电中和，细胞表面 Zeta 电位得到消除并通过电荷吸引、氢键和范德华力相互聚集发生共颗粒化。此外，微生物产生的胞外聚合物（EPS）也已被证实具有微藻絮凝的能力，尤其是聚-γ-谷氨酸，作为从枯草芽孢杆菌胞外聚合物中提取的天然阳离子絮凝剂，展现出了良好的生物降解能力和环境友好性。然而，其原料的地域和来源的局限，限制了它们在大规模生产加工中的应用。

（3）其他絮凝方法

① 电絮凝　电絮凝作为一种创新的微藻采收方法，其独特的原理在于，当电流通过两个电极时，会触发一系列电化学反应，从而高效地实现藻水分离。具体来说，在电絮凝过程中，阳极（以铝电极为例）会在电流的作用下溶解，产生大量的 Al^{3+}。这些 Al^{3+} 在水中迅速水解，形成带有正电荷的氢氧化铝胶体颗粒。由于微藻细胞表面通常带有负电荷，这些正电荷的胶体颗粒会与微藻细胞发生静电吸引，形成直径更大的絮体。这种絮体结构紧密，能够有效地将微藻细胞从培养液中分离出来。

电絮凝技术相较于传统的微藻采收方法具有诸多优势。首先，它无需添加任何化学试剂，对环境友好且不会引入额外的污染物。其次，电絮凝过程可以实现连续操作，大大提高了微藻收获的效率。此外，由于电絮凝技术主要依赖于电能，操作成本相对较低。然而，电絮凝技术在实际应用中仍面临一些挑战。例如，电极的消耗和更换成本、电能消耗的优化以及大规模应用的可行性等问题都需要进一步研究和解决。

② 磁絮凝　磁絮凝法作为一种独特的微藻采收技术，其起源可以追溯到 1975 年，人们首次尝试利用磁铁矿等简单材料从湖水或海水中收集藻类。随着微藻生物柴油产业的兴起，开始关注并定向收获那些具有高油脂含量的微藻种类。微藻磁絮凝主要依赖于磁性材料对微藻细胞的吸附和分离作用，当磁性材料（如纳米四氧化三铁或其改性产物）与微藻细胞接触时，会通过静电吸附作用或形成化学键实现吸附，并通过外部磁场的作用进行分离。在外加磁场的作用下，吸附后的微藻细胞会沿着磁力线方向移动，聚集在磁场强度较高的区域，形成易于收集和处理的磁性微藻絮团[7]。这种分离方法通常与离心、过滤等传统分离技术相结合，以提高分离效率和纯度。

纳米四氧化三铁因具有较大的比表面积和较强的磁性逐渐成为磁絮凝法中的核心材料。最初，使用的是未经任何包裹和修饰的裸磁性纳米颗粒来收获微藻，但裸磁颗粒在大多数情况下对微藻的收获效果并不稳定。为了提高磁絮凝法的效率和稳定性，开始探索对磁性材料的优化和改性，主要方法包括涂覆和固定化。涂覆材料通常具有较大的比表面积，能够通过电中和作用或吸附架桥作用使低浓度藻液中的藻细胞发生区域化絮凝。除了简单的涂覆，还可以通过各种有机物质对磁性纳米颗粒进行包裹和修饰，如利用壳聚糖、聚乙烯亚胺等包裹修饰纳米四氧化三铁颗粒，其表面官能团与微藻细胞表面的羧基、羟基结合，从而实现高效的微藻采收。微藻磁絮凝采收过程见图 7-3。

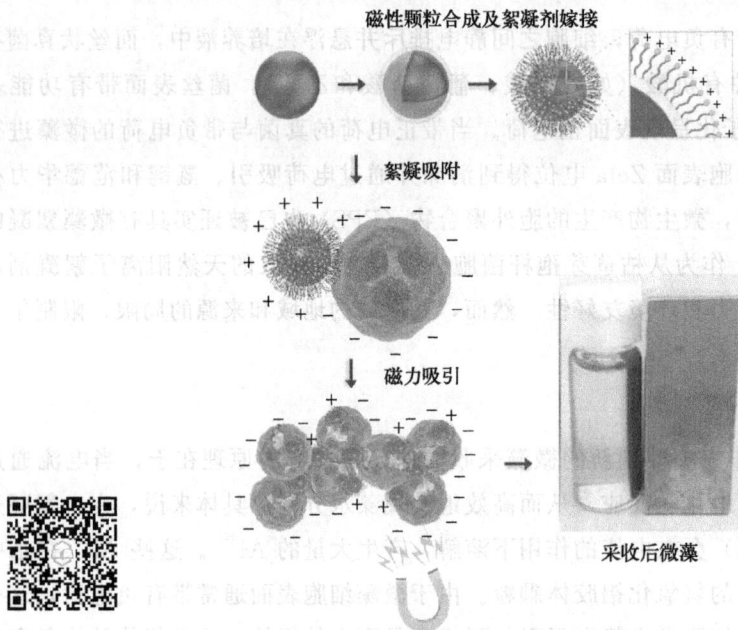

图 7-3　微藻磁絮凝采收过程[7]

然而，微藻磁分离技术也存在一些缺点。例如磁性材料的制备和改性复杂且昂贵，限制了其广泛应用；该技术对磁场强度要求较高，增加了设备的复杂性和能耗；再者，磁性材料可能残留于微藻细胞，影响后续应用或产品的纯度；最后，磁性材料回收较为困难，影响经济效益和环保性能。

7.1.1.3 气浮法

气浮是一种被广泛应用的高效固液分离技术，其基本原理是通过向水体中注入气泡，形成气泡、液体和固体（即微藻絮体）的三相混合流。在这个过程中，气泡与微藻絮体发生碰撞并黏附，形成"气泡-絮体"的聚集体。由于气泡的引入，这种聚集体的整体密度显著降低，从而借助气泡上升的浮力，使微藻絮体从液体中快速上浮至表面，实现固液分离。

在实施气浮法前，微藻悬浮液需经过预处理，如絮凝，以富集和浓缩微藻颗粒，提高其与气泡的碰撞和黏附效率。气浮法的整个过程可以分为四个主要步骤：溶气、释气、碰撞与黏附以及气浮分离。在溶气阶段，通过一定的方式（如压力变化或化学药剂）使气体溶解于液体中。进入释气阶段后，这些溶解的气体在特定的条件下（如减压或温度变化）释放形成微小的气泡。这些气泡随后与微藻颗粒发生碰撞并黏附其上，形成"气泡-絮体"聚集体。最后，在气浮分离阶段，这些聚集体借由气泡的浮力上升至液体表面，实现固液分离。传统气浮可分为分散气浮法、溶解气浮法和电解气浮法等。

(1) 分散气浮法

分散气浮是通过在系统中引入机械搅拌器或者使气体通过多孔媒介来产生细小的气泡（$700 \sim 1500 \mu m$）的方法。一般来说，气泡的直径越小，其与微藻细胞的接触面积就越大。为了提高收集效率，通常会在系统中加入表面活性剂来降低水的表面张力，减小气泡直径。然而，在用于食用或动物饲料的微藻产业中，任何添加的化学物质都可能残留在微藻生物质中，这可能影响到最终产品的质量和安全性。对于海水微藻的气浮采收，分散气浮法显示出很大的优势。由于海水中含有高浓度的盐分，这些盐分可以降低水的表面张力，进而减小气泡直径。在相同条件下，海水微藻的气浮采收效率通常会比淡水微藻更高。因此，在海水微藻的采收过程中，分散气浮法成为一种既经济又高效的选择。

分散气浮法具有能耗较小、设备成本较低以及易于放大的优点。这使得该方法在大规模微藻生产中具有很大的应用潜力。通过优化设备设计和操作参数，可以进一步提高分散气浮法的收集效率，降低能耗和成本，为微藻产业的发展提供有力支持[8]。分散气浮法收集微藻系统见图 7-4。

(2) 溶解气浮法

溶解气浮是通过加压（$400 \sim 650 kPa$）使气体溶解于水中，并在减压时释放出微小气泡（$10 \sim 100 \mu m$）的方法。溶解气浮产生的气泡直径远小于分散气浮，这种细小的气泡极大地增加了与微藻细胞的接触面积，进而显著提高了收集效率。此外，由于气泡的细小，它们更容易在微藻细胞表面形成稳定的"气泡-细胞"复合物，从而进一步增强了收集效果。除了微小的气泡，还有许多空气（未成气泡状态）以亲水成核粒子的形式附着在微藻细胞表面。这些亲水成核粒子也起到了促进收集的作用，因为它们能够增加微藻细胞与气泡之间的相互作用力。

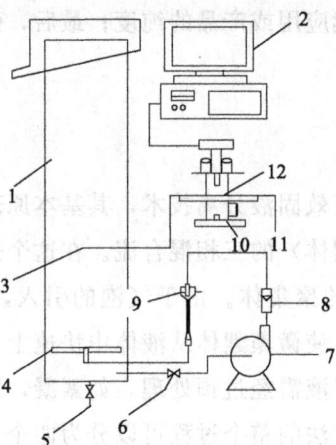

图 7-4　分散气浮法收集微藻系统示意图[8]

1—分离柱；2—计算机；3—引流口；4—分布器；5—排料口；6—循环流量控制阀；7—循环泵；

8—转子流量计；9—射流微泡发生器；10—显微室；11—引流入口；12—观测室

正因为溶解气浮法具有较高的收集效率，它在微藻产业中的应用比分散气浮法更为广泛。无论是实验室规模的实验还是大规模的生产应用，溶解气浮法都展现出了良好的适应性。然而，尽管其优点显著，但溶解气浮法也面临一些挑战。其中最主要的挑战之一是能源消耗相对较高，这主要是因为溶解气体的效率不高。以 400kPa 为例，气体在水中的溶解率仅为 $5.6mL \cdot L^{-1}$，这意味着需要消耗更多的能源来达到所需的溶解气体量。因此在实际应用中，如何降低能源消耗成了一个亟待解决的问题。溶解气浮法收集微藻系统如图 7-5 所示。

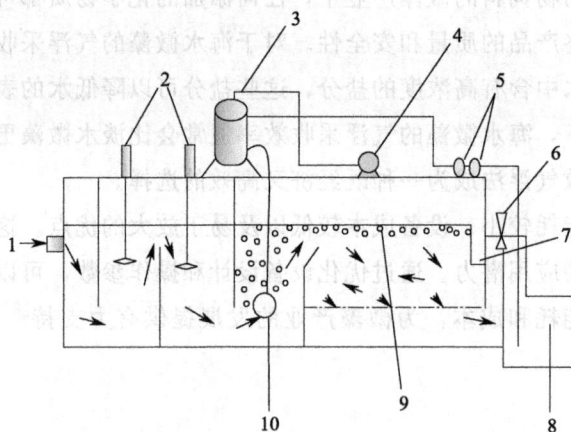

图 7-5　溶解气浮法收集微藻系统示意图[9]

1—入口；2—搅拌器；3—压力罐；4—空气压缩机；5—循环泵；

6—出口控制堰；7—出口；8—上清液；9—微藻；10—扩散式喷嘴

（3）电解气浮法

电解气浮法是一种创新的微藻采收方法，它利用电解水在阴极和阳极上产生 H_2 和 O_2 气泡来浮选微藻生物质。电解气浮系统主要包括预混腔室和浮选腔室两部分。在预混腔室中，微藻与絮凝剂混合并吸附，形成尺寸较大的微藻絮体颗粒。随后，这些絮体颗粒进入浮选腔室，与电解产生的气泡发生碰撞、黏附，并在气泡的浮力作用下浮选到水面。最后，通过刮选或筛选的方式对微藻生物质进行收集。电解气浮法收集微藻系统见图7-6。

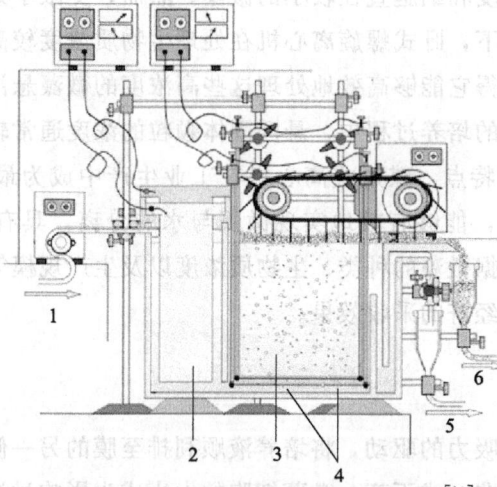

图 7-6 电解气浮法收集微藻系统示意图[10]
1—入口；2—预混腔室；3—浮选腔室；4—电极；5—液体出口；6—微藻出口

电解气浮技术根据电极类型，可分为牺牲式与非牺牲式两类。牺牲式电极，如铝和铁，在电解过程中会失去电子形成金属阳离子（如 Al^{3+}、Fe^{3+}），可充当微藻絮凝剂，促进微藻的聚集和浮选。但此类离子可能会对微藻细胞产生负面影响，如胞溶和染色现象，从而影响收获的微藻生物质的品质，并且污染培养基。非牺牲式电极，如石墨、不锈钢，在电解气浮过程中，不会溶于水。

电解气浮技术的优势在于其产生的气泡大小较为均匀，这有助于提高微藻的收集效率。此外，通过调整电压和电流输入，可以方便地控制电解气泡的产量，以适应不同规模的微藻生产需求。同时，电解气浮的设备相对简单，占地面积小，气泡发生迅速，使得这项技术更易于实现规模化应用。

7.1.1.4 离心法

离心分离，作为一种基于离心机旋转产生的离心力实现物料分离的技术，已经成为生物分离领域中应用最为广泛的方法之一。在微藻采收中，离心法以其高效、快速的特性而备受青睐。其原理在于利用离心机的高速旋转，使微藻在离心力的作用下从培养液中分离出来。离心法可以看作是重力沉降的一种扩展，在离心过程中，离心力将取代重力并将微藻从培养液中分离出来。这一过程中，微藻细胞受到远大于重力的离心力作用，从而迅速沉降到离心管的底部。

离心法作为一种快速的采收方法，在微藻产业中具有显著的优势。然而，对于规模化养殖的微藻而言，离心法面临前期设备投入大、操作能耗高等挑战。尤其是在处理大量微藻培养液时，能耗问题更加突出。因此，在采用离心法进行微藻采收时，需要综合考虑能耗与分离效果之间的平衡，以实现经济效益和环保效益的双重提升。

离心机在微藻生物质采收中扮演着至关重要的角色，其中，管式、碟片式和卧式螺旋离心机是三大主要类型。这些离心机各有各的特点和应用场景，为微藻的采收提供多样化的选择。管式离心机以其高生物质回收率和出色的去水效果在实验室范围内广泛应用。这种离心机特别适用于低生物质浓度和细胞直径较小的微藻。然而，受限于处理量和能耗，其在工业生产中应用受限。相比之下，卧式螺旋离心机在处理生物质浓度较高或藻细胞较大的情况下更具优势。其设计特点使得它能够高效地处理这些高浓度的微藻悬浮液，为工业生产提供了可靠的采收方案。在微藻的培养过程中，悬浮固体颗粒的浓度通常较低，而细胞直径一般在 $3 \sim 30 \mu m$ 之间。针对这一特点，碟片式离心机在工业生产中成为最常用的选择。这种离心机通过其独特的碟片设计，能够有效地实现微藻与水的分离，具有处理量大、效率高的优点。在实际应用中，需根据微藻的种类、生物质浓度以及生产规模等因素，选择最合适的离心机类型，以实现高效、经济的采收效果。

7.1.1.5 过滤法

过滤法是依靠压力或吸力的驱动，将培养液顺利排至膜的另一侧，而微藻细胞则被有效截留。然而，过滤效果并非一成不变，微藻细胞的大小成为影响过滤效果的关键因素。较大或呈群体形态的微藻细胞能够顺利被截留，而个体较小的微藻却可能堵塞滤膜的孔径，导致滤膜失效，这无疑增加了过滤法的操作难度和挑战。尽管存在这样的挑战，过滤法在微藻细胞采收方面仍展现出了不俗的效果。通过精细操作，利用过滤法收获的微藻细胞回收率可达到 $20\% \sim 90\%$，悬浮固体颗粒浓度也能达到 $50 \sim 180 g \cdot L^{-1}$。这一效果在很大程度上得益于不同类型的过滤器在采收过程中的灵活应用。压力驱动模式下的膜过滤见图 7-7。

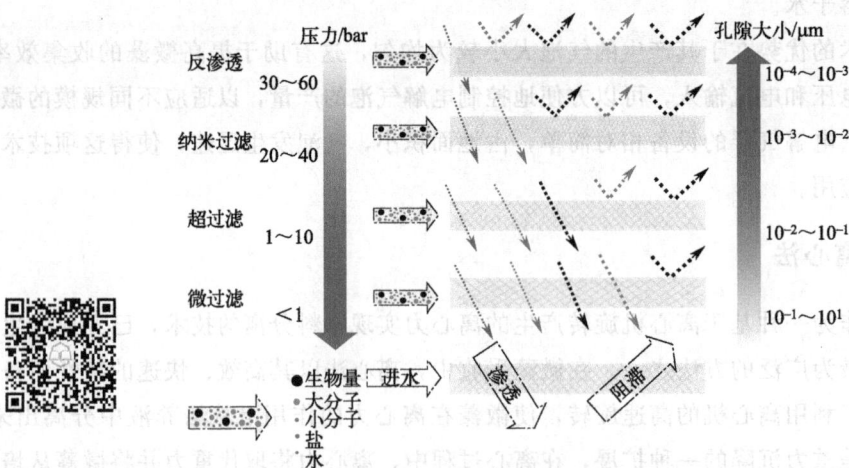

图 7-7 压力驱动模式下的膜过滤示意图[11]

根据过滤器的不同，过滤法可以分为多种类型，目前市场上常见的有压力过滤器、真空过滤器、微膜过滤器和振荡过滤器等。这些过滤器各有各的特点和工作原理。压力过滤器通过施加外部压力，使培养液通过滤膜，实现固液分离；而真空过滤器则利用真空吸力，将培养液吸过滤膜，微藻细胞则被截留。这两种过滤器由于操作简便、效率高，通常能达到 $80\% \sim 90\%$ 的生物质采收率，在微藻大规模生产过程中得到了广泛应用。微膜过滤器则专门用于处理那些微藻细胞极易受到破坏的藻液。它的滤膜孔径较小，能够更有效地截留微藻细胞，但同时也存在滤膜成本过高和容易发生滤孔堵塞等问题。这些问题在一定程度上限制了微膜过滤器的应用范围。振荡过滤器则是一种在大规模生产中常用的采收方法。它利用振荡力使培养液在过滤器内不断流动，从而实现固液分离。其去水效果介于絮凝法和离心法之间，悬浮固体颗粒浓度通常能达到 $60g \cdot L^{-1}$ 左右。虽然振荡过滤器的效率略低于压力过滤器和真空过滤器，但其操作简便、适用性广，在某些特定场合下仍具有广泛的应用前景。

7.1.2 微藻脱水

当采收后的微藻生物质浓度未能达到后续应用或加工所需的标准时，微藻生物质的脱水环节便显得必不可少。微藻脱水主要通过热能的传递和应用来实现，这一过程中，微藻生物质中的水分在热能的作用下被汽化，转化为蒸汽，并从物料中排出。微藻脱水的核心在于水分的相变，即从液态或固态直接转变为气态。这一相变过程需要在一定的温度、压力和湿度条件下进行，以确保水分能够有效地从固相（微藻生物质）转移到气相（干燥介质）。常见的干燥介质包括空气、氮气或其他惰性气体，它们不仅作为热能的载体，还作为蒸汽的传输媒介。

7.1.2.1 冷冻干燥

冷冻干燥，又称为升华干燥，是基于物质相变的原理来去除物料中的水分。具体地说，该法首先将采收后的藻浆冷冻至冰点以下，使得水分转化为固态的冰。接着，在较高的真空环境下，这些固态的冰不经过液态阶段，直接转变为水蒸气，从而达到去除物料中水分的目的。

在实施冷冻干燥的过程中，藻浆可先在专门的冷冻装置内进行预冷冻，再转移到干燥室进行升华干燥。为了提高效率，也可以直接在干燥室内迅速抽真空来使藻浆冷冻，并同时进行升华干燥。升华产生的水蒸气会被冷凝器收集并除去，以保持干燥室内的高真空状态。升华过程所需的汽化热量通常由热辐射提供，确保干燥过程能够在温和的条件下进行。

冷冻干燥的主要优点体现在以下几个方面。首先，由于藻浆在干燥过程中不经过液态阶段，能够保持其原有的化学组成和物理性质，这对于需要保持多孔结构、胶体性质或其他特殊性质的物料来说尤为重要。其次，冷冻干燥因真空环境下水的汽化潜热较低，能耗相对较少。然而，冷冻干燥也存在一些缺点。由于需要专门的冷冻设备和干燥设备，以及维持高真空状态所需的能源和设备，因此其成本相对较高，不能广泛适用于所有情况。此外，冷冻干燥的过程时间较长，生产效率相对较低，也限制了其应用范围。

7.1.2.2 喷雾干燥

喷雾干燥是通过雾化器将液态藻浆迅速分散成细小的雾滴，形成具有高比表面积的料雾，然后与热空气充分接触，使得雾滴内部的水分快速蒸发，进而获得干燥后的粉状产品。

喷雾干燥的优点主要体现在以下几个方面。干燥时间短，一旦液态物料经过雾化器雾化，其比表面积急剧增大，这使得雾滴在干燥室内能够与热空气充分接触，大大提高了传热效率。因此，雾滴内部的水分能够迅速向外部迁移，干燥时间大大缩短，通常仅需5～35s。物料的营养成分不被破坏，尽管喷雾干燥过程中使用的热风温度较高，但大部分热量主要用于蒸发雾滴表面及内部的水分。由于藻浆温度通常低于周围热空气的湿球温度，因此产品的营养成分得以保留。产品质量好、污染小，喷雾干燥系统通常采用密闭式设计，有效防止了外界杂质的混入。这种封闭的环境保证了产品的纯净度和高质量。生产过程方便易控，喷雾干燥工艺具有高度的自动化和灵活性。它可以将含水率高达60％以上的液体在瞬间干燥成粉状产品，大大简化了传统蒸发、浓缩等复杂的工艺流程。

然而，喷雾干燥也存在一些缺点。首要问题是能耗较高，需要消耗大量的热空气或热气体。其次，对原料要求高，喷雾干燥要求微藻生物质具有一定的流动性和分散性，以便能够被雾化器均匀雾化。最后，设备投资大，喷雾干燥设备价格较高，设备的维护和保养也需要一定的专业技能和资金支持。

7.1.2.3 烘干

（1）盘式干燥

盘式干燥，即圆盘干燥，是一种经过精心设计和优化的多层固定圆盘干燥设备。它结合了立式连续干燥的特点，以传导干燥为主，属于接触干燥器的一种。在操作过程中，湿物料首先通过给料机均匀地加入顶层的小圆盘中央。随着传动轴的稳步转动，位于圆盘中央的物料在搅拌臂上耙叶的精确控制下，被均匀地分布到圆盘的各个部分，并逐渐向圆盘的外缘移动。这种搅拌和移动的过程确保了物料与干燥器之间的充分接触，从而促进水分蒸发。当物料在顶层小圆盘完成初步的干燥和移动后，它们会自然地落至第二层更大圆盘的外缘处。在这里，物料再次受到耙叶的推动，开始由外向里移动。随着物料在第二层大圆盘上的进一步干燥和移动，它们最终会落至第三层的小圆盘上，继续干燥过程。

这种逐层下落、逐层干燥的设计实现了高效、均匀和连续干燥。同时，由于物料在干燥过程中不断地受到搅拌和推动，使得其表面不断更新，保证了干燥效果的一致性和高效性。此外，盘式干燥器结构紧凑、占地面积小、操作简单、维护方便，成为众多行业不可或缺的干燥设备之一。

（2）穿流式干燥

穿流式干燥是一种高效的干燥技术，特别适用于通气性良好的颗粒状物料。在穿流式干燥过程中，物料首先被均匀地铺设在具有多孔结构的浅盘或网状结构上。这种多孔设计允许气流垂直地穿过物料层，从而有效地进行热质交换。为了确保干燥效果的一致性和高效性，在两层物料之间设置了倾斜的挡板。这些挡板的主要作用是防止从一层物料中吹出的湿空气再次被吹入另一层物料，从而避免了湿空气的回流和重复利用，确保了干燥过程中的空气始终保持干燥状态。在穿流式干燥器中，空气通过小孔的速度是精心控制的，通常在0.3～1.2m·s^{-1}的范围内。这一速度范围的选择是基于物料特性和干燥效率的综合考虑。适当的空气流速不仅可以确保物料层中的热质交换效率，还能防止物料被过度吹散或损坏。穿流式干燥器适用于通气性好的颗粒状物料，这种物料能够更好地与气流进行热质交换。在干燥过程中，物料表面的水分首先被蒸发，然后内部的水分通过物料颗粒间的空隙和孔隙逐渐扩散到表面，继续被气流带走。这种逐层干燥的方式使得穿流式干燥器能够在短时间内达到较高的干燥速率。

与传统的并流式干燥器相比，穿流式干燥器的干燥速率通常为并流时的 8～10 倍。这是因为穿流式干燥器中的气流是垂直穿过物料层的，与物料表面的接触面积更大，热质交换效率更高。此外，由于穿流式干燥器采用了倾斜挡板的设计，避免了湿空气的回流和重复利用，进一步提高了干燥效率。

7.2 微藻油脂提取

在微藻生物柴油转化过程中，油脂提取是首要步骤。然而，由于微藻细胞小且拥有较厚的细胞壁，其内部的油脂与细胞膜紧密结合，这极大地增加了油脂的直接释放难度。为了克服这一挑战，需采用特定的物理或化学手段，有效地破坏微藻细胞的细胞壁，打破油脂与细胞膜的紧密结合，便于油脂的高效提取。

7.2.1 微藻破壁技术

在微藻油脂提取的领域中，不同的细胞破壁方法根据其原理可大致分为机械破壁技术和非机械破壁技术。

7.2.1.1 机械破壁技术

机械破壁技术主要包括珠磨法、高压均质法、微波法、超声波法以及脉冲电场法等。表7-1 列出了这些常见机械破壁方法的优势与局限性。

表 7-1　常见机械破壁方法的优缺点

机械方法	优点	缺点
珠磨法	设备简单,短时间内实现高效处理	高能量消耗,过程中易产生高温导致有机组分分解
微波	预处理效率高,处理时间短,能量转移快速	高成本,高能量消耗,高设备维护成本
高压均质	室温下破坏细胞壁,对中性油脂提取有效	高后续处理成本,高设备投入成本,高能量输入
超声波	萃取时间短,减少溶剂消耗,改善细胞内容物的释放	难以扩大规模工业应用
脉冲电场	溶剂消耗低,微藻选择性强,处理条件温和	高能量消耗,仍处于起步阶段,待进一步研究

相较于其他细胞破碎技术，机械技术在油脂提取过程中展现出了显著的优势。其能有效隔离外界污染，确保提取纯度；且无需化学试剂，既无环境污染问题，又可降低设备材料腐

蚀的风险,延长设备使用寿命。然而,机械技术虽提升微藻细胞破坏效率,但高成本和能耗限制其工业应用。因此,如何平衡提取效率和成本能耗,成为微藻油脂提取技术发展的关键。

(1)珠磨法

珠磨法作为一种广泛应用的微藻细胞破壁技术,通过混合微藻细胞与研磨剂,并施以高速搅拌或研磨操作,高效破坏细胞壁。珠磨法因单程操作中高破坏效率、易放大、低劳动强度而具工业潜力。在珠磨装置中,仅需 4.8min 就能实现 80% 的微藻细胞破坏率。然而,珠磨法能耗高,产热多,这些挑战限制了其在高效细胞破碎场景下的实用性和效率提升。珠磨破壁原理见图 7-8。

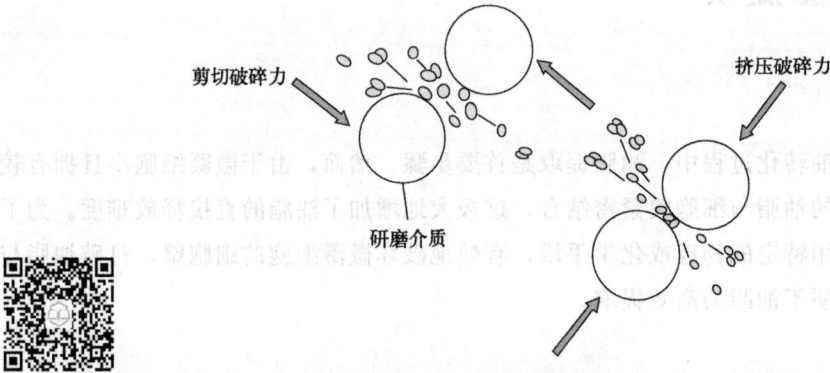

图 7-8 珠磨破壁原理

(2)高压均质

高压均质技术通过高压泵将液体加速至高速,进而产生高剪切力,有效破坏微藻细胞壁,实现细胞的裂解和内部物质的释放。由于其具备出色的可扩展性、连续操作能力和处理湿生物质的能力,该技术在细胞破碎中得到了广泛的应用。采用高压均质法可使微藻细胞的平均破坏率达到 73.8%。但该技术对预处理微藻生物质浓度要求较低,可能增加后续处理复杂性和成本。因此,在商业化应用前,需深入评估其经济性和可行性。高压均质破壁原理见图 7-9。

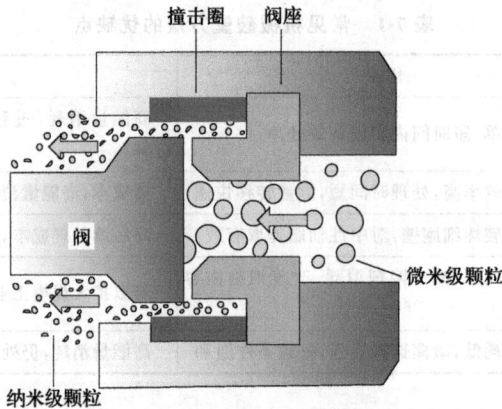

图 7-9 高压均质破壁原理

(3) 超声波

高频率超声波在液体介质中诱导产生密集的真空微泡,这些微泡在高压循环条件下破裂,从而引发空化效应并释放出巨大的能量。能量的释放进一步产生强烈的剪切力,有效地实现细胞壁的破碎,促进细胞内物质释放。然而,超声空化效应受超声波频率的影响,细胞破碎的效果亦受介质温度、黏度、细胞壁类型以及反应时间等因素调控。这些复杂性限制了其在大规模生产中的应用。超声波破壁原理见图 7-10。

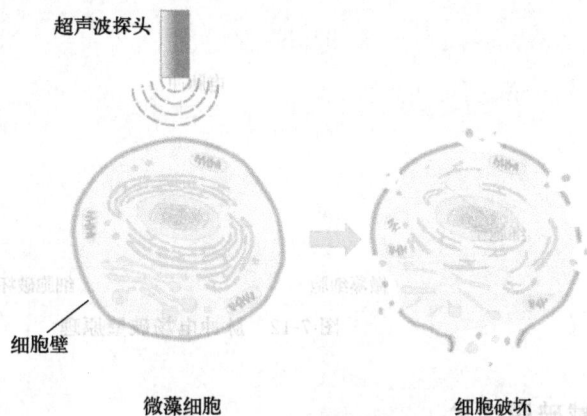

图 7-10 超声波破壁原理

(4) 微波

在微波辐射之下,悬浮液中的介电分子或极性分子(尤其是水)发生选择性相互作用,通过分子间和分子内的摩擦产生局部加热。通过调整微波的功率和持续时间,可以有效破碎不同微藻细胞的细胞壁,缩短提取时间,减少溶剂需求,从而提高生产效率和成本效益[12]。然而,该技术受限于极性溶剂,并不适用于挥发性目标化合物的处理。其次,微波技术的高能源成本限制其工业应用前景。微波破碎原理见图 7-11。

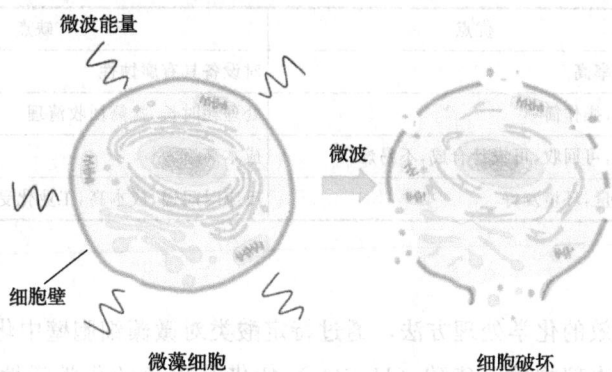

图 7-11 微波破壁原理

(5) 脉冲电场

脉冲电场(PEF)技术作为一种高效的细胞破碎方法,通过外部电场在细胞壁上产生临界电势，致使细胞膜和细胞壁的破裂，释放油脂等有机组分。其效果关键在于高压脉冲电场的强度以及脉冲注入能量密度[13]。PEF 技术因其操作简便、溶剂需求少、生产成本低以及低能耗，在大规模应用中展现出广阔的前景。然而，PEF 技术需在无离子环境中进行，以保持处理溶液的非导电性，避免带电离子对细胞分解效率的负面影响。这一条件限制了其在微藻生物质提取过程中的应用。脉冲电场破碎原理见图 7-12。

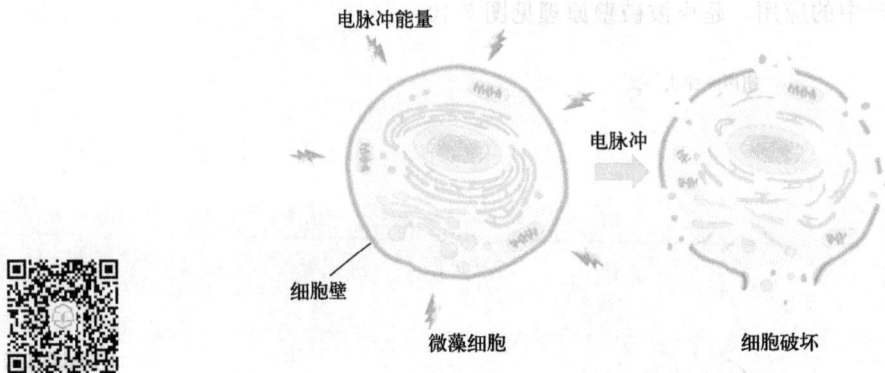

图 7-12　脉冲电场破壁原理

7.2.1.2　非机械破壁技术

非机械性的细胞破壁技术主要包括两种途径。通过添加特定的生物酶或化学试剂，与细胞壁发生特异性反应，导致细胞壁的溶解。此法侧重于生物或化学手段对细胞壁的破坏。另一种方法则是通过调控细胞外部的渗透压等物理条件，如调整溶液的浓度或引入其他渗透活性物质，使细胞外部环境的渗透压发生变化，诱导细胞膨胀直至破裂，释放内部物质。此法强调物理手段引起细胞形态和结构的改变，从而实现细胞内容物的释放。表 7-2 列出了非机械方法的优缺点。

表 7-2　非机械破壁方法的优缺点

非机械方法	优点	缺点
酸热法	破壁效率高	对设备具有腐蚀性
渗透压法	能耗低,操作简单	处理耗时长,盐需回收清理
离子液体法	效率高,可回收,可设计合成,不易燃	成本高
生物酶法	节约能量,环境友好	反应时间慢,成本高,工业化受限制

（1）酸热法

酸热法作为一种高效的化学处理方法，通过特定酸类对微藻细胞壁中化学键的选择性反应，破坏其结构并释放内部物质。硫酸（H_2SO_4）凭借其出色的化学活性和成本效益，在微藻处理领域得到了广泛应用。为确保工艺的经济性与可持续性，需精细设计反应器和工艺流程。材料应耐受高浓度酸腐蚀，并重视安全及废水处理。操作过程中，应采取严格的安全措施，避免酸液溅出或泄漏。同时采用中和、沉淀等技术，以降低废水中的硫酸浓度，避免对环境的污染。

（2）渗透压法

渗透压法通过快速改变水介质盐浓度来影响藻类细胞壁的稳定性，打破内外渗透压平衡，导致细胞膜的破裂，释放细胞内容物。渗透压法具有简化及规模化的优势。在微藻应用中，需考虑盐成本以及下游工艺回收/清理问题。不同的微藻物种对渗透胁迫的代谢机制各异。这些机制涉及离子运输、水分调节以及渗透压调节物质的合成等，会显著影响盐处理的效果和细胞破坏效率。因此，在选择和优化加盐处理策略时，必须充分考虑目标微藻的生物学特性。

（3）离子液体法

离子液体（ILs）是由大型不对称有机阳离子与小型无机或有机阴离子构成的盐类，能在0～140℃维持液态。其独特的性质如高不可燃性、热稳定性以及高热容，在微藻应用中展现出巨大的潜力。ILs技术能显著缩短反应时间、提高材料重复利用率和提取率，并有望替代有毒有机溶剂于细胞破碎过程中。然而，实现其大规模应用前，需解决离子液体的优选、高效生产及工艺放大等关键问题。

（4）生物酶法

微藻细胞壁的破坏可以通过添加适当的酶来完成，这一方法依赖于酶的生物特异性，选择性地降解细胞壁中的特定化学键，进而促进细胞内油脂等成分的释放。酶处理技术凭借其生物特异性、温和的操作条件以及低能耗，在油脂提取领域展现出巨大的潜力。然而，在大规模应用中仍面临反应时间长、酶成本高及稳定性等挑战性问题。

7.2.2 油脂提取

不论采用何种细胞破坏技术，其核心目标均为实现较高的细胞降解率，优化传质效率。这些细胞破坏技术往往与油脂提取步骤紧密结合，形成一套完整的提取流程。微藻脂质提取的主流方法包括溶剂萃取法、超临界流体萃取法等。根据微藻种类、油脂性质以及提取目标的不同，选择最适合的提取方法。表7-3列出了主要油脂提取方法的优缺点。

表7-3 主要油脂提取方法的优缺点

提取方法	优点	缺点
双溶剂体系萃取	提取率高,条件温和	使用有毒溶剂,易致产品中有溶剂残留
加压快速萃取	提取速度快,溶剂消耗少	提取温度高,需要专门仪器,高安全风险
超临界流体萃取	环保、无毒、不可燃(CO_2),无溶剂萃取	高成本,高能量需求,极性脂质收率低

7.2.2.1 有机溶剂萃取法

有机溶剂萃取法，作为一种高效的固液萃取技术，通过具有油脂溶解性的有机溶剂浸渍微藻细胞，实现油脂的高效提取。其原理基于油脂溶解性的差异，通过分子扩散和对流扩散实现油脂从固相转移至液相，完成传质。该方法因简便、高效和溶剂可重复使用的特性而被广泛采用，但其局限性亦不容忽视。首先，它通常成本较高，且耗时长，溶剂的回收和再利用的能源消耗较大。其次，该方法对中性脂质的选择性较低，可能导致提取出的油脂成分复杂，不利于后续加工。最后，部分有机溶剂对健康和环境具有潜在的危害。

在选择理想的脂质提取溶剂时，需综合考虑溶剂的成本、安全性、选择性、有效性以及挥发性，选择出最适合特定应用场景的溶剂，实现高效、安全和经济的脂质提取过程。

(1) 双溶剂体系萃取

基于"相似相溶"原理，即极性脂质溶于极性溶剂，非极性脂质溶于非极性溶剂，微藻脂质提取中常采用乙醚和己烷等非极性溶剂。然而，由于藻膜的刚性结构及极性脂质的存在，非极性溶剂难以有效渗透细胞。

为克服这一挑战，建立极性和非极性溶剂的双溶剂萃取系统，以期提高脂质回收率。该系统首先利用极性溶剂破坏膜相关脂质的静电力或氢键，使细胞膜变得疏松多孔。随后，溶剂混合物中的非极性成分得以进入细胞内部，进而有效地提取中性脂质。

当前，微藻油脂提取领域，广泛采用两种方法：福尔赫（Folch）方法（1957 年）和布莱-戴尔（Bligh-Dyer）方法（1959 年）。在这两种方法中，甲醇作为极性溶剂与细胞膜的极性脂结合，破坏脂质与蛋白质间的氢键和静电作用；随后，氯仿作为非极性溶剂进入细胞，溶解中性脂成分；萃取后，加入水使甲醇迅速溶于水相，分离出含油脂的氯仿相；最终挥发氯仿，得到粗脂提取物。Folch 方法适用于从固体组织中提取脂质，而 Bligh-Dyer 方法则在处理生物液体时表现出色。

(2) 加速溶剂萃取法

为了显著提升脂质萃取效率并缩短萃取时间，采用加速溶剂萃取方法（ASE）。其中有机溶剂在较大压力（20.685～34.475MPa）和较高温度（50～200℃）下使用。高压和高温的环境条件不仅有助于加速萃取过程，还能显著增强溶剂对脂质的溶解能力，维持溶剂在液态下的稳定性。常用的溶剂体系包括甲醇/氯仿、异丙醇/正己烷。采用加速溶剂萃取法进行油脂提取，仅需 5min，油脂提取率即可达到 85％～95％的高水平，比 Folch 方法（氯仿/甲醇比为 2∶1）提高了 1.7 倍[14]。加速溶剂萃取流程见图 7-13。

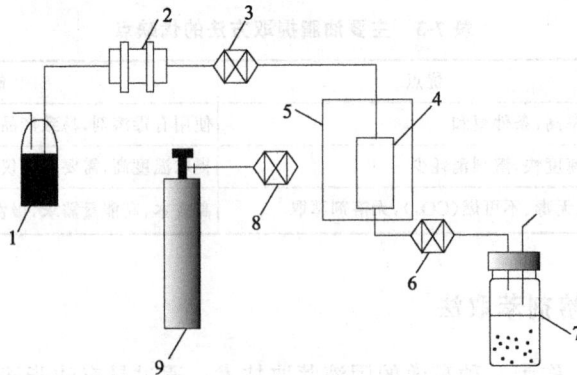

图 7-13 加速溶剂萃取流程示意图

1—溶剂罐；2—泵；3—泵阀；4—萃取室；5—高温箱；6—静态阀；7—收集瓶；8—净化阀；9—氮气瓶

7.2.2.2　超临界流体萃取法

超临界流体，指高于临界点（气液共存状态消失点）的特殊物质状态，兼具液体和气体的双重性质，如适宜的扩散率、低黏度和独特的表面张力。超临界流体的环境友好性和无毒性使其成为微藻脂质提取的高效溶剂。超临界流体萃取技术以其高效性、高选择性和易分离的优势，确保提取物的高纯度。此外，该技术能在低温条件下进行，保护热敏性化合物的生物活性。超临界二氧化碳（$SCCO_2$）因其低临界温度（31.1℃）和中等临界压力（7.4MPa），以及快速、安全、环保等优点，在脂质提取领域备受瞩目。在特定条件下，超临界 CO_2 萃取技术能从斜生栅藻回收超过 90% 的脂质[15]。然而，该技术在大规模生物燃料生产中的应用受限于加压系统的复杂性。提取后的产品还需进一步地处理以去除杂质，如色素、游离脂肪酸和甾醇等。超临界流体萃取流程见图 7-14。

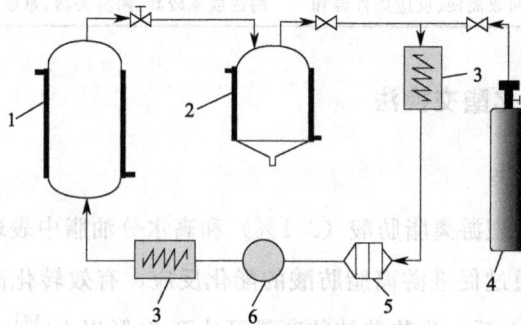

图 7-14　超临界流体萃取流程示意图[15]

1—萃取釜；2—分离釜；3—热交换器；4—CO_2 气瓶；5—过滤器；6—压缩机或泵

7.3　微藻生物质液态生物燃料转化

7.3.1　酯交换

酯交换法是指天然油脂和醇在催化剂作用下进行酯交换反应，生成脂肪酸酯（生物柴油）和甘油的方法。酯交换反应原理以及流程见图 7-15、图 7-16。表 7-4 列出了用于酯交换反应主要催化剂类型的优缺点。

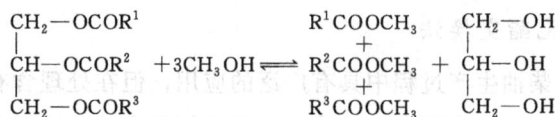

图 7-15　酯交换化学反应

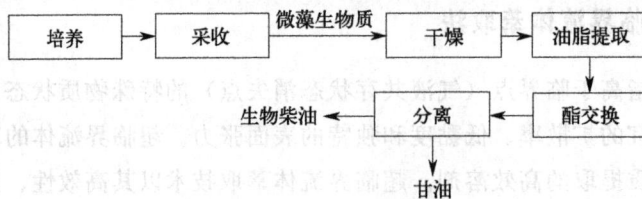

图 7-16 酯交换流程

表 7-4 用于酯交换反应主要催化剂类型的优缺点

催化剂	优点	缺点
酸	不受原料含水量和游离脂肪酸的影响	反应速率低(比碱催化酯交换低 4000 倍),需要中和催化剂,需要去除催化剂
碱	反应速率高,转化率高,成本低,可广泛使用	会发生皂化反应,需要去除催化剂
生物酶	能量需求低,产物回收简便,反应条件温和	酶的成本较高,酶易失活,难以重复利用

7.3.1.1 酸/碱催化酯交换法

(1) 酸催化酯交换法

酸催化酯交换法在处理游离脂肪酸(>1%)和高水分油脂中表现优异。H_2SO_4 和 HCl 作为常用的酸催化剂,通过促进游离脂肪酸的酯化反应,有效转化高酸度原料。以 H_2SO_4 催化小球藻为例,反应 5h 后,生物柴油的产量可达到 70% 以上[16]。此外,ZrO_2 以强表面酸性成为酸催化剂的杰出代表,通过表面涂覆如硫酸盐、钨酸盐和氧化铝等阴离子,可进一步增强其催化性能[17]。尽管酸催化酯交换法展现出高转化率,但仍面临多项挑战。该反应速率较慢,产物分离过程复杂,操作难度高。此外,易产生废水、废气和废渣等环境污染物。

(2) 碱催化酯交换法

碱性催化在低温常压下进行,能在短时间内实现较高的转化率,是油脂生产生物柴油最常用的途径。氢氧化钠,以其出色的催化性能以及低成本,得到了广泛的应用。通过氢氧化钠催化小球藻酯交换反应,10min 内脂肪酸甲酯(FAME)产率可达 96%。CaO 因其高碱性强度、在甲醇中的低溶解度以及以低成本原材料制备的特性,成为生物柴油生产的另一有力催化剂。通过醋酸钙改性的 CaO 白云石催化剂,FAME 产率可达 90.0%。然而,酯交换反应完成后,需要对产物进行后处理,以去除催化剂、甘油和肥皂等杂质。特别是含有碱金属的皂化化合物,它们的存在可能会增加生物柴油的灰分含量和颗粒物排放,对生物柴油的品质和环境友好性产生负面影响。

(3) 酸碱联合催化酯交换法

尽管碱催化在生物柴油生产过程中具有广泛的应用,但在处理含有高游离脂肪酸含量的脂质时,其效果并不理想。为克服这一挑战,研究者们提出了酸碱联合催化法。该方法包含两阶段催化过程,首先利用酸性催化剂通过酯化反应将游离脂肪酸转化为酯类,当脂质中游离脂肪酸的含量降低至1%以下时，再引入碱性催化剂进行后续的酯交换反应。这一方法能够实现甘油三酯的转化效率接近100%，并且生物柴油产品中脂肪酸甲酯的含量高达96.6%，充分展现了酸碱联合催化酯交换法在生物柴油生产中的高效性和实用性[18]。

7.3.1.2 生物酶催化酯交换法

生物酶催化酯交换法利用脂肪酶高效催化酯交换反应，制备生物柴油。相较于化学酯交换法，该方法在催化剂分离和用量上优势明显，且环境友好、可回收再利用。尤为重要的是，酶法对原料的适应性极强，能有效利用餐饮废油脂和工业废油脂等低成本原料。利用固定化假丝酵母脂肪酶催化小球藻能实现高达98%的油脂转化率[19]。然而，尽管酶催化酯交换法具有诸多优点，其在实际应用中仍面临一些挑战。首先，酶催化工艺中常用的甲醇或乙醇等短链醇类容易导致酶失活，从而降低反应效率。其次，酶的成本较高，且酶失活后难以重复利用，这在一定程度上增加了生产成本，限制了酶催化方法的广泛应用。

7.3.1.3 原位酯交换法

原位酯交换一步实现脂质提取和生物柴油生产，减少了大规模生物燃料生产中的单元操作数量，无需机械细胞裂解和单独的脂质提取步骤。这种集成工艺通过减少能源密集型过程，有效降低生物柴油的生产成本。原位酯交换流程见图7-17。

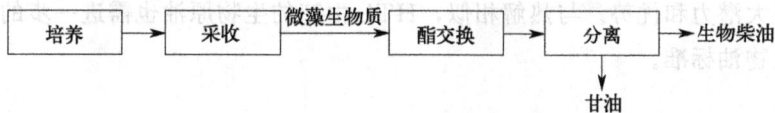

图 7-17　原位酯交换流程图

根据催化剂的使用情况，原位酯交换反应可分为催化和非催化两类。超临界甲醇具备萃取剂、溶剂以及反应物的多重功能，其独特性质使得在无催化剂和助溶剂的条件下，通过原位酯交换工艺直接将含油原料转化为生物柴油。在特定反应条件下，该技术转化率达90%以上[20]。非催化酯交换法的效率受工艺温度、压力、油醇比以及原料中游离脂肪酸含量的影响。尽管该技术环保、耗时短且易于产品分离，但其高能耗、高运行成本以及对油醇比的高要求仍为主要挑战。此外，与催化酯交换反应相比，非催化法的产率较低。

原位酯交换技术生产生物柴油的过程中，碱催化剂和酸催化剂各有优劣。碱催化剂，特别是NaOH，因其在低温低压的高效性而备受青睐。然而，高游离不饱和脂肪酸可能诱发皂化反应，限制了其应用。酸催化剂虽反应时间较长且具腐蚀性，但在处理高游离脂肪酸的油脂时独具优势。然而，酸催化酯交换反应需要在高压和高温条件下进行，限制了其经济可行性。

为提高原位酯交换效率和减少醇类用量，共溶剂的引入成为有效策略。共溶剂通过增强脂质在细胞壁上的扩散，促进脂质提取。常用的共溶剂包括石油醚、正己烷、氯仿、丙酮等。其中乙醚作为共溶剂能显著减少甲醇用量，减量幅度达66%。然而，实际应用中需考虑反应结束后共溶剂与生物柴油的有效分离等问题。

7.3.2　热化学转化过程

7.3.2.1　热解

热解是一种在无氧环境中加热生物质以产生固体碳、液体生物燃料和气态化合物的热化学转化过程。作为一种相对成熟的生物燃料生产技术，热解因其操作简单、成本效益显著而备受关注。但该技术适用于含水量不超过 20％ 的干燥生物质。因此，在热解前，必须去除生物质中的水分，以确保热解过程的效率和安全性。然而，这一干燥过程可能会增加整体能耗。热解产生的生物油常面临高酸含量、高黏度以及不稳定性等固有局限。为了提高生物油的质量和适用性，需要采用升级技术，以去除杂质并增强其稳定性。

7.3.2.2　水热液化

水热液化（HTL）作为一种热化学转化技术，其核心在于通过将湿微藻生物质（含 20％ 固体）置于高压热水环境中，实现向液体生物燃料的直接转化。此过程伴随固体和气体副产品的生成。通过解聚、断键、重排和脱羧等反应协同作用，将生物质的固体结构转化为生物原油。研究表明，在温度区间为 200～350℃、压力为 15～20MPa 的条件下，HTL 过程能够取得最佳的转化效率。HTL 技术避免能源密集型的干燥过程，展现了在液体生物燃料生产中的巨大潜力和优势。与热解相似，HTL 生产的生物原油也需进一步的精炼和升级，以满足特定生物油标准。

7.4　微藻固碳及能源化的工程应用前景及展望

微藻，作为地球上最为古老的初级生产者之一，生物质产量高达陆地植物的 300 倍，预示着其作为替代化石能源的巨大潜力。但是微藻生物燃料的大规模商业化生产仍面临挑战，这主要源于高昂的生产成本，其中微藻培养成本占据七成以上。为了克服这一挑战，研究需聚焦于筛选高产油脂、高效固定 CO_2 及环境适应性强的藻种。同时，探索高效光源利用的光生物反应器，如密闭式或开放式系统，以提升油脂含量。此外，微藻培养过程中氮、磷等无机营养盐的大量消耗，不仅增加成本，也引发环境问题。将微藻培养与废水治理相结合，不仅可降低水体富营养化，还能显著降低培养成本，实现了废水的高效利用与生物质能源的有效生产。

7.4.1　生物燃料生产成本

微藻生物能源转化涉及油脂、多糖及高附加值产品的提取和转化。本节聚焦微藻油脂成本和副产物加工成本，以阐述其生产成本的构成。微藻油脂成本受到生物质生产成本及组分比例的影响，而生物质生产效率则因藻种、培养方式、营养供给及生产方式差异而异。这些生产因素共同作用于微藻能源化的整体成本。

7.4.1.1 预设的生产方法及工艺流程

鉴于能源微藻培养的复杂多变，对藻种选择、培养策略、营养供给、生产模式以及采收技术的不同组合进行经济性评估，常面临错综复杂的挑战，难以直接揭示其核心问题。因此，针对特定的微藻生物质生产环节，通过替换策略与多样化的技术组合，来系统对比评估成本。具体的生产工艺流程见图7-18。

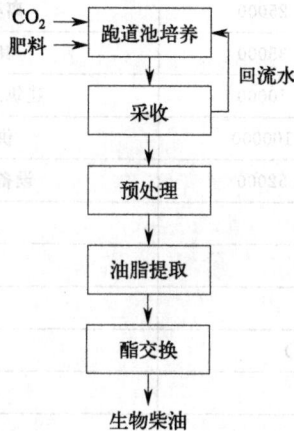

图7-18 生产工艺流程图

(1) 跑道池培养

① 营养方式 在微藻培养中，采用了自养营养模式，基于碳、氮和磷的质量分数，计算每日对二氧化碳、氮肥和磷肥的需求量。通过泵向跑道池注入二氧化碳作为主要碳源。选用尿素$[CO(NH_2)_2]$和磷酸氢二铵$[(NH_4)_2HPO_4]$作为氮肥和磷肥，并假设其利用率分别为90%和95%。

为了优化资源利用和减少浪费，对产生的液体残渣进行营养物质回收，补充微藻对二氧化碳和肥料的需求量。这不仅提高了资源利用效率，还有助于减少环境污染，实现可持续发展。

② 生产方式 选择长宽深分别为105m、5m、0.3m的跑道池进行微藻的培养。共有100个跑道池，总占地面积100000m²。跑道池中桨轮的工作时间安排为18h，其中日间连续运行以最大化利用光能，夜间则间断运行以维持必要的搅拌和混合。设定微藻的培养周期为5天。

(2) 微藻采收

通过泵将微藻悬浮液转移到沉降池中自然沉降，然后通过离心进一步浓缩。多余的水回流至跑道池。

7.4.1.2 微藻生物质生产成本核算

基于上述设定，微藻的初始浓度为 $0.1g \cdot L^{-1}$，经过5天的培养，生物质的浓度增加至 $0.5g \cdot L^{-1}$。跑道池的生产力为 12000kg。经过自然沉降和离心后获得 195m³ 微藻。表 7-5 列出了以 10ha 跑道池为基准的微藻生物质生产过程中的各项成本。

表 7-5 微藻生物质生产过程中的各项成本（以 10ha 的跑道池为基准） 单位：美元

项目	费用	项目	费用
培养过程		采收过程	
土地	20000	沉降	70000
场地准备、分级和压实	25000	离心机	125000
跑道池堤坝及防渗	35000	其他	
桨轮、排水系统	70000	建筑及道路	20000
烟气道供应、分配、曝气机	100000	供电	20000
水和营养物供应	52000	设备机械	5000
小计		542000	
工程及监督(15%的小计)		81300	
安装设备费用		623300	
应急储备(10%的安装设备费用)		62330	
建厂总成本		685630	
操作及维护成本(6%小计)		32520	

7.4.1.3 微藻生物柴油成本分析

微藻破壁提油是指先将微藻细胞破碎，结合传统的有机溶剂浸出法进行微藻油脂提取。所得微藻油脂经酸碱结合工艺转化为微藻生物柴油，其工艺流程包括预处理、酯交换以及后处理。在预处理阶段，通过酸催化酯化反应，调控原料中的游离脂肪酸含量至理想水平，蒸发去除甲醇与水分，为酯交换做准备。酯交换阶段，预处理后的油脂在 NaOH 催化下，在一定温度和常压下进行酯交换反应，生成甲酯。该过程采用两步反应，并通过分离器连续去除甘油，使反应高效进行。在后处理阶段，利用重力沉降分离甘油与甲酯，中和多余碱性催化剂，水洗洗去残余的甲醇与甘油，最后干燥得到精制的生物柴油。

在微藻生物柴油的生产中，微藻油脂的提取环节占据显著的成本比重，直接影响其经济可行性。当前，单一提取方法各有局限性，如机械破壁法的高能耗干燥处理；化学溶剂法的安全和健康隐患；超临界萃取技术的高设备要求与能耗。因此，组合提取法成为主流。油脂提取的溶剂成本可参考食用油加工的核算方法。然而，微藻破壁过程的高能耗显著增加了整体成本。目前，关于微藻油脂提取的大规模成本核算研究较为有限，多数研究尚处于实验室阶段。

微藻油脂具有较高的游离脂肪酸含量和酸价，以及糖脂和磷脂的高浓度，对生物柴油的转化具有不利影响。为优化这一过程，通常采用预酯化方法进行处理，随后再进行转酯化操作。以植物油脂加工生物柴油为例，进行成本核算时，甲醇作为主要成本，其消耗量约为油脂原理的 15%（理论值为 10%）。催化剂的成本因具体技术而异，假设每吨油脂消耗 60 元的催化剂。煤的使用量取决于生产工艺，碱催化工艺因无需蒸馏而需煤量低，约 $150kg \cdot t^{-1}$ 油脂原料；而蒸馏工艺则需 $200 \sim 250kg \cdot t^{-1}$ 油脂原料。电费核算基于 $5m^3$ 的设备，合计成本为 $60kW \cdot h \cdot t^{-1}$ 油脂原料。水用作冷却循环水，成本为 20 元/t 油脂原料。此外，人工成本按 2 人/天计。表 7-6 列出了生物柴油加工成本核算。

表 7-6 生物柴油加工成本核算

支出	支出量	单价	合计/元
甲醇	150kg	2500 元/t	375
催化剂	60 元		60
煤	150kg	500 元/t	75
电	60kW·h	0.458 元/(kW·h)	27.48
水	20 元		20
人力	2 人/天	80 元/(天×人)	160
合计/元			717.48

基于现有工艺流程，微藻生物柴油的生产成本主要集中在微藻的培养、油脂的提取和生物柴油转化这三个关键阶段。其中，微藻生物质的生产成本远超化石燃料，加上高能耗的破壁提油以及生物柴油转化过程，使得其经济性面临挑战。因此，开发低成本生产工艺及替代方案，降低生产成本，已成为刻不容缓的任务。

7.4.2 微藻生物质能源前景与展望

7.4.2.1 碳减排与碳中和

人类活动及工业生产所产生的二氧化碳排放加剧了温室效应，引发了诸多严峻的气候挑战。面对这一全球性问题，微藻的生物固碳策略展现出了显著潜力。

微藻通过光合作用高效吸收二氧化碳并释放氧气，同时产生一系列次生代谢产物，其高效的固碳能力为减少温室气体排放、实现"碳中和"目标提供了有力支持。此外，微藻培养过程中产生的生物质富含蛋白质、脂质和碳水化合物等高附加值成分，具有转化为食品、生物燃料和药品等多元产品的潜力。这不仅增加了微藻固碳技术的经济价值，也为其在生物经济领域的应用开辟了新途径。

微藻在光合作用过程中还需要氮、磷、硫等营养物质。工业废气中富含的 CO_2、NO_x、SO_x 等气体和潜在的有害复合物，为微藻提供了丰富的营养来源。因此，利用微藻处理工业废气不仅能够有效减少温室气体和污染气体的排放，还能实现资源的循环利用。

7.4.2.2 生物燃料生产

微藻以其丰富的油脂含量成为生产生物柴油等生物燃料的杰出原料。相较于传统的化石燃料，生物燃料因其可再生性和环保性而备受瞩目。尽管实验室和中试规模的研究已初步揭示了微藻生物燃料生产的潜在前景。但将其推向工业化应用阶段仍面临技术和经济双重挑战。目前，微藻生物燃料的成本高达 194 美元/L，远超过化石燃料的市场竞争力。生产过程中的主要成本包括培养、采收、破壁提油及生物柴油转化等环节。尽管通过废物资源利用、低耗能采收方法、湿法提油及优化培养等策略能够降低成本，但各环节的技术替代仍面临诸多技术难题。在破壁提油环节，微藻细胞小且细胞壁结构复杂，传统压榨手段不适用。机械、化学及生物破壁方法虽可替代，但成本高昂。相比之下，生物柴油转化较为成熟，并非产业发展的主要障碍。为实现产品逐级高效提取，应紧密结合高附加值产品的类型及含量，设计合理的生产提取工艺。此外，提油后剩余的藻渣具有潜在价值，可作为优质的饲料、肥料或进一步转化为清洁能源。具体利用途径需结合具体的前期工艺以及价值评估结果进行选择，以实现其资源价值的最大化。

7.4.2.3 环保治理

随着农业生产、城市化和工业化的飞速发展，大量未经充分处理的废水排放引发了严重的环境污染问题，尤以水体富营养化现象为甚。高氮磷含量的废水不仅导致淡水生态系统的全面退化，还给公众健康带来潜在风险。尽管传统的物理和化学污水处理方法在一定程度上能够去除污染物，但高昂的成本和潜在的副作用限制了其广泛应用。因此，寻找一种低能耗、高效率的污水处理方法以实现可持续发展变得尤为重要。

微藻作为一种微生物，因高氮磷需求特性，成为处理废水的潜在理想选择。相比传统方法，微藻处理不仅避免了二次污染和营养物质流失等问题，而且以低成本有效去除氮、磷等污染物，展现出了经济高效、简便可行、副作用小的特点。此外，微藻细胞的可回收特性显著提升了在污水净化和生物质能源生产中的实用价值。

"污水-微藻-能源"串联技术体系打破了传统思维的局限性，将污水氮磷去除与微藻生物能源化技术有机结合。该体系以预处理后的污水为基质培养藻细胞，无需消耗大量淡水资源和无机营养盐，显著降低了成本。同时，通过充分考虑微藻细胞收获后的开发利用，实现了污水处理与能源生产的双重价值。

思考题

7-1. 微藻采收有哪些方法？各方法有何优缺点？

7-2. 微藻脱水有哪些干燥方法？各干燥方法的原理是什么？

7-3. 微藻机械破壁技术有哪些方法？各优缺点是什么？

7-4. 微藻非机械破壁技术有哪些方法？各优缺点是什么？

7-5. 用于酯交换反应的主要类型催化剂的优缺点？

参考文献

[1] Nasser M S. Characterization of floc size and effective floc density of industrial papermaking suspensions [J]. Separation and Purification Technology, 2014, 122: 495-505.

[2] Uduman N, et al. Dewatering of microalgal cultures: A major bottleneck to algae-based fuels [J]. Journal of Renewable and Sustainable Energy, 2010, 2 (1).

[3] Tran D T, et al. Microalgae harvesting and subsequent biodiesel conversion [J]. Bioresource technology, 2013, 140: 179-186.

[4] Mathimani T, Mallick N. A comprehensive review on harvesting of microalgae for biodiesel—Key challenges and future directions [J]. Renewable and Sustainable Energy Reviews, 2018, 91: 1103-1120.

[5] Horiuchi J I, et al. Effective cell harvesting of the halotolerant microalga Dunaliella tertiolecta with pH control [J]. Journal of Bioscience and Bioengineering, 2003, 95 (4): 412-415.

[6] Pérez L, et al. An effective method for harvesting of marine microalgae: pH induced flocculation [J]. Biomass and Bioenergy, 2017, 97: 20-26.

[7] Seo J Y, et al. Downstream integration of microalgae harvesting and cell disruption by means of cationic surfactant-decorated Fe_3O_4 nanoparticles [J]. Green Chemistry, 2016, 18 (14): 3981-3989.

[8] 林喆, 匡亚莉, 张海阳. 射流发泡与小球藻的批次气浮采收 [J]. 中国矿业大学学报, 2012, 41 (05): 839-843.

[9] Ndikubwimana T, et al. Flotation: A promising microalgae harvesting and dewatering technology for biofuels production [J]. Biotechnology Journal, 2016, 11 (3): 315-326.

[10] Casqueira R G, Torem M L, Kohler H M. The removal of zinc from liquid streams by electroflotation [J]. Minerals engineering, 2006, 19 (13): 1388-1392.

[11] Bilad M R, Arafat H A, Vankelecom I F. Membrane technology in microalgae cultivation and harvesting: a review [J]. Biotechnology advances, 2014, 32 (7): 1283-1300.

[12] Lee J Y, et al. Comparison of several methods for effective lipid extraction from microalgae [J]. Bioresource Technology, 2010, 101 (1): S75-S77.

[13] 张若兵, 傅贤, 寇梅如. 高压脉冲电场对小球藻破碎效果的影响 [J]. 高电压技术, 2016, 42 (08): 2668-2674.

[14] Mulbry W, et al. Optimization of an oil Extraction process for algae from the treatment of manure effluent [J]. Journal of the American Oil Chemists' Society, 2009, 86 (9): 909-915.

[15] Lorenzen J, et al. Extraction of microalgae derived lipids with supercritical carbon dioxide in an industrial relevant pilot plant [J]. Bioprocess and Biosystems Engineering, 2017, 40 (6): 911-918.

[16] Miao X, Wu Q. Biodiesel production from heterotrophic microalgal oil [J]. Bioresource Technology, 2006, 97 (6): 841-846.

[17] Guldhe A, et al. Biodiesel synthesis from microalgal lipids using tungstated zirconia as a heterogeneous acid catalyst and its comparison with homogeneous acid and enzyme catalysts [J]. Fuel, 2017, 187: 180-188.

[18] 陈林. 两步法催化高酸价微藻油脂制备生物柴油 [J]. 生物质化学工程, 2011, 45 (03): 1-7.

[19] Li X, Xu H, Wu Q. Large-scale biodiesel production from microalga Chlorella protothecoides through heterotrophic cultivation in bioreactors [J]. Biotechnology and Bioengineering, 2007, 98 (4): 764-771.

[20] Rathnam V M, Madras G. Conversion of Shizochitrium limacinum microalgae to biodiesel by non-catalytic transesterification using various supercritical fluids [J]. Bioresource Technology, 2019, 288: 121538.

第八章

微生物厌氧发酵产氢烷气技术

8.1 厌氧发酵底物来源

厌氧发酵是一种在无氧条件下进行的微生物代谢过程，通过微生物的作用将有机物分解为甲烷、二氧化碳和其他副产品。底物来源是厌氧发酵的重要环节之一，常见的底物包括有机废水和固体废弃物。有机废水如农业废水、食品加工废水等，富含有机物质，为厌氧微生物提供了丰富的营养成分。而固体废弃物如动物粪便、农作物秸秆和城市有机垃圾等，也含有大量可被微生物降解的有机成分。这些底物经过厌氧发酵，不仅可以减少环境污染，还能产生可再生能源如生物燃气，有助于资源的有效利用和循环经济的发展。

8.1.1 有机废水

有机废水来源广泛，包括生活污水、食品工业废水、农业废水、造纸废水、化工废水、制药废水及纺织印染废水，这些有机废水通常含有大量可生物降解的有机物质，通过厌氧发酵可以有效地将其转化为甲烷等可再生能源，同时减少污染物的排放。

8.1.1.1 畜牧养殖废水

畜禽养殖业的水污染物主要来自畜禽粪便及其冲洗废水。粪尿排放量因畜种、养殖场性质、饲养管理、气候和季节等因素而异。例如，牛的粪尿排放量显著高于其他畜禽；禽类粪尿混合排出，总氮含量较高；夏季饮水量增加，禽粪含水量也显著提高。畜牧养殖废水，如养猪场、养牛场、养鸡场产生的废水，含有高浓度的铵态氮 NH_4^+-N、化学需氧量（COD）、总磷（TP）以及重金属如 Cu^{2+} 及 Zn^{2+}。例如，养猪场废水的 NH_4^+-N 浓度可达 $600\sim2000\text{mg}\cdot\text{L}^{-1}$、COD 可达 $5000\sim10000\text{mg}\cdot\text{L}^{-1}$、TP 可达 $100\sim500\text{mg}\cdot\text{L}^{-1}$、$Cu^{2+}$ 及 Zn^{2+} 分别可达 $2\sim30\text{mg}\cdot\text{L}^{-1}$ 及 $5\sim80\text{mg}\cdot\text{L}^{-1}$，远超国家畜禽养殖废水的排放标准。未经处理的畜牧养殖废水若直接排放到河流，可能导致水体富营养化、溶解氧降低、水质变黑发臭；若排放到农田，会引起土壤中 N、P 及重金属污染，这些污染物可能通过土壤渗透到地下水中，进而污染地下水源，对当地及周边的水质和生态环境造成严重威胁。

8.1.1.2 食品加工废水

食品加工行业是一个对水资源需求极高的行业，水贯穿整个生产过程，扮演着关键的角色。食品加工企业使用大量的水作为工业用水和清洗水，因此产生了大量的废水。食品加工产生的废水主要来源于三个环节：一是处理原料后剩余的废液；二是分离与提取过程中产生的废母液和废糟；三是用于清洗设备和地面以及冷却设备的水。由于食品加工工业使用的原料通常是可食用的，废水中不含有毒有害物质，因此具有良好的生物降解性。食品加工废水的 BOD_5/COD 通常大于 0.4，某些发酵类食品废水的比值甚至可高达 0.84，表明其有较高的生物降解潜力。此外，废水中含有多种微生物，包括潜在的致病菌。这些废水通常为高浓度有机废水，五日生化需氧量（BOD_5）超过 $500\text{mg}\cdot\text{L}^{-1}$，需要妥善处理以防对环境造成影响。

8.1.1.3 垃圾渗滤液

垃圾填埋厂在处理垃圾过程中会产生大量的垃圾渗滤液，这种液体通常是高浓度的有机废水，含有丰富的固体悬浮物、无机污染物和有机污染物。垃圾渗滤液的产生主要受以下因素影响：①自然降水，这是垃圾渗滤液的主要来源之一，降雨通过垃圾层渗透形成渗滤液；②地表径流，垃圾填埋场的地形地貌导致部分地表水汇流至垃圾区，形成渗滤液；③垃圾本身的水分，垃圾中本来含有的水分以及运输和填埋过程中吸附的水分也是渗滤液的重要来源。垃圾渗滤液通常呈深褐色或黑色，伴有强烈的恶臭，色度较深。其水质受多种因素影响，具有复杂的污染物成分，包括各种有机烃类及其衍生物、酸酯类、醇酚类等。这些成分的种类和浓度在不同填埋场和不同时间段可能有显著差异。垃圾渗滤液中的一个关键特征是高氨氮含量，通常在 $1000\sim3000\text{mg}\cdot\text{L}^{-1}$，总氮（TN）的 70%～80% 是以氨氮形式存在。随着填埋时间的延长，渗滤液的总有机碳浓度基本稳定在 $60000\sim70000\text{mg}\cdot\text{L}^{-1}$，$BOD_5$/COD 在填埋初期为 $0.4\sim0.6$，而在填埋后期通常降至 0.2 以下，反映了生物降解性的变化。

8.1.2 固体废弃物

厌氧发酵不仅适用于处理有机废水，还广泛应用于处理多种类型的固体有机废弃物。主要的固体废弃物类型包括：农业废弃物（作物秸秆、农业副产品和畜禽粪便）、城市有机废弃物（厨余垃圾和绿化垃圾）、工业有机废弃物（食品加工废弃物和造纸污泥）、污水处理厂污泥（初沉污泥和二次污泥）以及其他有机固体废弃物（纺织废弃物及园林废弃物）。这些固体有机废弃物富含有机物质，通过厌氧发酵处理可以有效地将其转化为生物燃气（主要是甲烷），同时减少环境污染，实现资源化利用。

8.1.2.1 餐厨垃圾

餐厨垃圾，包括餐饮垃圾和厨余垃圾，主要来源于食品的生产、运输、分配和消费过程中的废料和残余。这类垃圾的特点包括高水分和有机物含量、易腐败性以及容易滋生病原微生物和霉菌毒素。其主要成分包括蔬菜（30.13%）、大米（14.55%）、水产品（11.43%）和小麦（10.39%）。餐厨垃圾拥有高有机灰分、疏松的物理结构、高盐分和油脂含量以及低碳氮比（C/N）。其中，碳水化合物、蛋白质和油脂的含量分别为 11.4%～88.7%、3.0%～37.3%以及 4.4%～40.4%的总固体（TS）。这些特性使得餐厨垃圾成为一个待开发的资源，具有转化为能源和其他增值产品的巨大潜力。因此，开发适合的餐厨垃圾资源化利用技术显得尤为重要，这不仅能增加餐厨垃圾的利用价值，还有助于环境保护和资源回收。

8.1.2.2 禽畜粪便

禽畜粪便是一种富含有机物和多种营养成分的资源，其中挥发性有机物占比高达 75%。此外，粪便还富含 N、P、K 等农作物所需的营养元素，蛋白质含量在 15.8%～23.5%之间。例如，牛粪中的纤维素含量可达 22%，半纤维素则约为 12.5%。研究发现有机质含量由高到低的顺序为羊粪＞猪粪＞牛粪＞鸡粪[1]。其中羊粪的有机质含量最高，达到 73.88g·kg^{-1}；猪粪中的有机质含量为 65.47g·kg^{-1}；牛粪的有机质含量为 53.56g·kg^{-1}；而鸡粪的有机质含量最低，为 47.87g·kg^{-1}。鸡粪中铵态氮含量最高，为 4.78g·kg^{-1}，并且在这些粪便中，鸡粪的总氮也是最高的，每千克达到 9.84g，而牛粪的含量最低，每千克仅为 4.37g。这些数据表明禽畜粪便具有作为农业肥料以及生物能源原料的潜力，其高有机质和营养成分使其成为环境可持续管理和资源化利用的重要对象。

8.1.2.3 农业废弃物

常见的农业固体废弃物包括稻草、麦秸、玉米秸和稻壳等。一般而言，这些农作物秸秆的木质纤维素总含量占干重的 70%～80%，其中纤维素 40%～50%，半纤维素 25%～30%，木质素 15%～20%。这些农业废弃物含有高比例的木质纤维素，如图 8-1 所示，其中纤维素是长链高分子化合物，由 β-1,4-糖苷键连接的葡萄糖单元组成，分为无定形区和结晶区。无定形区的分子排列不整齐、结合松散，因此易于分解。相对地，结晶区内的葡萄糖亚基排列紧密且有序，形成不透水的类晶体网状结构，降解难度较高。半纤维素是由不同类型的五碳糖和六碳糖构成的异质多聚体，存在于植物细胞壁中，呈稳定的絮状。它比纤维素更易降解，但通常与纤维素交织在一起，需要纤维素部分水解后才能完全降解。木质素，作为一种复杂的高分子有机物，主要由苯基丙烷结构单元通过 C—C 和 C—O—C 共价键形成的三维网络构成。木质素与半纤维素共同填充在细胞壁纤维间，形成坚固的结合层，环绕着纤维素。

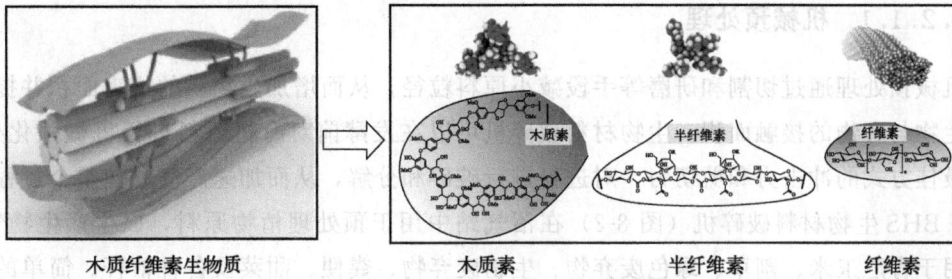

图 8-1　木质纤维素生物质三组分结构

8.1.2.4　剩余污泥

剩余污泥，也称为"剩余活性污泥"或"二沉污泥"，是污水处理系统中活性污泥微生物通过消耗污水中的有机物质以产生能量的过程中生成的。这些微生物在新陈代谢过程中部分死亡，并从二沉池（沉淀区）排出，形成剩余污泥。该污泥中无机质含量较高，主要以 $30\sim50\mu m$ 的微细砂为主，占比为 $50\%\sim65\%$。此外，剩余污泥含有大量水分、氮、磷、钾及微量元素，但也包含难降解的有机物（如粗脂肪、木质素、腐殖质）、重金属和细菌病原体等有害物质。剩余污泥中的有机组分占 $59\%\sim88\%$，其含量受污泥龄和初沉池设施等因素影响。这些有机物在降解过程中可能产生恶臭气体。此外，剩余污泥中绝大多数为水分，含量超过 95%，使得其流动性和混合性与污水相似。剩余污泥中的有机组分包括 $50\%\sim55\%$ 的碳、$25\%\sim30\%$ 的氧、$10\%\sim15\%$ 的氮、$6\%\sim10\%$ 的氢、$1\%\sim3\%$ 的磷以及 $0.5\%\sim1.5\%$ 的硫。污泥中通过水解发酵生成的挥发性脂肪酸可用作生物营养物去除工艺的外碳源，而其他营养元素则可应用于土壤改良。

8.2　原料的预处理

在厌氧发酵过程中，通过对物料进行预处理可以有效增强水解效率，从而提高产氢烷的比率。针对高木质纤维素含量的废弃物，常用的预处理方法主要包括物理、化学、物理化学和生物四大类。每种方法的作用原理各不相同，具有独特的特性，因而预处理效果也存在一定的差异。

8.2.1　物理方法预处理

物理方法预处理通过缩小物料粒度或打破其结构有序性，有效扩大了物料与酶的接触面积，从而提高了厌氧发酵中水解步骤的效率。这种预处理方式特指不涉及化学物质使用和微生物活动的方法，例如机械破碎、微波辐照和超声波处理等。这些技术通过物理手段改变生物质的物理性质，从而促进生物反应过程。

8.2.1.1 机械预处理

机械预处理通过切割和研磨等手段减小原料粒径，从而增加生物质的比表面积并提高发酵微生物与底物的接触面积。生物材料破碎机可以在发酵前对有机原料进行机械强化处理。通过最佳方式的冲击力和剪切力，对进料进行破碎和分解，从而加速产气并使整个过程更加稳定。BHS生物材料破碎机（图8-2）在沼气站中用于预处理植物原料，以生产生物气体。它适用于青贮玉米、割草、绿色废弃物、生物废弃物、粪便、甜菜及各种秸秆。简单的粉碎预处理就能显著改善厌氧发酵效果。通常，为了优化预处理效果，会先进行研磨预处理，这有助于缩短发酵的启动及整个发酵周期。研究表明，机械研磨后的市政废弃物平均粒径降低5%～25%，使得厌氧发酵过程中的水解速率提高23%～59%，甲烷产率也相应增加了30%以上。然而，在对农业和森林废物进行混合厌氧消化的实验中发现，当粒径减小到一定程度后，甲烷产量的增加变得不再显著。因此，找到适当的粉碎程度与厌氧发酵效率之间的平衡至关重要。

图8-2 BHS生物材料破碎机

8.2.1.2 超声波预处理

超声波预处理主要采用超过20kHz频率的超声波辐照，以提高生物质的水解速率和生物降解性。超声作用主要通过空化效应实现，在极短的时间和微小的空间内，超声能产生超过5000K的高温和约505MPa的高压，温度变化率高达$1010K \cdot s^{-1}$。气泡崩溃时产生的高压冲击波和微射流能够破坏固-液体系中的纤维素结晶结构，使其变得相对蓬松，从而促使溶剂深入纤维素颗粒内部，提高溶剂的可及性。此外，超声还可破坏纤维素分子内和分子间的氢键，降低结晶度，提高反应活性。经过超声波预处理的纤维素用于液化制备生物油，可以在较短的时间和较低的温度下获得高产率的生物油，同时避免了使用酸碱等腐蚀性物质。此外，超声波预处理还可促进木质素的解聚和分离。研究表明，这种方法对废弃木质纤维素原料如作物青贮饲料、小麦秸秆、干草和污泥的降解具有显著效果。

8.2.2 化学方法预处理

化学方法预处理利用化学品，如酸、碱和离子液体等，来改变生物质的物理化学性质。这种方法通过化学溶剂与木质纤维素反应，有效去除木质素和半纤维素，降低纤维素的结晶度，从而增强水解过程。这一预处理手段不仅提升了生物质的可接触面积，还增强了酶对纤维素的作用效率，进一步促进了生物质的降解和转化。

8.2.2.1 酸预处理

酸预处理涉及使用强酸或稀酸，如硫酸（H_2SO_4）、盐酸（HCl）、硝酸（HNO_3）、磷酸（H_3PO_4）以及其他有机酸。通常，无机酸的添加浓度介于1%～4%（基于干重），而有机酸的浓度更高（例如乙酸35%～80%）。酸溶液容易断裂糖苷键，能够分解一部分半纤维素和纤维素，从而加强水解过程。例如，使用6%H_2SO_4预处理水稻秸秆能显著提高厌氧发酵的产气量，最高生物燃气产量达到150mL·g^{-1}，比未处理的对照组高出99.8%[2]。硫酸是最常见的无机酸，0.5%～2.5%的硫酸在130～190℃条件下预处理辣木果荚10～30min，可以降解24.7%～50.2%的半纤维素。然而，无机酸无法降解木质素。有机酸虽然酸性较低，但能分解一部分木质素，因此适用于处理高木质纤维素含量的废物，常用的有机酸包括甲酸、乙酸、丙酸、富马酸（反丁烯二酸）、马来酸（顺丁烯二酸）和草酸等。使用甲酸和乙酸的混合溶液（甲酸∶乙酸∶水＝2∶2∶1）在107℃下预处理芒草3h，成功去除了79.6%的木质素[3]。酸的浓度、预处理时间和温度是影响水解效果的关键因素。酸预处理可能产生糠醛和甲基糠醛等抑制性副产品，这些物质会对厌氧发酵过程中的微生物产生毒性抑制作用。

8.2.2.2 碱预处理

碱预处理是处理高木质纤维素含量废弃物的一种常见方法。这种方法通过使用碱性化学试剂如NaOH、$Ca(OH)_2$、KOH、Na_2CO_3和氨溶液等去除半纤维素和木质素，同时能使纤维素在碱液中膨胀甚至溶解，显著降低其结晶度。使用1%～10%的NaOH溶液在40℃下预处理小麦秸秆24h后，厌氧发酵的产甲烷率提升了14%～47%。固体碱预处理技术也越来越受到关注，它能解离木质素并破坏木质纤维素致密的三维聚集态结构，从而提高木质纤维素的转化效率。研究表明，经过固体碱预处理的椰子皮中，小分子有机物的得率高达64%。有研究使用CaO/MgO固体碱预处理狼尾草后，木质素含量减少了54.2%，狼尾草的酶解过程中葡聚糖的得率从41%增加到81%，且固体碱在经过四次循环使用后没有明显的活性损失[4]。虽然碱预处理被认为是经济且广泛应用的方法，但在处理过程中常会发生皂化反应，这可能降低乙酸和葡萄糖的产率。此外，过量的碱液还可能抑制后续厌氧发酵过程中微生物的生长和代谢。

8.2.2.3　有机溶剂预处理

有机溶剂预处理能够提升酶水解速率，降低木质素和半纤维素含量，并断裂木质素与纤维素之间的化学键。此外，这些溶剂在后续的发酵过程中可以被生物降解，避免对环境造成危害。常用的有机溶剂如草酸、水杨酸、乙酰水杨酸、乙醇、甲醇、丙酮、甲酸、乙酸和甘油等，均具有较低的沸点。这种预处理不仅降低木质素含量，还能增强木质纤维素的结晶度，破坏木质素的物理结构，从而提高预处理后纤维素原料的酶可及性，加速木质纤维素的水解速率，并提高生物产量（如乙醇等）。温度是影响有机溶剂预处理效果的关键因素，高于185℃时，无需添加剂即可达到良好的预处理效果；而低于185℃时，则需加入酸性催化剂以优化效果。然而，有机溶剂的毒性较大，不仅对人类健康构成威胁，还可能抑制微生物和酶的活性。

8.2.2.4　离子液体预处理

离子液体预处理是一种在较低温度下（通常低于100℃）进行的环境友好型预处理方法。这种液体具有广泛的适宜温度范围、强电离极性、高能量和化学稳定性、低燃性、低蒸气压，并具有良好的溶解性。离子液体主要包括各种咪唑盐，如 N-甲基吗啉-N-氧化一水合物、1-正丁基-3-甲基咪唑氯化物（BMIMCL）、1-烯丙基-3-甲基咪唑氯化物（AMIMCL）、1-丁基-3-甲基氯化吡啶鎓（MBPCL）和苄基二甲基十四烷基氯化铵（BDTACL）。这些离子液体在低温条件下能有效地降解木质纤维素，提高木质纤维原料的降解率。因其环保特性，离子液体已成为木质纤维素原料预处理中广泛使用的试剂。

8.2.3　物理化学方法预处理

8.2.3.1　蒸汽爆破预处理

蒸汽爆破预处理是一种结合了物理和化学作用的高温预处理方法，广泛用于处理木质纤维素原料。在此过程中，木质纤维素颗粒先被加压蒸汽加热几秒至几分钟，随后通过瞬间释放压力至大气压，使浓缩的水蒸气迅速释放，同时木质纤维素基质也被迅速分解。这一过程不仅涉及高温蒸汽的热作用，还包括瞬间减压和水分蒸发的物理作用以及水分子对纤维素的水解作用。蒸汽爆破能够断裂木质纤维素的结构，剪切和水解糖苷键，从而增强纤维素与纤维素酶的接触面积。此外，半纤维素的水解可产生有机酸，如乙酸、甲酸和乙酰丙酸，这些由半纤维素的官能团释放。在高温下，水本身也起到酸性试剂的作用，有助于这些反应的发生。然而，使用酸性试剂如硫酸或二氧化硫进行蒸汽爆破时，可能会产生抑制后续厌氧发酵的有害物质。因此，经过酸性蒸汽预处理的木质纤维素原料通常需要用水冲洗以减少有害物质的残留。例如，使用2%硫酸在200℃下对玉米秸秆进行预处理5min，并在50℃下水解24h后，与未处理的玉米秸秆相比，还原性糖的产量提高了四倍。这些结果突显了蒸汽爆破预处理在温度和时间选择上的重要性，以及适当后处理的必要性以最大化预处理效果。

8.2.3.2 氨纤维爆破预处理

液体氨基于蒸汽爆破的过程被用于木质纤维素原料的预处理，称为氨纤维爆破。该方法在预处理参数优化中考虑四个主要因素：氨水含量、水含量、反应时间和反应温度。此预处理过程涉及短时间（< 30min）、高压（1.72~2.06 MPa）和中等温度（60~120℃）的应用，随后迅速释放压力。与传统的蒸汽爆破不同，氨纤维爆破会产生一种泥浆状物质，氨水因其低沸点在预处理后完全挥发。这种预处理方法并不直接导致糖类物质的释放，因为半纤维素几乎不被溶解。然而，它有效地打开了木质纤维素的结构，显著增加了聚合物的表面积，进而提高了酶水解速率。氨纤维爆破预处理被证实能够提升多种木质纤维素底物的水解转化率，包括杨木、麦秆、苜蓿茎、柳枝稷、水稻秸秆和玉米秸秆。这一方法的应用有望显著提高木质生物质的处理效率和最终产物的产率。

8.2.3.3 超临界二氧化碳预处理

超临界二氧化碳预处理采用了与蒸汽爆破和氨纤维素爆破预处理类似的原理，但其显著特点是所需温度更低，成本也较低。该方法的临界温度为 31℃，临界气压为 7.4MPa。超临界二氧化碳结合了气体的低黏度和液体的高密度，使其能更有效地渗透木质纤维素原料。此外，当二氧化碳溶于水形成碳酸时，其轻微的酸性能起到催化作用，同时因为酸性较弱，腐蚀性也相应降低。预处理过程完成后，二氧化碳会挥发，因此不产生废弃物，也无需进行进一步的回收处理。在实际应用中，在 21.37MPa 和 165℃的条件下对含水量为 73% 的白杨木和南部黄松进行超临界二氧化碳预处理 30min，能显著提高木材的还原性糖产率，效果优于未经预处理的样本。这种方法不仅效率高，而且环保，适合大规模应用。

8.2.3.4 水热预处理

水热预处理是一种利用高温水分子（160~220℃）在压力下与木质纤维素反应的方法，持续时间约为 15min。与蒸汽爆破预处理不同，水热预处理中没有快速减压和膨胀的过程；其目的是通过加压保持水分子的液态状态。这种预处理方法已被广泛应用于各类木质纤维素原料，如玉米芯、甘蔗渣、玉米秸秆、小麦秸秆和黑麦草等。水热预处理能有效溶解超过80% 的半纤维素，从而显著提高纤维素的水解率。预处理后的产物主要由富含纤维素的固体物质、水分和溶解的半纤维素以及含量较低的毒性物质（或无毒性物质）组成。为了降低有毒物质的生成和防止还原性糖的分解，必须控制预处理环境的 pH 值在 4~7 之间。例如，在 190℃条件下对玉米秸秆进行了 15min 的水热预处理，并优化了 pH 值，实现了高效的半纤维素溶解和最低限度的有毒物质产生，成功地将 80% 的纤维素转化为还原性糖[5]。这种方法的应用表明，通过精确控制预处理条件，可以极大提升木质纤维素材料的转化效率。

8.2.4 生物方法预处理

厌氧发酵原料的生物方法预处理涉及使用微生物和酶来处理原料,这种方法具有成本效益高和环境污染低的优点。通过这种生物方法,可以有效地改善原料的可发酵性,从而增强厌氧发酵的效率和产量。这种预处理方式利用自然生物化学过程,不仅节约能源,而且减少了化学处理可能引起的环境负担。

8.2.4.1 真菌预处理法

真菌中的木腐菌在木质纤维素的生物降解中起着关键作用,主要包括白腐菌、褐腐菌和软腐菌。褐腐菌主要分解纤维素和半纤维素,这两者都是糖的聚合物,但对木质素的分解能力有限。软腐菌虽能在中温环境下降解木质素,但其速度非常慢。相比之下,白腐菌是自然界中主要的木质素降解者。研究显示,经过白腐真菌预处理的木质纤维素物质可在约30天内显著提升厌氧消化过程中的甲烷产量,平均增幅达50%[6]。白腐菌通过三种主要酶作用来分解木质素:木质素过氧化物酶、锰过氧化物酶和漆酶。例如,虫拟蜡菌这种白腐菌能有效降解木质纤维素原料中的木质素,从而优化原料的发酵条件。此外,白腐菌预处理后的秸秆不仅营养成分提高,而且木质素含量降低,增加了酶与底物的接触面积,从而提高发酵效率。典型白腐真菌及其常见预处理底物如表8-1所示。然而,真菌预处理需要为真菌提供适宜的生长环境,包括适当的含水量、温度、碳氮比和含氧量。在实际应用中,保持这些环境条件稳定是一大挑战。

表 8-1 典型白腐真菌及其常见预处理底物

菌种	处理底物
杏鲍菇(*Pleurotus eryngii*)	甘蔗、玉米、小麦、大米等
云芝(*Trametes versicolor*)	小麦、棕榈、桦木、云杉等
秀珍菇(*Pleurotus sajor-caju*)	云杉、桦木、大米、小麦等
香菇(*Lentinula edodes*)	棕榈、雪松、小麦、云杉等
亚红色蜡孔菌(*Ceriporiopsis subvermispora*)	玉米、甘蔗、雪松、小麦等
黄孢原毛平革菌(*Phanerochaete chrysosporium*)	小麦、桦木、云杉、大米等

8.2.4.2 酶预处理法

关于酶强化高木质纤维素含量废弃物水解的研究主要涉及纤维素酶、半纤维素酶、木质素酶以及这些酶的组合使用。这些酶因其特异性而针对木质纤维素的不同组分发挥作用,其中纤维素酶是提高农作物秸秆水解率的关键酶。研究表明,酶预处理可以显著提升废弃物的甲烷产率。例如,有研究发现,在50℃条件下经过16h固态纤维素酶预处理的酒糟废水产甲烷率为 209mL·g^{-1},提高了 52.2%,而液态纤维素酶预处理后的产甲烷率达到 295mL·g^{-1},增幅达 88.8%[7]。此外,直接向反应器添加胞外水解酶如纤维素酶和半纤维素酶也能促进厌氧发酵，利用商业水解酶对农业废物进行预处理后，甲烷产量提高了约15％。酶预处理的效果受到所使用的酶种类、活性、应用方式、底物特性及预处理条件等多种因素的影响。这种方法不仅提升了资源的转化效率，还为废弃物的生物转化提供了一种有效的技术路径。

8.2.5 联合预处理

联合预处理技术因其高水解率、低有害物质产生和短反应时间的特点，有效降低了运营成本并减小了环境影响。这种方法结合了多种预处理技术，如酸碱、碱与离子液体、硫酸与蒸汽爆破、超临界二氧化碳与蒸汽爆破、有机溶剂与生物试剂、生物与硫酸、生物与蒸汽爆破、微波与碱性试剂、微波与酸性试剂以及超声波与离子液体等。在这些方法中，酸碱联合预处理尤其受到关注。这种预处理通过酸性反应增加纤维素的比表面积，但通常需要高浓度的酸，可能导致副产物如乙酸的生成。为了减轻这一问题，通常先使用碱性试剂移除木质素，因为碱性预处理能有效溶解木质素，然后再进行酸性预处理。例如，研究表明，在使用氢氧化钠和过乙酸对甘蔗渣进行联合预处理时，首先在 95℃ 下用 10％氢氧化钠处理甘蔗渣1.5h，接着在 75℃ 下用 10％过乙酸处理 2.5h，最终通过这种联合预处理使酶水解率高达92.04％[8]。与单独的酸或碱预处理相比，联合预处理能在更温和的环境条件下实现更高的木质素降解率和有机物分解效率。

8.3 暗发酵产甲烷

8.3.1 暗发酵产甲烷影响因素

暗发酵产甲烷技术通过使用厌氧活性污泥来高效降解有机物。尽管如此，该技术的效率受到多个参数的影响，包括有机负荷、发酵温度、碳氮比（C/N 比）、氨氮浓度、挥发性脂肪酸、长链脂肪酸、pH 值、物料粒径和微量元素等。因此，为确保厌氧发酵的高效运行，必须优化这些条件，以创建最佳的环境。

8.3.1.1 有机负荷

有机负荷对厌氧发酵的影响显著。较低的负荷通常导致处理能力下降，而过高的负荷则可能引起过度酸化，从而导致发酵过程的失败。因此，维持一个适当的有机负荷是关键，它不仅能有效降解有机物，还能实现较高的甲烷产率。例如，研究显示，在批次式中温厌氧发酵中，餐厨垃圾的最大负荷为 $12.5g \cdot L^{-1}$，相应沼气和甲烷产率分别达 $430mL \cdot g^{-1}$ 和 $245mL \cdot g^{-1}$[9]。另有研究发现，当餐厨垃圾负荷为 $10.5g \cdot L^{-1}$ 时，甲烷产率可达 $445mL \cdot g^{-1}$[10]。尽管批次式发酵在产气量和有机物去除方面表现出较强的能力，它的处理能力仍低于序批式发酵。因此，在实际操作中，推荐采用序批式处理餐厨垃圾以提高效率。在目前的序批式发酵实践中，单独发酵餐厨垃圾时的最高进料负荷率可达 $9.2g \cdot L^{-1} \cdot d^{-1}$，此条件下挥发性固体（VS）去除率和甲烷产率分别为 91.8% 和 $455mL \cdot g^{-1}$。序批式发酵过程中厌氧污泥的浓度较高（含固率 $5\% \sim 10\%$），其中微生物浓度达到 1.09×10^{11} 细胞，这种高密度的微生物群体是高负荷条件下发酵稳定运行的关键。

8.3.1.2 C/N 比

微生物的生长依赖于营养元素（如碳源、氮源等）的适宜比例，其中 C/N 比是调控暗发酵过程的关键参数。这一比例不仅影响沼气的产率，还关系到发酵液中氨氮的浓度。适宜的 C/N 比可以促进微生物的生长，而 C/N 比过低或过高都可能导致厌氧发酵效率降低，甚至发酵过程的失败。传统上，理想的 C/N 比被认为是 $20 \sim 30$，但最近的研究指出，$15 \sim 20$ 的范围可能更为理想。例如，利用响应面技术分析了果蔬废弃物与餐厨垃圾混合时的最佳 C/N 比，发现在 $13.9 \sim 19.6$ 之间时，总 VS 去除率最高，尤其是当 C/N 比达到 19.6 时，厌氧发酵能够高效进行。在处理家禽粪便和秸秆时，C/N 比为 20 的情况下，有机质的降解速率超过了 C/N 比为 25 的情况，并且产甲烷菌生长的最适 C/N 比为 15。因此，为了保证暗发酵产甲烷过程的稳定性和高效性，实际操作中应控制 C/N 比在 $15 \sim 20$ 之间。这有助于优化系统的性能，提高甲烷产率。

8.3.1.3 氨氮

氨氮是在微生物分解蛋白质和氨基酸时产生的，主要以铵离子（NH_4^+）和自由氨（NH_3）的形式存在。自由氨尤其对厌氧发酵具有较高的毒性，因为它能穿透细胞膜，干扰细胞内质子和钾离子的平衡。温度的升高虽然可以加快厌氧微生物的生长速率，但同时也会提高氨氮浓度，对中温微生物的抑制作用比对高温微生物更为显著。氨氮还对发酵液中的 pH 有调节作用。当 pH 值升高时，氨氮的毒性增加，导致发酵液中的有机酸浓度上升，进而使 pH 值随之降低，降低后的环境又会使氨氮浓度减少。尽管氨氮浓度最终恢复到初始水平，这种调节过程会影响甲烷的产率。氨氮浓度在 $200mg \cdot L^{-1}$ 以下时，其作为氮源可支持微生物生长。然而，高浓度的氨氮容易抑制厌氧发酵过程。例如，研究发现，当氨氮浓度达到 $800mg \cdot L^{-1}$ 时，对厌氧发酵的抑制作用为 7%，并随氨氮浓度的进一步增加而加剧[11]。

8.3.1.4 温度

暗发酵产甲烷可以在中温（$20 \sim 45℃$）和高温（$45 \sim 60℃$）条件下进行。与中温相比，高温运行能在更小的沼气池体积和较短的水力停留时间内实现更高的有机质降解效率。温度升高有利于提升微生物酶的活性和代谢速率，加速有机质的分解。产甲烷菌在 $35℃$（中温）和 $55℃$（高温）时活性最高。如果温度过低，微生物的生长和代谢将减慢，从而降低产气效率；而温度过高时，细胞内的蛋白酶可能逐渐失活，同样会降低产气效率。相关研究探讨温度变化（10~35℃）对初沉污泥暗发酵的影响，发现在 35℃ 时挥发性脂肪酸的产率最高，达到 $340mg \cdot g^{-1}$[12]。这些研究结果表明，适宜的温度控制对提高厌氧发酵效率至关重要。

8.3.1.5　pH

不同类型的微生物对 pH 值变化的耐受性有所不同。产酸细菌可以在 pH4.0~6.0 内正常生长，而产甲烷菌则在 6.5~8.0 的 pH 范围内活跃。pH 值的变化影响脂肪酸的形态：在酸性条件下，脂肪酸以分子形态存在，易穿透微生物的细胞膜；而在碱性条件下，脂肪酸以酸根离子形式存在，其带电性质使其难以穿透细胞膜，从而减少了微生物的利用效率。此外，pH 值对酶的稳定性及多种化学反应的进行具有显著影响。因此，在厌氧发酵过程中维持稳定的 pH 是至关重要的，以支持微生物的最佳生长。在高有机负载率的情况下，产酸细菌的生长速率（$0.05~1.79h^{-1}$）远高于产甲烷菌（$0.008~0.173h^{-1}$），这可能导致挥发性脂肪酸积累过多，快速降低发酵液的 pH 值，进而抑制产甲烷菌的活性。因此，监控和调整 pH 值对于维持发酵过程的平衡和效率至关重要。

8.3.1.6　金属元素

金属元素如 K、Na、Ca、Mg、Zn、Mn、Ni、Mo 等对微生物生长至关重要，因为许多酶和辅酶类物质的合成依赖于这些元素。例如，Na^+ 在三磷酸腺苷（ATP）的合成中扮演着关键角色，因此金属元素对微生物活性有显著影响。适宜的金属元素浓度可以显著促进厌氧微生物的生长，如 Na^+ 的最适浓度为 $350mg \cdot L^{-1}$，在此浓度下，产氢菌和产甲烷菌活性较高；K^+ 的浓度保持在 $400mg \cdot L^{-1}$ 以下可提升中温和高温厌氧发酵的效率。然而，金属离子浓度过高则可能抑制微生物代谢。例如，当 Ca^{2+} 浓度达到 $2~4.5g \cdot L^{-1}$ 时，可引起中等程度的厌氧发酵抑制，而 Na^+ 和 Ca^{2+} 浓度达到 $8g \cdot L^{-1}$ 以上时，厌氧发酵受到严重抑制，沼气和甲烷产量明显减少。产甲烷菌对营养元素和微量金属元素的需求有特定的顺序：N、S、P、Fe、Co、Ni、Mo、Se、维生素 B_2、维生素 B_{12}。缺乏任何一种元素都会影响其生长和产气速率，只有在前一种元素充足的情况下，后一种元素才能有效促进产甲烷菌的活性。此外，多种重金属元素如 Cr、Zn、Cu 等在低浓度时可能促进产甲烷菌，但高浓度则具有抑制作用，且这些重金属共存时的毒性会大于单一存在时。因此，在厌氧发酵过程中，严格控制金属元素的浓度是促进发酵顺利进行的关键。

8.3.1.7　挥发性脂肪酸

挥发性脂肪酸（VFA）是指 C_6 及以下短链脂肪酸，主要包括乙酸、丙酸和丁酸以及少量的戊酸和异戊酸等。这些物质在有机物降解过程中产生，是厌氧发酵的关键中间代谢产物。然而，当 VFA 浓度达到 $6.7~9.0 mol \cdot m^{-3}$ 时，它们会抑制厌氧微生物活性，尤其影响产甲烷菌对有机酸和 H_2/CO_2 的降解能力。高浓度 VFA 和低 pH 值的组合可能导致严重的有机酸积累，进而严重抑制酸化阶段，使厌氧发酵过程受阻。这种抑制效应的机理是高浓度的有机酸穿透细胞膜，打乱细胞内的酸碱平衡，从而导致细胞失活。

8.3.2 暗发酵产甲烷电子传递路径

8.3.2.1 间接种间电子传递

在硫酸盐还原过程中，存在诸多不溶性电子受体，如腐殖酸、L-半胱氨酸、黄素、核黄素、蒽醌-2-磺酸盐和吩嗪等。然而，目前研究显示，只有氢气和甲酸在产甲烷过程中扮演电子载体的角色。氢化酶和甲酸脱氢酶的作用对于互营微生物群体通过胞外电子传递执行链式生化反应是至关重要的。这些微生物首先通过氢化酶催化质子还原成氢气，或通过甲酸脱氢酶将 CO_2 转化为甲酸盐。氢气与甲酸随后作为主要的传输媒介，将电子从供体传递至产甲烷菌内部的电子受体，如图 8-3 所示。

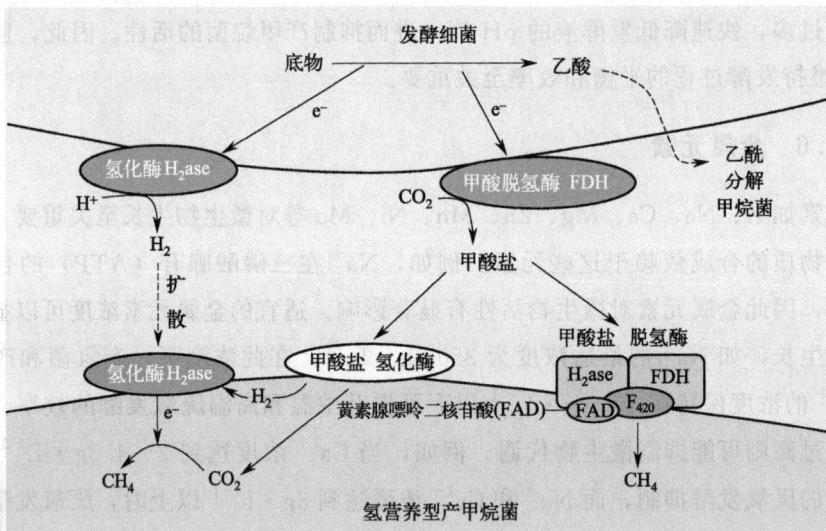

图 8-3　种间氢/甲酸传递示意图

（1）种间氢传递（IHT）

种间氢传递最初由布莱恩特（Bryant）等人[13] 在 1967 年提出，是在研究奥氏甲烷芽孢杆菌（*Methanobacillus omelianskii*）的培养物时发现的。他们分离出了两种微生物：一种名为"S 细菌"的革兰氏阴性、有运动性、厌氧杆菌，能通过氧化乙醇产生氢气；另一种则利用氢气生长并产生甲烷。单独培养时，"S 细菌"仅能产生少量氢气，且两者均无法独立产生甲烷。然而，当两者共同培养时，可观察到大量甲烷的产生。此外，当"S 细菌"与以甲酸和氢气为电子供体的瘤胃甲烷短杆菌（*Methanobrevibacter ruminantium*）共培养时，也能有效产生甲烷[13]。这些结果表明了"S 细菌"与某些产甲烷菌之间存在种间氢传递。随着研究的深入，已经发现了更多能通过建立种间氢传递路径的细菌和产甲烷菌，它们能够降解包括脂肪酸、醇类和苯甲酸在内的多种底物。此外，氢酶的作用对于这种电子传递至关重要，研究显示[14] 氢气代谢通路的抑制会导致互营菌停止生长和代谢，进一步强调了氢气作为电子载体在共培养体系中的重要性。

（2）种间甲酸传递（IFT）

在甲烷生成的互营代谢过程中，许多氢营养型产甲烷菌以甲酸和氢气为主要电子供体。例如，布氏共养生孢菌（*Syntrophospora bryantii*）在分解脂肪酸时，能同时生成氢气和甲酸。研究发现，与 *Syntrophospora bryantii* 共生的产甲烷菌能够有效地转化这两种物质。甲酸在甲烷生成过程中有两种转化途径：一是分解为氢气和二氧化碳，随后由产甲烷菌转化为甲烷；二是直接通过甲酸脱氢酶氧化为二氧化碳，并最终转化为甲烷。进一步的研究表明，甲酸在微生物共生产甲烷过程中扮演着关键的电子载体角色。在脱硫弧菌（*Desulfovibrio vulgaris*）和甲酸甲烷杆菌（*Methanobacterium formicicum*）的产甲烷体系中，种间甲酸传递相较于种间氢传递更为主要。此外，实验结果表明，通入氢气对甲烷产量无显著影响，但氯仿的使用可导致甲酸积累并抑制甲烷生成。相关研究通过基因组、转录组和酶活性分析探讨了沃氏共养单胞菌（*Syntrophomonas wolfei*）和嗜酸共养菌（*Syntrophus aciditrophicus*）共培养体系中的电子转移机制，发现两种微生物均具备多种氢化酶和甲酸脱氢酶基因，但缺少与胞外电子传递相关的外膜细胞色素和菌丝基因[15]。此外，还有报道称在脱硫弧菌（*Desulfovibrio*）和甲烷球菌（*Methanococcus*）的共培养体系中，甲酸还可以作为乳酸氧化过程中的电子传递介质。

8.3.2.2 直接种间电子传递

直接种间电子传递（DIET）首次被发现于金属还原地杆菌和硫还原地杆菌的共培养体系中（图 8-4）。在这一开创性研究中，金属还原地杆菌和硫还原地杆菌通过将乙醇氧化为琥珀酸同时还原柠檬酸盐。硫还原地杆菌的突变菌株不能利用氢气或甲酸，但该体系依然实现了电子传递，从而排除了种间氢传递和种间甲酸传递的可能性。此外，由于金属还原地杆菌无法通过氧化乙醇产生氢气来维持其新陈代谢，氢气作为电子载体的可能性也被排除。金属还原地杆菌在共培养中的基因表达模式显示了其参与胞外电子传递，而非依赖氢气或甲酸。进一步研究证实，产甲烷菌 *Methanosaeta harundinacea*（芦草杆状甲烷鬃毛状菌）能直接从金属还原地杆菌接收电子，并将 CO_2 还原为 CH_4[16]。转录组分析揭示了 CO_2 还原途径相关基因的高度表达。同位素追踪实验也证实了 *M. harundinacea* 直接接收电子的能力。类似地，巴氏甲烷八叠球菌（*Methanosarcina barkeri*）也显示了通过 DIET 参与甲烷生成的能力。此外，在乙醇代谢过程中，一种甲烷杆菌菌株 *Methanobacterium* strain YSL 能直接从金属还原地杆菌接受电子产生甲烷[17]。在其共培养体系中未检测到甲酸或氢气，持续的甲烷生成表明了 *Methanobacterium* strain YSL 的 DIET 参与能力。至今，*M. harundinacea*、*M. barkeri* 和 *Methanobacterium* strain YSL 已被证实能通过 DIET 途径将 CO_2 转化为 CH_4，显示出这一机制在甲烷生产中的关键作用。

在厌氧发酵产甲烷的过程中，直接种间电子传递（DIET）同样被发现。这一现象首次在处理啤酒废水的厌氧发酵反应器颗粒污泥中被识别。通过 16S rRNA 高通量测序分析这些污泥样本的微生物群落结构，研究发现典型的耗氢产甲烷菌只占产甲菌群序列的 6.1%，而耗乙酸产甲烷菌的相对丰度高达 87.8%。这表明啤酒废水厌氧发酵过程中种间氢传递并非通过消耗氢气实现。进一步的研究对颗粒污泥的电导率进行了测量，发现其电导率高于金属

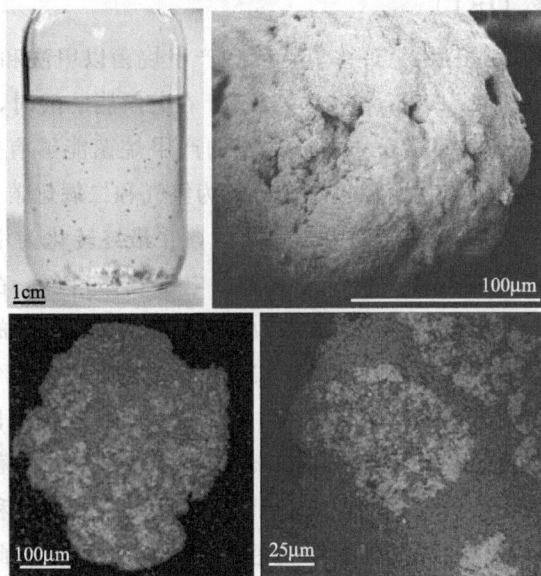

图 8-4　金属还原地杆菌和硫还原地杆菌共培养体系

还原地杆菌和硫还原地杆菌共培养体系形成的团聚体。通过比较啤酒废水处理厌氧反应器中不同微生物的丰度与污泥电导率，结果显示只有地杆菌的丰度与污泥电导率呈现线性相关性。产氢和产乙酸的典型菌种以及其他具备胞外电子传递能力的微生物并未显示这种趋势。地杆菌的丰度超过污泥中细菌总数的 25％，因此，DIET 被认为是这些厌氧发酵系统中微生物代谢啤酒废水并产生甲烷的主要机制。

与种间氢传递或种间甲酸传递不同，直接种间电子传递（DIET）的互营代谢不受氢气分压或甲酸浓度的限制。在间接电子传递中，产甲烷菌需通过氧化电子载体来获取电子，消耗额外能量。相比之下，DIET 中的电活性产甲烷菌能够通过电子纤毛（e-pili）或细胞色素 c 直接获得电子，省去了氧化过程的能量消耗，从而提升了能量效率。此外，由于 DIET 避免了氢气扩散的传质阻力，其电子传递速率显著提高。实际测量显示，直接种间电子传递的速率（$44.9 \times 10^3 \ s^{-1}$）是种间氢传递速率（$5.24 \times 10^3 \ s^{-1}$）的 8.6 倍，说明 DIET 是一种更高效、更快速的电子传递方式。通过添加导电介质或调整发酵操作条件，可以进一步促进 DIET，从而增强厌氧发酵产甲烷的效率。

8.4　光发酵制氢

在 1949 年，格斯特（Gest）等[18] 研究人员首次证实了光合细菌能通过光合作用利用有机物产生氢气。这类细菌可以利用多种小分子有机物，如乙酸、丁酸和苹果酸等，进行高效的底物转化。相比其他生物体，光合细菌的光合系统较为简单，因此在以乙酸为基质进行光合产氢时，所需克服的自由能较小，大约只有 $8.5kJ \cdot mol^{-1}$。光合细菌是原核生物，如图 8-5 所示，这些细菌主要通过分解有机物或利用还原态硫化物产生氢气，其中电子供体或氢供体包括有机物和硫化物。在光合细菌的氢代谢中，关键酶类包括固氮酶、氢酶和可逆氢酶。其中，固氮酶主要在产氢过程中发挥催化作用，由两种蛋白质组成：铁蛋白和钼铁蛋白。铁蛋白作为电子载体，将电子传递给钼铁蛋白，后者含有催化活性位点并进行催化反应。只有在这两种蛋白同时存在时，固氮酶才能发挥固氮作用，将分子氮还原为氨。在没有氮气的环境中，固氮酶则催化产氢，且不受反馈抑制。此外，光合电子传递链可以通过多次激活单个电子，维持氢离子梯度和 ATP 水平，从而不受三磷酸腺苷（ATP）消耗的限制。值得注意的是，在缺乏光照的环境下，光合细菌也能在氢酶的催化作用下，利用有机酸、葡萄糖、醇类等底物产生氢气，这一机制与严格厌氧细菌类似。

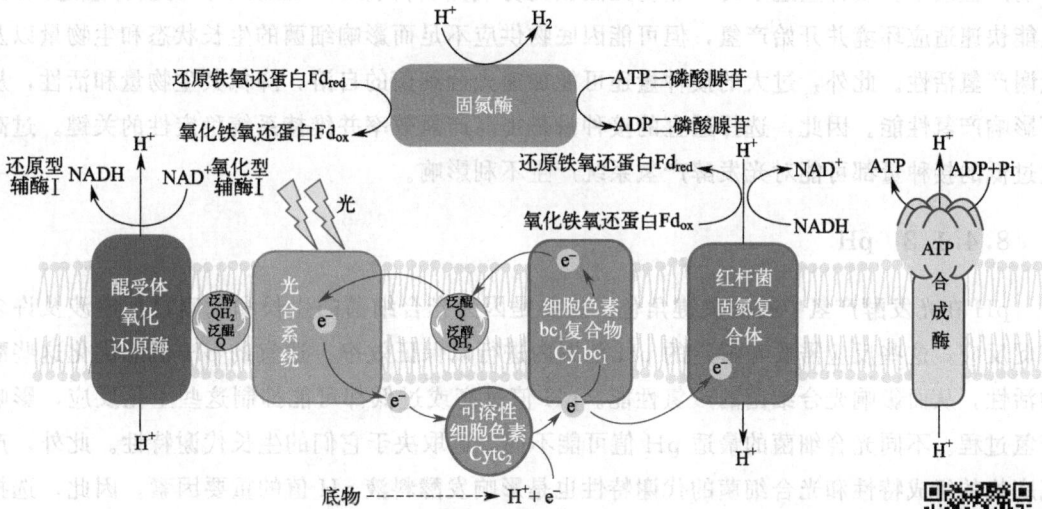

图 8-5　光发酵制氢原理[18]

8.4.1　光发酵制氢影响因素

光发酵制氢是一种复杂的光生化过程，其中光合细菌在厌氧光照条件下分解有机物以释放氢气。这一过程受多种因素影响，主要包括原料种类和底物浓度、光合细菌的菌龄和接种量、pH、光照以及环境温度等。这些条件共同决定了光合细菌产氢的效率和稳定性。

8.4.1.1　原料种类和底物浓度

光发酵产氢过程中，所使用的原料种类直接影响光合细菌的生长和产氢活性。这些原料提供的营养成分，如碳和氮的含量，是光合细菌生长和代谢的关键因素。不同的原料种类意味着营养物质的结构差异，这影响光合细菌对这些物质的代谢降解能力。例如，简单结构、小分子量的物质如葡萄糖，容易被光合细菌直接利用产氢。而复杂结构、大分子量的物质如纤维素或淀粉，则需要先经处理降解为小分子才能被有效代谢。底物浓度也是影响光合细菌产氢性能的关键因素。适当的底物浓度能够确保光合细菌获得足够营养，支持其生长和产氢。然而，底物浓度过低可能导致营养不足，影响产氢效率；而浓度过高则可能引起副产物过量积累，抑制正常代谢，降低产氢性能，并可能导致资源浪费。因此，控制适宜的底物浓度对维持光合细菌的持续代谢产氢至关重要。

8.4.1.2　光合细菌的菌龄和接种量

在光发酵产氢过程中，光合细菌的菌龄和接种量对产氢效果有显著影响。不同的生长阶段即不同菌龄的光合细菌会表现出不同的生理状态，这直接影响它们初期的生物量和胞内酶活性，进而影响生长和产氢能力。研究表明，处于对数生长期和稳定生长期的光合细菌生理状态较稳定，具有较高的生物量和酶活性，从而具备更强的产氢能力。接种量的适当与否也影响产氢效率。接种量过小时，底物无法被充分利用，降低了产氢效率。而接种量过大时，虽能快速适应环境并开始产氢，但可能因底物供应不足而影响细菌的生长状态和生物量以及代谢产氢活性。此外，过大的接种量还可能加速光合细菌的自溶，降低其生物量和活性，从而影响产氢性能。因此，选择适宜的接种量是提高产氢效率并维持系统稳定性的关键。过高或过低的接种量都可能对光发酵产氢系统产生不利影响。

8.4.1.3　pH

pH在光发酵产氢中扮演关键角色，主要是因为光合细菌的生长和代谢过程中涉及许多酶促反应，这些反应需要在特定的pH范围内进行以保证效率。适宜的pH值能优化这些酶的活性，从而影响光合细菌的产氢性能。pH值过高或过低都可能抑制这些生化反应，影响产氢过程。不同光合细菌的最适pH值可能不同，这取决于它们的生长代谢特性。此外，产氢底物的组成特性和光合细菌的代谢特性也是影响发酵料液pH值的重要因素。因此，选择与光合细菌生长代谢需求相匹配的产氢原料，并通过持续监测与调节发酵料液的pH值，是确保产氢系统高效稳定运行的关键。

8.4.1.4　光照

光照是光发酵产氢过程中不可或缺的能源，它直接驱动光合细菌分解有机物以进行代谢产氢。适当增加光照强度可以提升光合细菌的固氮酶活性和ATP水平，促进其生长和增加生物量，从而增强其产氢能力。然而，超过某一极限强度后，光合效率可能下降，影响产氢性能。光源的选择对光发酵产氢同样至关重要，因为不同的光合细菌只能吸收特定波段的光。选择与光合细菌光合色素相匹配的光源，可以优化光的吸收，避免光饱和效应，从而提高光转化效率和产氢效率。此外，不同波长的光产生的能量不同，这也会影响光合细菌对光的吸收和能量转化效率。因此，精选合适的光源是确保光发酵产氢过程高效进行的关键因素。

8.4.2 光发酵产氢反应器

光发酵产氢反应器是专为光发酵细菌设计的大规模培养和产氢设备。这种反应器主要包括几个核心部分:反应器主体、光照系统、搅拌系统、温控系统以及氢气的净化与收集系统。由于光发酵细菌产氢的关键酶对氮气和氧气极为敏感,反应器必须保持封闭且厌氧的环境,这不仅有助于光发酵细菌的纯培养,也便于氢气的有效收集。为了优化光能的吸收和转化效率,光发酵产氢反应器设计时需确保有较高的表面积与体积比。目前报道的光发酵产氢反应器类型包括管式反应器、柱式反应器和平板式反应器等,各自具有不同的设计特点以满足特定的操作和性能需求。这些设计都旨在提高光能利用率和产氢效率,确保过程的经济性和可持续性。

8.4.2.1 管式反应器

管式光发酵产氢反应器是使用透明材质构造的管状设备,设计成多种形状,以优化光照利用。这些反应器通过透明管道,结合外部光源来培养光发酵细菌并促进氢气的产生。常见的管式反应器设计包括垂直管式、水平管式、螺旋管状以及 α-管式反应器,每种设计都旨在提高系统的光利用效率和产氢效果。这些不同形状的管式结构有助于最大化空间利用,并确保光照均匀到达培养体系中的每一部分。有人研究了垂直管式反应器对三角褐指藻 (*Phaeodactylum tricornutum*) 生长的影响[19],发现其生长速率可达 $0.022h^{-1}$,生物量浓度达到 $4kg \cdot m^{-3}$。管式反应器因其高表面积与体积比、高透光率、低建造成本和低污染风险等优点,被认为是提高生物量和光能转化效率的有效工具。然而,这类反应器的主要缺点包括温度控制困难和随氢气产生容易发生气塞现象,这会影响气体传质。

8.4.2.2 平板式反应器

平板式反应器由方形透明平板构成,其尺寸通常约为 1m,深度介于 1~5cm 之间。这种反应器一般采用垂直光线照射,太阳光单侧照明,因其高光利用率、易于放大培养和清洁、结构简洁且容易调整角度以获得最佳光照效果,平板式反应器广受欢迎。此外,它们易于制造,可以根据具体需求设计不同的入射深度和操作条件,使其成为非常实用的光生物反应器。在相关研究中,使用 8L 的平板式反应器研究了类球形蜡色杆菌 (*Rhodobacter sphaeroides* O. U. 001,现称为 *Cereibacter sphaeroides*) 利用乙酸、乳酸、苹果酸和橄榄研磨厂废水产氢的性能[20]。结果显示,在苹果酸浓度为 $15mmol \cdot L^{-1}$ 时,产氢效率达到 $10mL \cdot L^{-1} \cdot h^{-1}$,而以橄榄研磨厂废水为底物时,产氢效率可达到 $11.4\ L\ H_2 \cdot L^{-1}$ 废水。在平板式反应器中使用人工光源卤灯,研究不同光照入射深度对 *Cereibacter sphaeroides* RV 产氢的影响,发现随着入射深度的增加,产氢效率逐渐下降,因暗区面积增加导致光利用效率降低。

8.4.2.3 柱式反应器

柱式反应器由玻璃柱构成,内部空间利用磁力搅拌进行混合,外部通过水套或气浴来控制温度。这种反应器因均匀混合和易于温控的特点，在研究中得到广泛应用。例如，有研究在 1.5L 柱式反应器中，采用连续流培养方式，研究了荚膜红细菌（*Rhodobacter capsulatus*）使用混合酸为底物时的产氢特性[21]。当使用 $1.9g \cdot L^{-1}$ 的乙酸、$0.4g \cdot L^{-1}$ 的丙酸和 $0.8g \cdot L^{-1}$ 的丁酸作为底物时，他们记录到的最大产氢速率为 $14.5mL \cdot L^{-1} \cdot h^{-1}$。这些研究展示了柱式反应器在光发酵产氢领域的有效性和实用性。

8.4.2.4　其他类型的光发酵产氢反应器

近年来，基于传统三种基本反应器设计，研究者们开发出了多种新型反应器。为解决平板式反应器搅拌不均的问题，有研究设计了摇摆板式产氢反应器，这种设计使用直流电动机和偏心轮实现反应器的摇摆运动，从而达到培养基均匀混合的效果[22]。与传统板式反应器相比，摇摆板式反应器的累积产氢量达到（492 ± 10）mL，最大产氢速率为 $11mL \cdot L^{-1} \cdot h^{-1}$。此外，基于柱式反应器开发了环流型产氢反应器，使用猪粪污水作为产氢基质，探讨了光合产氢的关键工程控制参数，包括污水温度、基质浓度、pH 值、光照强度及氧化还原电位等，以优化光发酵细菌产氢的效率。另有研究开发了环形产氢反应器，这种改进的柱式设计使得生物量增加了 6 倍，氢气产率提高了约 30 倍，显示出其在生物产氢领域的巨大潜力[23]。这些创新设计显著提升了产氢效率，为光发酵产氢技术的进步贡献了重要力量。

8.4.3　光发酵产氢研究展望

近年来，面对严峻的能源和环境挑战，越来越多的专家和学者开始关注光发酵产氢技术，并在此领域进行了广泛的研究，取得了显著的科学进展。当前光合细菌光发酵产氢的研究主要集中在以下几个方面：探索原料的产氢潜力、筛选和改造高效产氢菌株、优化产氢工艺、设计和开发高效光生化反应器以及研究光合细菌的代谢产氢机理。这些研究致力于提高产氢效率和降低生产成本，为解决能源和环境问题提供潜在的解决方案。

在产氢原料方面，研究主要集中于探索不同有机物（如有机废水、餐厨垃圾和农林废弃物等）的光发酵产氢潜力及其高效预处理技术，以提升原料转化率。鉴于光合细菌生长和代谢产氢对原料、环境条件的不同需求，研究者们广泛探讨了光发酵产氢工艺，尤其是优化影响产氢的因素，如原料种类、发酵温度、接种量、pH 值、底物浓度、缓冲液种类、光照强度和浓度等。尽管光发酵产氢是一个复杂的光生化过程，目前对光合细菌代谢产氢机理的研究还相对浅显，仅限于初步探索光合细菌内部的电子传递路径和酶促反应。因此，有关产氢机理的深入研究仍显不足，需进一步扩展和深化。在光生化反应器的开发上，目前多采用序批式产氢，而连续式产氢的光生化反应器较少。现有的反应器设计，如管式、板式和柱状结构，虽然简单，但在光、热、质的传递与利用方面存在局限，导致光转化效率和产氢效率不高。国际上，如日本和美国的研究主要集中于菌株选育和产氢工艺优化。国内，河南农业大学在光发酵产氢领域进行了大量研究，已开发出 $5m^3$ 和 $10m^3$ 规模的光生化制氢反应器，并从序批式实验过渡到连续式实验，采用外置光照和光纤内置光源等多种方式深入探索基于太阳能的光发酵生物制氢技术，取得了多项研究成果，目前该技术已进入中小规模示范阶段。

筛选高效产氢菌种的主要目标是提高氢气产生速率和底物转化率，以及扩大底物利用范围。由于传统光合产氢菌种已不足以满足现代制氢技术的要求，因此建立光合产氢菌的数据库，并从中筛选出具有高产氢速率、高转化率和广泛底物利用能力的菌株成为近年来的一个重要研究方向。现代生物信息学技术也被用于筛选高效产氢菌株。例如，有人从池塘淤泥中分离出了粪红假单胞菌（*Rhodopseudomonas faecalis*）RLD-53，并研究了其在最佳生长条件下的产氢性能[24]：在 pH 为 7、35℃ 和 4000Lux 光照强度下，用乙酸作为碳源和牛肉膏作为氮源时，该菌株的氢气得率可达 2.84 mol $H_2 \cdot$ mol^{-1} 乙酸，最大产氢速率为 32.62mL $\cdot$ $L^{-1} \cdot h^{-1}$。目前已在基因库中记录了超过 100 种氢酶基因序列，但许多已知光合产氢菌株的氢酶基因尚未明晰，因此获取更多的氢酶基因并了解其关键基因的功能是当前生物制氢研究的一个迫切需求。生物制氢研究也已逐步深入到分子水平，通过对氢酶基因的改造提高产氢效率。

8.5 光-暗耦合多级发酵产氢烷应用与展望

8.5.1 暗-光耦合发酵产氢主要影响因素

暗发酵与光合细菌产氢耦合的系统称为暗-光耦合生物制氢系统。暗发酵生物制氢以高效率和广泛的底物利用为优点，但其挥发性脂肪酸（如乙酸、丙酸、丁酸）的产生会导致能量损失，降低底物转化率。光发酵则能通过分解糖类和挥发性脂肪酸产生氢气。将暗发酵与光发酵耦合可以提高原料利用率并增加氢气产量，充分利用两种发酵的优势，如图 8-6 所示。添加钙镁饱和树脂和含磷生物炭可以在保持发酵过程稳定的同时，提高有机废弃物转化为氢气的效率。印度学者 Shiladitya 等人[25] 通过试验和数学方法在平板光发酵反应器中评估暗-光耦合生物制氢系统的性能，使用响应曲面法对发酵参数进行优化，成功提高了氢气产量和能量转化效率。这些研究展示了暗-光耦合生物制氢技术在提高能源回收和废物处理效率方面的重要潜力。

暗-光耦合发酵制氢的主要影响因素主要包括以下三大点。

（1）底物类型

研究者们已广泛探索了不同底物类型对暗-光耦合发酵制氢的影响。使用蔗糖作为产氢底物，发现暗发酵的产氢量为 3.8mol $H_2 \cdot$ mol^{-1} 蔗糖，而暗-光耦合发酵将产氢量提升到了 10.02mol $H_2 \cdot$ mol^{-1} 蔗糖，COD 去除率达到了 72.0%。采用葡萄糖进行研究，结果显示，暗-光耦合发酵制氢的产氢量从单纯暗发酵的 1.59mol $H_2 \cdot$ mol^{-1} 葡萄糖增加到 5.48mol $H_2 \cdot$ mol^{-1} 葡萄糖，热值转化率也从 13.3% 显著提升至 46.6%。同时，以稻草为底物，发现暗发酵的最大产氢量为 155 mL $\cdot$ g^{-1}，通过光发酵联合发酵尾液后，产氢量增加到 463.0mL $\cdot$ g^{-1}，接近理论值的 43.2%。这些研究表明，暗-光耦合发酵制氢不仅可以显著提高产氢效率，还能增加底物的能量利用率。

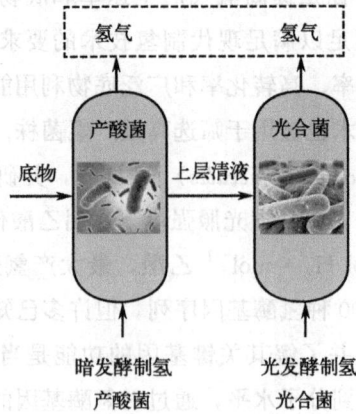

图 8-6 暗-光耦合发酵制氢途径

（2）底物浓度

底物浓度是暗发酵生物制氢和随后的光发酵生物制氢性能的关键因素。暗发酵尾液中底物的浓度如果过高，会抑制光发酵过程；如果太低，则可能不足以支撑光发酵的需要。采用活性污泥进行暗发酵产氢，使用木薯淀粉为底物，并以 *Rhodopseudomonas palustris* 进行光发酵。研究显示，在暗发酵底物浓度为 $10g \cdot L^{-1}$ 时，最大产氢量达到 $240.4mL \cdot g^{-1}$，而暗-光耦合产氢进一步将产氢量提升至 $402.3mL \cdot g^{-1}$，能量转化率从 $17.5\%\sim18.6\%$ 增加到 $26.4\%\sim27.1\%$。还有研究探讨了小麦暗发酵产氢尾液中不同底物和细胞浓度对光发酵产氢的影响[26]。他们发现，在底物浓度为 $2.5\ g \cdot L^{-1}$ 时产氢量最高，达到 $63.9mL \cdot g^{-1}$；而在细胞浓度为 $1.1\ g \cdot L^{-1}$ 时，产氢量最大，为 $156.8mL \cdot g^{-1}$。调整底物浓度对于优化暗-光耦合生物制氢系统非常关键，可以显著影响产氢速率和整体效率。因此，对底物浓度的精确控制和优化是提高暗-光耦合发酵制氢效率的重要策略。

（3）水力停留时间

水力停留时间对暗发酵和光发酵生物制氢性能有显著影响，同时对暗-光耦合生物反应器的体积匹配也至关重要。使用丁酸梭菌（*Clostridium Butyricum* CGS2）作为暗发酵产氢细菌和 *Rhodopseudomonas palustris* WP3-5 作为光发酵细菌，发现在 pH 为 $5.8\sim6.0$、温度为 37℃和水力停留时间为 12h 条件下，产氢速率达到 $0.22L \cdot h^{-1} \cdot L^{-1}$。在温度 37℃、光照强度 $100W \cdot m^{-2}$、pH 为 7 和水力停留时间为 48h 时，光发酵过程中使用暗发酵废液作为底物，暗-光耦合发酵制氢量达到 $16.1mmol \cdot g^{-1}$，COD 去除率为 54.3\%。此研究表明，从淀粉中通过暗-光耦合发酵制氢工艺能高效产生氢气。此外，有人利用活性污泥进行暗发酵和 *Cereibacter sphaeroides* 进行光发酵，研究了水力停留时间（$1\sim8$ 天）对产氢的影响[27]。他们发现，在水力停留时间为 8 天时，产氢量最大，达到 $3.4mol \cdot mol^{-1}$。采用周期性进料与发酵结合的方式，在较长的水力停留时间下获得了更高的产氢率。这些研究强调了水力停留时间在调节和优化暗-光耦合发酵制氢过程中的关键作用。

虽然研究者们已对暗-光耦合发酵制氢的产氢工艺进行了广泛研究，仍需深入探讨该过程的产氢机理。目前，规模化连续流暗-光多模式生物制氢的研究尚未广泛报道，这是生物制氢实现工业化发展的关键步骤。进行连续流暗-光耦合生物制氢的实验研究将是推动这一领域向实际应用转化的重要环节。

8.5.2 暗-暗耦合发酵产氢烷研究进展

在暗发酵产氢的过程中，除了产生氢气外，还会生成大量的挥发性脂肪酸和醇类，如乙酸、丙酸、乳酸、丁酸和乙醇等。这些中间产物需要经过进一步的降解。通过结合暗发酵产甲烷的过程，可以将这些有机酸进一步转化为甲烷。在单独的暗发酵产甲烷过程中，以葡萄糖为例，首先由水解产酸菌将糖水解为挥发性脂肪酸，同时产生氢气，如图 8-7 所示。在产生乙酸的阶段，挥发性脂肪酸会被转化为乙酸和氢气。接下来，在产生甲烷的阶段，氢气和乙酸分别由氢营养型甲烷菌和乙酸营养型甲烷菌转化为甲烷。然而，在两阶段发酵中，第一阶段的水解产酸菌作用导致葡萄糖产生挥发性脂肪酸和氢气，而氢气产甲烷的过程被调控阻断。因此，可以获得主要以氢气为基础的生物燃气。挥发性脂肪酸在产氢过程生成后，进入第二阶段的反应，由产乙酸菌作用转化为乙酸和氢气，然后与单独产甲烷过程相似地进行代谢反应，由两种不同营养型的产甲烷菌分别利用乙酸和氢气产生甲烷。

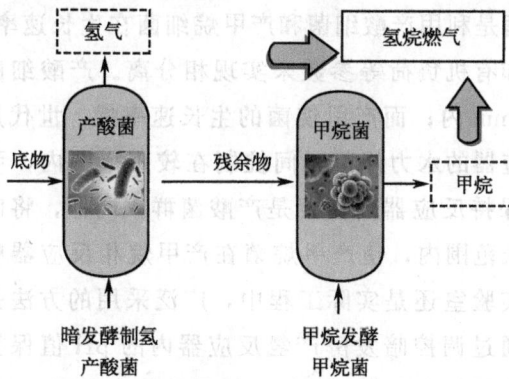

图 8-7　暗-暗耦合发酵制氢烷

此外，暗-暗耦合发酵制氢烷不仅提高了复杂基质在产甲烷阶段的降解效率，还增加了发酵系统的稳定性。有研究比较了麦麸在单独暗发酵产甲烷和暗-暗耦合发酵制氢烷中的表现，结果表明，在水力停留时间为 27 天时，暗-暗耦合发酵制氢烷的甲烷产率提高了 37%，并且能够在更短的水力停留时间和更高的有机负荷下运行[28]。另有研究探讨了暗-暗耦合发酵制氢烷对能量回收率的提升作用，发现相比单独暗发酵产甲烷，暗-暗耦合发酵制氢烷的有机废弃物能量回收率提升了 11%[29]。即使在进一步缩短水力停留时间和增加负荷的情况下，单独暗发酵产甲烷系统可能崩溃，而暗-暗耦合发酵制氢烷系统仍能正常运行。相较于单独的氢气和甲烷生物气体，氢烷混合气体具有明显的优势，主要表现在以下几个方面。首先，能量回收率更高。厌氧产氢与产甲烷的两阶段发酵能够实现能源的梯级回收和微生物群落的优化控制，使工艺更加灵活。其次，氢烷发酵工艺对有毒或难降解的复杂有机物具有更好的抗冲击能力。此外，氢烷作为一种新型生物燃料，由于氢气的加入，使其更加环保高

效。最后，氢烷比纯氢气更易于储存和运输。

目前对暗-暗耦合发酵制氢烷的研究主要集中在以下两个方面。

（1）相分离方法研究

相分离是暗-暗耦合发酵制氢烷处理工艺的首要步骤，其主要基于两类菌群的生理生化特征差异，采用物理化学方法和动力学控制法实现。

物理化学方法主要包括五种策略。①溶解氧浓度和氧化还原电位调控：利用产甲烷菌和产酸菌对溶解氧浓度和氧化还原电位的敏感差异，通过向产酸相反应器中补充适量氧气，调整反应器内的氧化还原电位，抑制产酸相中产甲烷菌的生长。②抑制剂投加：向产酸相反应器中加入产甲烷菌抑制剂，如氯仿、氟甲烷、四氯化碳等。③pH差异控制：利用产酸菌和产甲烷菌对反应环境pH的适应差异（产酸菌适宜pH为4.5~6.0，产甲烷菌适宜pH为6.9~7.3），分别控制两个反应器的pH进行相分离。④选择性半透膜：利用可通透有机酸的选择性半透膜，使产酸相反应器末端的有机酸进入产甲烷相反应器，实现产酸相和产甲烷相的分离。⑤高温预处理：在将活性污泥投放到产酸相反应器之前，先进行高温预处理，杀死污泥中的产甲烷菌孢子，抑制产甲烷菌的效果。这些物理化学方法通过选择性地促进相应相反应器内菌群的生长，实现相分离的目的。

动力学控制法的原理是利用产酸细菌和产甲烷细菌在生长速率和世代周期上的差异，通过控制水力停留时间和有机负荷等参数来实现相分离。产酸细菌的生长速率快，世代周期短，一般在10~30min内；而产甲烷菌的生长速率慢，世代周期长，通常为46天。因此，将暗发酵产氢反应器的水力停留时间控制在较短范围内，可以将世代时间较长的产甲烷菌冲洗出去，以保持反应器内主要是产酸菌群；同样，将暗发酵产甲烷反应器的水力停留时间保持在较长范围内，使产甲烷菌在产甲烷相反应器中得以保留，从而实现相分离。目前，无论在实验室还是实际工程中，广泛采用的方法是结合相分离方法和动力学控制法。一方面，通过调控暗发酵产氢反应器内的pH值保持在较低水平，另一方面，通过分别调控两反应器的水力停留时间，使两种菌群在适应的环境中成为优势菌群，最终实现相分离。

（2）两相反应器类型及选择

生物厌氧反应器主要分为接触式反应器、升流式厌氧污泥层（UASB）反应器、厌氧生物膜反应器及其他类型反应器。目前，暗-暗耦合发酵制氢烷系统主要采用两种工艺形式：①同类型反应器，暗发酵产氢和暗发酵产甲烷采用相同类型的反应器；②"Anodek工艺"，采用接触式反应器进行产氢和产酸，而其他类型反应器用于产甲烷。国内主要采用第一类反应系统，国外多采用第二类。升流式厌氧污泥层反应器（UASB）具有较高的比产甲烷活性，反应器内的污泥不易流失，能保持较高的生物量。由于固体停留时间远大于水力停留时间，UASB具有高容积负荷、高处理效率及高运行稳定性，常用于暗-暗耦合发酵制氢烷系统中的产甲烷相。厌氧生物膜式反应器的常见形式包括厌氧滤池、厌氧膨胀床、流化床及厌氧生物转盘。其共同特点是反应器内置生物填料，微生物在填料表面固定生长形成生物膜，从而在较短的水力停留时间内获得较长的固体停留时间，使反应器保持较高的污水处理效果。由于厌氧反应器无需考虑氧气传质问题，厌氧生物膜式反应器在厌氧消化工艺中具有较高的利用率。针对暗-暗耦合发酵制氢烷，研究人员还开发出多种高效厌氧反应器，包括内循环（IC）厌氧反应器、膨胀颗粒污泥床（EGSB）厌氧反应器、升流式厌氧污泥床滤层（UBF）反应器、厌氧折流板（ABR）反应器等。

暗-暗耦合发酵制氢烷工艺中反应器类型的选择主要取决于所处理基质的理化性质及其可生化性。在现阶段的研究中，主要有三种选择。①基质可生化性强、悬浮物含量低：产酸相选择完全混合式连续搅拌釜式反应器（CSTR）或 UASB 反应器等，产甲烷相选择 UASB 或 UBF 等反应器；②基质可生化性较差、悬浮物含量较高：产酸相和产甲烷相均采用完全混合式 CSTR，产甲烷相出水可根据实际情况选择是否回流；③基质含固量高且固体可生化性强：产酸相选择浸出床反应器，产甲烷相选择 UASB 或 UBF 等反应器，并回流部分产甲烷相的出水以提高产酸相的运行效果。在暗-暗耦合发酵制氢烷系统中，产酸相与产甲烷相被分开处理，分别在两个反应器中控制其最佳反应条件。首先，在第一个反应器中控制产酸阶段，将有机高分子物质、碳水化合物、蛋白质和脂肪分解为挥发性短链脂肪酸和氢气；然后，在第二个反应器中控制产甲烷阶段，产甲烷菌利用产酸阶段生成的挥发性短链脂肪酸生成甲烷。

8.5.3　多级耦合发酵产氢烷前景及展望

多级耦合发酵技术具有以下几个显著优势。首先，该技术可以处理多种有机废物，包括农业废弃物、城市有机垃圾和污水污泥等，不仅可以减少环境污染，还可以实现废物的资源化利用。其次，通过多级耦合发酵，可以显著提高氢气和甲烷的产量和产率。研究表明，通过优化发酵条件和微生物种群结构，可以实现氢气和甲烷的高效共生产。此外，该技术具有良好的环境友好性。多级耦合发酵过程在常温常压下进行，不需要高温高压或高能耗工艺，减少了温室气体的排放。尽管多级耦合发酵技术在实验室研究中取得了显著进展，但在实际应用中仍面临一些挑战。首先，如何优化发酵条件和微生物种群结构，实现氢气和甲烷的高效共生产是一个关键问题。不同有机废物的成分复杂多变，需要针对不同的原料开发相应的工艺技术。其次，发酵过程中的中间产物积累和抑制效应也是影响产氢烷效率的重要因素。研究人员需要深入研究发酵过程中的代谢途径和调控机制，开发出高效、稳定的多级耦合发酵工艺。此外，多级耦合发酵技术的产业化应用还需要解决一些工程技术问题，如反应器的设计和优化、微生物种群的管理和控制等。未来，多级耦合发酵技术在氢气和甲烷生产中的应用前景广阔。随着生物技术和环境工程技术的发展，多级耦合发酵工艺将得到进一步优化，氢气和甲烷的产量和产率将不断提高。通过与其他清洁能源技术的结合，如光伏发电、风能发电等，可以实现能源的多元化利用，提高能源利用效率。此外，多级耦合发酵技术还可以与废水处理、农业废弃物处理等环境工程技术结合，实现废物的资源化和能源的可持续利用。

氢气不容易储存，而甲烷的热值比较低，通过生物氢烷联产耦合技术，可以将生物氢气和生物甲烷在发酵产出时以一定比例混合，从而提高混合燃气的热值，同时更容易储存。此外，联产后的尾液渣还可以用于开发功能肥和缓释营养剂，提高农业废弃物的利用率，实现生物氢烷联产的高效性，开展基于废弃物的生物氢烷联产及尾液渣高值化利用技术的研究是非常必要的。开发秸秆类废弃物的光催化解聚预处理，可以提高纤维素降解率。开发生物氢气-生物甲烷联产耦合调控技术，可以实现废弃物资源多目标提质利用，提高系统有效率。开发适应不同地区、不同植物生长需求的缓释营养剂及功能肥技术，可以扩大缓释营养剂及功能肥的适用对象和使用范围。总之，多级耦合发酵产氢烷技术具有显著的环境和经济效益，是一种极具潜力的清洁能源生产技术。尽管目前仍面临一些技术和工程上的挑战，但随着科学技术的不断进步和研究的深入，多级耦合发酵技术必将在未来的氢能和甲烷生产中发挥重要作用。通过多学科的交叉融合和创新，将进一步推动该技术的产业化应用，实现能源的清洁、高效和可持续利用。

思考题

8-1. 垃圾渗滤液的产生主要受哪些因素的影响？

8-2. 原料预处理中，典型的物理化学方法有哪些？

8-3. 氨纤维爆破预处理的基本原理是什么？

8-4. 联合预处理技术可以由哪些预处理手段组成？

8-5. 影响暗发酵产甲烷的关键因素有哪些？

8-6. 暗发酵产甲烷电子传递路径有哪三种路径？

8-7. 请详细阐述光合细菌的产氢过程。

8-8. 影响光发酵制氢的因素有哪些？

8-9. 光发酵产氢反应器的类型都有哪些？

8-10. 暗-暗耦合发酵制氢烷的研究主要集中在哪几个方面？

参考文献

[1] 李林海. 畜禽粪便中的主要养分和重金属含量分析 [J]. 南方农业，2018，12 (23)：126-128.

[2] 覃国栋，刘荣厚，孙辰. 酸预处理对水稻秸秆沼气发酵的影响 [J]. 上海交通大学学报，2011，29：58-61.

[3] Vanderghem C, Brostaux Y, Jacquet N, et al. Optimization of formic/acetic acid delignification of *Miscanthus giganteus* for enzymatic hydrolysis using response surface methodology [J]. Industrial Crops and Products, 2012, 35 (1)：280-286.

[4] 赵月，谭雪松，亓伟，等. CaO/MgO复合固体碱预处理杂交狼尾草提高酶解率 [J]. 太阳能学报，2017，38 (5)：1447-1452.

[5] Laser M, Schulman D, Allen S G, et al. A comparison of liquid hot water and steam pretreatments of sugar cane bagasse for bioconversion to ethanol [J]. Bioresource Technology, 2002, 81 (1)：33-44.

[6] Rouches E, Herpoël-Gimbert I, Steyer J P, et al. Improvement of anaerobic degradation by white-rot fungi pretreatment of lignocellulosic biomass: A review [J]. Renewable and Sustainable Energy Reviews, 2016, 59: 179-198.

[7] 吕叔霞, 陈祖洁. 纤维素酶应用于酒精糟废水厌氧消化中的研究 [J]. 中国沼气, 1994, (01): 1-5.

[8] Lu X, Zhang Y, Angelidaki I. Optimization of H_2SO_4-catalyzed hydrothermal pretreatment of rapeseed straw for bioconversion to ethanol: Focusing on pretreatment at high solids content [J]. Bioresource Technology, 2009, 100 (12): 3048-3053.

[9] Liu G, Zhang R, El-Mashad H M, et al. Effect of feed to inoculum ratios on biogas yields of food and green wastes [J]. Bioresource Technology, 2009, 100 (21): 5103-5108.

[10] Zhang R, El-Mashad H M, Hartman K, et al. Characterization of food waste as feedstock for anaerobic digestion [J]. Bioresource Technology, 2007, 98 (4): 929-935.

[11] 何仕均, 王建龙, 赵璇. 氨氮对厌氧颗粒污泥产甲烷活性的影响 [J]. 清华大学学报 (自然科学版), 2005, 45 (9): 1294-1296.

[12] Cokgor E U, Oktay S, Tas D O, et al. Influence of pH and temperature on soluble substrate generation with primary sludge fermentation [J]. Bioresource Technology, 2009, 100 (1): 380-386.

[13] Bryant M P, Wolin E A, Wolin M J, et al. Methanobacillus omelianskii, a symbiotic association of two species of bacteria [J]. Archiv für Mikrobiologie, 1967, 59 (1): 20-31.

[14] Hillesland K L, Stahl D A. Rapid evolution of stability and productivity at the origin of a microbial mutualism [J]. Proceedings of the National Academy of Sciences, 2010, 107 (5): 2124-2129.

[15] Sieber J R, Le H M, McInerney M J. The importance of hydrogen and formate transfer for syntrophic fatty, aromatic and alicyclic metabolism [J]. Environmental Microbiology, 2014, 16 (1): 177-188.

[16] Rotaru A E, Shrestha P M, Liu F, et al. Direct interspecies electron transfer between geobacter metallireducens and methanosarcina barkeri [J]. Applied and Environmental Microbiology, 2014, 80 (15): 4599-4605.

[17] Zheng S, Liu F, Wang B, et al. Methanobacterium capable of direct interspecies electron transfer [J]. Environmental Science & Technology, 2020, 54 (23): 15347-15354.

[18] Gest H, Kamen M D. Photoproduction of molecular hydrogen by rhodospirillum rubrum [J]. Science, 1949, 109 (2840): 558-559.

[19] Sánchez M A, García C F, Contreras G A, et al. Bubble-column and airlift photobioreactors for algal culture [J]. AIChE Journal, 2000, 46 (9): 1872-1887.

[20] Eroğlu İ, Tabanoğlu A, Gündüz U, et al. Hydrogen production by *Rhodobacter sphaeroides* O. U. 001 in a flat plate solar bioreactor [J]. International Journal of Hydrogen Energy, 2008, 33 (2): 531-541.

[21] Shi X Y, Yu H Q. Conversion of individual and mixed volatile fatty acids to hydrogen by Rhodopseudomonas capsulata [J]. International Biodeterioration & Biodegradation, 2006, 58 (2): 82-88.

[22] Gilbert J J, Ray S, Das D. Hydrogen production using *Rhodobacter sphaeroides* (O. U. 001) in a flat panel rocking photobioreactor [J]. International Journal of Hydrogen Energy, 2011, 36 (5): 3434-3441.

[23] Ji C F, Legrand J, Pruvost J, et al. Characterization of hydrogen production by Platymonas Subcordiformis in torus photobioreactor [J]. International Journal of Hydrogen Energy, 2010, 35 (13): 7200-7205.

[24] Ren N Q, Liu B F, Ding J, et al. Hydrogen production with *R. faecalis* RLD-53 isolated from freshwater pond sludge [J]. Bioresource Technology, 2009, 100 (1): 484-487.

[25] Ghosh S, Dutta S, Chowdhury R. Ameliorated hydrogen production through integrated dark-photo fermentation in a flat plate photobioreactor: Mathematical modelling and optimization of energy efficiency [J]. Energy Conversion and Management, 2020, 226: 113549.

[26] Argun H, Kargi F, Kapdan I K. Effects of the substrate and cell concentration on bio-hydrogen production from ground wheat by combined dark and photo-fermentation [J]. International Journal of Hydrogen Energy, 2009, 34

(15): 6181-6188.

[27] Sagnak R, Kargi F. Hydrogen gas production from acid hydrolyzed wheat starch by combined dark and photo-fermentation with periodic feeding [J]. International Journal of Hydrogen Energy, 2011, 36 (17): 10683-10689.

[28] Massanet-Nicolau J, Dinsdale R, Guwy A, et al. Use of real time gas production data for more accurate comparison of continuous single-stage and two-stage fermentation [J]. Bioresource Technology, 2013, 129: 561-567.

[29] Luo G, Xie L, Zhou Q, et al. Enhancement of bioenergy production from organic wastes by two-stage anaerobic hydrogen and methane production process [J]. Bioresource Technology, 2011, 102 (18): 8700-8706.

第九章

光合细菌生物膜光发酵制氢技术

光合细菌光发酵制氢技术能将氢能生产、太阳能利用与有机物降解有机地耦合在一起，被认为是最具有发展前景的制氢方式之一。生物膜法能直接与底物接触，底物和产物的传质通量大、传质阻力小。因此，生物膜法作为一种高效的固定化技术在光合细菌制氢领域中具有广阔的研究前景。

9.1 光合细菌生物膜的形成及发展

光合细菌生物膜的形成过程包括了一系列复杂的生物、物理和化学过程，这些过程不但受到光合细菌本身运动特性的影响，也受到载体特性、底物条件、光照条件、水力条件、pH 值等培养条件影响，这些因素之间相互作用，形成一套复杂的生物膜生长动力学系统。游离态的光合细菌首先从悬浮液运动到载体表面，并在载体表面吸附后在特定的环境下增殖生长，最终发展成具有一定组织和性能完备的生物膜[1]。

9.1.1 光合细菌的运动及其生物膜成膜过程影响因素

由第三章可知，影响生物膜成膜过程的因素很多，在生物膜各个发展阶段，其主要影响因素也不同。在细胞运动到载体附近的阶段，微生物运动、液体环境及流动状态是主要影响因素；在细胞的初始附着阶段，微生物表面的物化性质与载体的表面特性（电荷性、亲疏水性和表面粗糙度）以及水力剪切力成为主要的影响因素；在生物膜的发展成熟阶段，生物膜结构和培养条件则成为最主要的影响因素。但这些因素并不是独立地作用于成膜的过程，他们相互影响相互耦合地对细胞发展形成成熟生物膜的过程产生影响。

作为生物膜形成的第一步，微生物从主流液相区到载体表面的运动特性，对生物膜的吸附成膜速度和稳定性具有关键的影响。不同于无鞭毛的藻细胞，光合细菌运动的动力主要源自以下几个方面：

① 鞭毛转动　光合细菌主要由两部分组成：作为主体、包含细胞内物质的细胞体以及提供运动动力的鞭毛。鞭毛的转动会引起细菌周围流体的运动，对于固体壁面附近的流体来说，流体受到固液界面的作用力会反作用于细菌。由于细菌体和鞭毛的转动速度是相反的，因此它们受到的附加作用力在同一直线上，方向相反，且力的作用点不同。因此，固体壁面带来的附加作用力会产生额外的转动力矩，最终导致细菌的弧线运动轨迹。

② 布朗运动　由于细菌的尺寸很小，光合细菌的运动除了受到鞭毛与固体壁面的影响外，还会因为受到周围液体分子无规则运动的撞击，改变了其运动轨迹，使细菌在运动的过程中与载玻片的距离呈现出快速不规则的波动，这种无规则运动也被称为布朗运动。布朗运动对于微生物的生存具有十分重要的意义，尤其是对于不能主动改变运动方向的单鞭毛细菌，布朗运动能使其改变运动的方向，远离有害的生存环境。

③ 翻滚行为　光合细菌还可以通过翻滚来改变自身的运动方向。因此，细菌还会受到翻滚行为的影响。这三者共同决定了细菌在液体内的运动轨迹。

通过综合了微生物的鞭毛运动、布朗运动以及翻滚行为的数值模型计算得到的结果发现，细菌在无限大空间液体内的运动轨迹为不规则的折线段形状，细菌在固体壁面附近会呈现弧形的运动轨迹[2]，而光合细菌的运动特性主要受到如下几个因素的影响：

① 细胞尺寸　细菌的运动速度与尺寸参数的关系是近似线性的。随着细菌尺寸的增大，其受到的来自周围液体的阻力也随之增大，因此，细菌的运动速度逐渐下降。

② 液体黏度　细菌运动的动力来自鞭毛的转动及细菌与周围液体之间的相互作用。因此，周围液体的物理性质会对细菌的运动过程造成较为明显的影响。随着液体流动性的增强，细菌受到的阻力也随之减弱，这会增强细菌的运动性，细菌的运动速度呈增大的趋势。当液体的流动性增长到一定程度之后，细菌运动速度的增长幅度会减小[3]。对于实际的生物膜反应器，不同的培养基配方会导致不同的培养液黏度。如果可以合理调整培养基的配方，降低细菌培养液的黏度，这将有助于增强细菌的运动能力，并有可能加快生物膜反应器在初期挂膜阶段的生物膜形成过程。

③ 液体温度　在一定的范围内，随着液体温度的升高，细菌的运动速度也随之增大。由于细菌生存的温度范围是有限的，这种趋势不会一直上升。因此，对于生物膜反应器来说，适当提高反应器内的温度可以提高细菌的运动能力，这有助于在生物膜形成的初期阶段，细菌更快地附着到反应器表面。

9.1.2 光合细菌生物膜的支撑载体与反应器

生物膜技术作为一种高效的细胞固定化技术，被认为是未来行之有效的制氢方式，然而该技术现在仍处于探索阶段，其效能、收益和运行也没有达到实际应用的水平。生物膜反应器主要目的在于促进光合细菌更快吸收及利用底物并将其高效转化为氢气，达到提高制氢速率、效能和底物利用率的目标。因此，如何构建高效光合生物膜反应器使得光生化转化制氢能够稳定高效，成为制氢行业发展的必然选择。目前，生物膜反应器的设计主要着眼于微生物成膜特性和产氢性能的增强。因此，一方面集中在载体的选择与改性，使得微生物更快形成成熟稳定的生物膜；另一方面，集中在反应器结构的设计优化，系统提高产氢性能。

9.1.2.1 光合细菌生物膜载体的选择与改性

光发酵细菌通过范德华力和离子型氢键的静电作用等相互作用力吸附在固体载体表面上，不同的载体表面形貌、构型对生物膜的成膜和发展具有重要影响，其组成和空间结构对生物膜成膜和发展差异性较大。根据载体形状，生物膜载体形式大体可分为平板生物膜载体和纤维式生物膜载体。

① 平板生物膜载体　与普通光滑表面相比，具有规则粗糙形态的表面可以增强细胞的吸附，从而促进生物膜的形成。研究发现细胞在经过打磨的粗糙载体表面的吸附和生物膜生长优于在未经过打磨的玻璃表面的生物膜形成的过程。通过在载体表面刻蚀沟槽结构，能显著提高生物膜在载体上的附着面积，同时，由于槽道结构可以保护细胞免受水力剪切作用，使得槽道底部生物量积累提升，最终使光生物反应器最大产氢性能提高[4]。进一步对平板载体表面形貌进行改进，有学者设计了具有栅格柱状结构的产氢生物膜载体，有效地扩大了反应器的表面积，使附着细胞数量较普通平板载体提高近 3 倍[5]。

从载体的功能改性上来说，温度和光照是光发酵制氢中的重要影响因素，为了提高光能与热能利用效率，实现由生物膜载体直接将热能传递给生物膜微生物细胞，强化生物膜光生物反应器内光、热传递与利用，提高光合细菌在平板载体上的吸附性能和生物膜活性，学者利用具有良好光热转化特性的六硼化镧（LaB$_6$）纳米材料，设计了具有三明治结构的且能够直接调控生物膜载体表面光分布和温度分布的二氧化锗-二氧化硅-壳聚糖-培养基-六硼化镧平板生物膜载体，有效地改善了生物膜载体表面光分布特性，并实现了反应器内光的分频利用和热利用，最终反应器内的生物膜平均生长速率和产氢速率分别是普通平板式生物膜光生物反应器的 4.4 倍和 5.1 倍[6]。

② 纤维式生物膜载体　为了进一步提高微生物的附着生长面积，众多学者选择纤维状材料作为生物膜载体。活性炭纤维作为生物膜载体能为光合细菌提供较大的比表面积，与有机高分子材料相比具有更好的生物相容性。研究发现，比表面积高的活性炭纤维更加有助于微生物固着挂膜，试验初期活性炭纤维表面特性对细菌的吸附有很大影响；在一定范围内提高活性炭纤维表面润湿性和酸性官能团的数量可以加速细菌的吸附。学者利用热氧化、硝酸氧化、硫酸-高锰酸钾氧化等手段对活性炭纤维表面进行改性，能使其表面具有更多含氧官

能团，并且增大活性炭纤维表面粗糙度，增大材料对于微生物的扣留能力，大大提高氢气得率[7,8]。透明玻璃纤维作为生物膜载体，能提高生物膜式光生物反应器内光能利用率，优化反应器内光分布情况，提高光合细菌固定化速率的同时优化了反应器内的光照强度[9]。中国学者采用折流型光纤束作为生物膜载体，在固体光纤表面缠绕铁丝网以增大其表面粗糙度，制备具有三层结构且折射率依次增大的空心石英光纤，将光纤技术成功应用于生物膜式产氢反应器，不但使反应器产氢性能较悬浮式光生物反应器提高 50％以上，更可以长期稳定运行[10]。

9.1.2.2　光合细菌生物膜反应器结构改进

生物膜反应器为微生物的生长提供了必要的空间，它的开发是生物能源技术由实验室的机理研究迈向工业化应用所必须具备的基本条件。然而，作为新兴的研究方向，尤其是生物膜光生物反应器，其性能也还远未达到实现工业化生产的水平。迄今为止，为了提高光生物反应器的性能，世界各地的许多研究者已经应用各种不同的方法对反应器的性能进行了强化。主要包括生物膜反应器结构的改进，以及根据反应器内环境和条件进行的操作参数优化，最终强化生物膜反应器的性能，使生物质积累量最大化。光合细菌生物膜反应器的结构及性能强化方法如下所示：

① 平板式反应器　传统的平板式反应器具有结构简单、受光面积大、光衰减小、操作方便、易于清洗、适于户外培养等优点，在工程应用中受到青睐。然而，平板式光生物反应器也存在许多不足，如微生物有效附着面积较少、培养液混合性能差、规模生产时占地面积大、制作材料需求多等缺点。因此，这类反应器目前常在生物膜成膜特性与机理研究中应用，为了提高生物膜反应器的产氢性能，研究者对反应器结构进行了优化。

② 填充床反应器　为了提高反应器的空间利用率，增加反应器内微生物的附着面积，提高附着微生物的生物质量，研究者设计了固体填充床式的光合细菌生物膜反应器［图 9-1(a)］，由具有多孔结构的固定化细胞颗粒或附着有生物膜的填料堆积构成，在反应器内产氢菌株以生物膜的形式被附着在固体填充床上。研究者使用透明玻璃珠作为填充床反应器填料，光合细菌附着在玻璃珠上，使光合细菌生物膜反应器的产氢速率和光能转换效率分别高达 $1.74\ mmol\cdot L^{-1}\cdot h^{-1}$ 和 56％，与平板式生物反应器相比，单位体积最大产氢率提高了58％[11]。然而，在填充床反应器的光传输过程中，填料颗粒会产生遮光效应，光合细菌及反应器内的液体都会对光进行吸收，从而使反应器内产生严重的光衰减现象。基于此，进一步对填充床反应器的光传输进行优化，研究者将导光光纤插入填充床反应器内作为光源［图9-1(b)］，实验获得该反应器的产氢速率达到 $3.25\ mmol\cdot L^{-1}\cdot h^{-1}$ 以上[12]。

在生物膜形成和生长初期，满液式的反应器中大量液体的流动产生的剪切力仍然会对生物膜产生不利影响，且过多的水量也会增加光衰减，因此，利用液相区内微生物迁移到达载体表面的概率与液相区厚度成反比的原理，在以上内置导光光纤的填充床反应器的基础上，研究者将饱和液相中细胞成膜的方法转变为在非饱和液相条件下进行，结果表明，与饱和液相反应器中形成的生物膜相比，非饱和液相反应器中生物膜成膜时间短，生长速度较快。

③ 弥散光纤束反应器　光纤的引入大大优化了反应器内光照强度分布的均匀性，提高

了反应器中微生物附着量。因此，研究者提出了弥散光纤束光合细菌生物膜反应器（图 9-2），利用该导光光纤作为光合细菌生物膜生长的载体，导入反应器的光直接作用于附着在光纤侧面的光合细菌，为光合细菌的生化反应提供能量，代谢降解溶液内的有机物并产生氢气。进一步，采用二氧化锗、正硅酸乙酯（TEOS）、壳聚糖、培养基及硅烷偶联剂等物质制备了 GeO_2-SiO_2-壳聚糖-培养基涂敷空心光纤，进一步提高光纤发光特性和微生物附着性能。涂敷光纤表面的光合细菌的吸附能力和生物膜干重是传统光纤的 6.2 倍和 3.02 倍，是未改进的空心光纤的 5.3 倍和 2.43 倍。涂敷光纤生物膜反应器的产氢速率是采用未改进空心光纤反应器的 2.56 倍[13]。这些优化策略均是为达到光照强度在反应器内均匀分布和提高反应器连续化操作运行的稳定性的双重目的，进而提升反应器的综合性能。

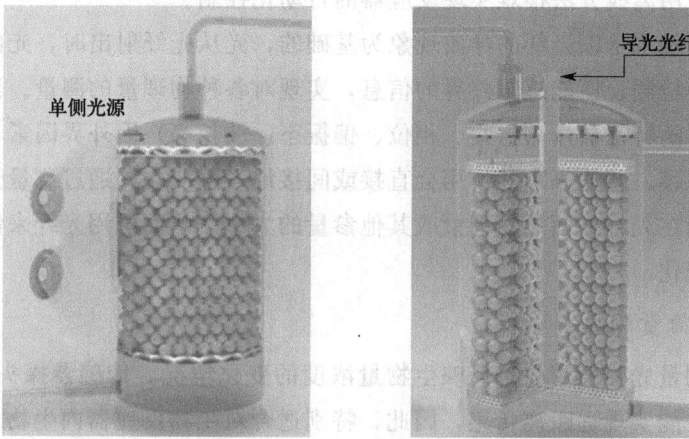

(a) 颗粒填充床式生物膜反应器   (b) 内置导光光纤的颗粒填充床式生物膜反应器

图 9-1 填充床反应器

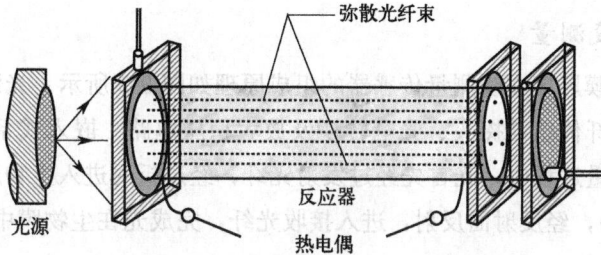

图 9-2 弥散光纤束光合细菌生物膜反应器

9.2 基于光纤技术的生物膜在线测量及调控

光纤技术不仅在生物膜光生物制氢反应器的光传输优化中得到应用，也作为一种生物膜在线测量手段成为研究及发展热点。为了更深入地认识光合细菌生物膜生化转化过程反应器及生物膜内流体流动、能质传输、固体基质表面微生物生长及细胞代谢的机理,优化和强化生化转化过程,必须了解反应器内生物膜、细胞代谢不同尺度热物理参数间的相互影响规律及其动态场分布信息。光合细菌生物膜反应器内动态物理参数主要包括多相流体的速度、浓度光照强度、反应器内温度和pH、固体基质表面生物膜厚度、生物膜内生物量、细胞代谢及这些参数的场分布特性。

生物膜及反应器内物理参数的测量方法分为离线测量和在线测量两大类。离线测量方法需不断地从反应器内采集样品,极易带进杂菌而污染反应器。采集到的样品,由于受到外界环境因素的影响导致生物膜结构受到破坏,因此测量结果往往与真实的生物膜厚度偏差较大。更为重要的是采用离线方法很难实现反应器的自动化控制。

光纤传感原理与技术是以光纤的导波现象为基础的,光从光纤射出时,光的特性得到调制,通过对调制光的检测,便能感知外界的信息,实现对各种物理量的测量。当光波在光纤中传播时,表征光波的特征参量(振幅、相位、偏振态、波长等)因外界因素(如温度、压力、磁场、电场、位移、转动等)的作用会直接或间接地发生变化,通过测量光波的特征参量,就可以得到作用在光纤外面的物理量或其他参量的大小,从而可用光纤来制作传感元件探测各种物理量的变化。

(1) 生物膜生物量测量

光纤方法通过测量光强的变化来反映生物量浓度的变化情况。传感器探头几何尺寸小,耐腐蚀,成本低,且能实现远距离传感,因此,特别适合对生物反应器内生物量浓度进行实时在线测量。但是,在测量过程中未考虑生化反应过程培养基浓度变化和温度变化对传感器输出信号的影响,因此,传感器测量结构受生化转化过程中底物浓度变化的影响,测量结果的重复性较差。

(2) 生物膜厚度测量

光纤反射式生物膜厚度在线测量传感器的组成原理如图9-3所示。光纤式生物膜在线测量系统由单色光源、光纤传感器探头、光电转换及放大稳压电路、嵌入式系统以及LCD液晶显示来构成。在系统测量过程中,光首先经过发射光纤,经过折射进入生物膜,到达入射光反射面(即生物膜的底部),经反射面反射,进入接收光纤,完成光在生物膜中的传播过程[14]。

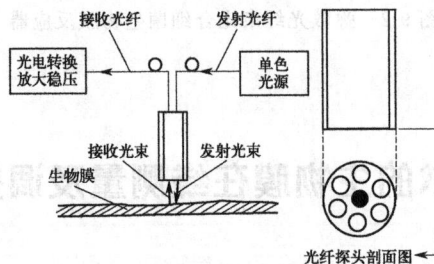

图9-3 传感器组成原理示意图[14]

经过接收光纤将接收回来的光进行光电转换后,由放大稳压电路将电压信号进行放大稳压，再传输到后续的信号处理电路。通过输入光与输出光的电压信号对比，可得到生物膜对光的吸收程度，由于不同厚度的生物膜对光的吸收不同，即可得到生物膜的厚度。

（3）温度和光照测量

光纤布拉格光栅（FBG）是一种具有优良光学特性的元件，目前已广泛地运用于各种物理量的传感。其中在压力、温度领域中运用最为突出，并进入工程阶段。在 FBG 测量过程中，由于温度、应力和压力的变化都将使光栅的周期和折射率发生变化，从而引起布拉格反射波长的变化[15]。

目前，关于光纤光栅应力与温度分离测量的方法主要有：利用不同种类光纤光栅相结合的方法；超结构（SFBG）光纤光栅法；有源时域解调技术法。有关温度与压力分离测量的文献较少。上述方法均是在实现单点的应变与温度、温度与压力的分离测量。

（4）氢气浓度和 pH 测量

目前，用于氢气浓度测量的氢敏传感器主要包括：电化学传感器、半导体传感器、光纤传感器等。电化学传感器和半导体传感器感知氢气能力高，但是有潜在放电危险，用于测量生化反应过程液相中的氢气浓度时极易对微生物生化反应环境条件造成破坏。更重要的是，这些测量方法只能测量某个点的氢气浓度，不能获得氢气浓度在反应器内的分布。光纤传感器与其他传感器相比具有高分辨率、高灵敏度、响应速度快、强抗干扰性、强抗腐蚀性等诸多优点。其中 FBG 型光纤氢传感器采用反射式波长调制，波长的变化不受传感系统噪声的影响，仅仅受到被测量参量的调制，所以它要比强度、相位调制型光纤传感器的抗干扰能力强很多倍，测量的精度也要高很多。同时，它具有微尺寸，直径为 $125\mu m$，长度一般在 $3\sim10mm$，是目前世界上体积最小的传感单元，将它设计成阵列式的传感系统置于生化反应器，对反应器内多元多相流体流动、能质传输、微生物生长代谢产生的扰动较小，一般可以忽略。此外，可以在一根 FBG 光纤上实现多路复用、功能复用、分布式测量[16]。但由于生物膜光合制氢生化转化过程液相氢浓度分布的复杂性和不确定性，至今关于此类参数场分布测量的分布式光纤传感器的研究文献尚未报道。光纤 pH 传感器探头小，响应速度快，如采用 FBG 还可实现反应器内 pH 场分布测量。因此，光纤 pH 传感器成为微小反应器、动态 pH 及其场分布测量的首选传感器[17]。

9.3 光合细菌生物膜在污水处理中的应用

光合细菌除了应用于产氢、生产清洁能源以外，由于其可将光合系统吸收来的光源作为能量，利用底物中有机物、硫化物、氨等物质作为供氢体和电子供体，还能达到对有机物等特征污染物降解净化的目的，在自然界中的碳氮硫循环中起着重要的作用。20 世纪 70 年代，由日本研究学者率先将光合细菌作用于污水净化方面，并取得良好的净化效果。之后，全世界越来越多的环境研究学者加大了对光合细菌处理污水的研究，并用于各种污废水的水质净化处理应用中。

虽然传统的细菌生物污水处理技术工艺成熟，且污染物去除效果好，但存在曝气能耗高的缺点，增加了污水处理厂运行成本，因此，研发节能降耗同时高效去除污染物的新型工艺迫在眉睫。近年来，菌藻共生污水处理技术被广泛研究。研究者们发现相比较于单纯利用的细菌或者藻类的污水净化系统，将细菌与微藻结合的共生系统能够获得更好的净化效果及更高的生物量。菌-藻共生污水处理技术的兴起有助于缓解污水处理压力，利用细菌与微藻协同作用机制、藻体强耐受能力及生物质高效资源化，可同步实现水中污染物的有效去除与微藻生物量收获，具有运行成本低、能耗小、效率高等优点。近年来，以菌藻共生为基础的污水处理技术在水质净化机理、藻种筛选、反应器设计、工艺条件控制及藻细胞加工利用等方面取得了积极的进展。

9.3.1 光合细菌与微藻的相互作用关系

20 世纪 80 年代，南比尔（Nambiar）在利用反硝化过程处理污水的研究中首次提出了细菌-藻类共生的概念，证明在污水处理中将藻类与细菌结合可以获得更高的污染物处理效率，随后细菌-藻类共生在水处理领域的研究逐渐兴起和深入。

菌-藻协同污水处理技术利用了细菌和藻类之间的微妙生态关系，即好氧细菌代谢的有机物可以作为微藻类的营养物质，而藻类光合作用产生的氧气能促进细菌的代谢和污染物的降解，在菌藻间的相互促进下形成一种生态平衡关系，共同达到高效废水处理效果。

在菌藻共生系统中，微藻与细菌间构成的生态系统相互关系错综复杂。通过相互间的作用可简单地分为互利共生和相互竞争关系，具体如图 9-4 所示。在互利共生作用中，主要体现在物质交换方面。

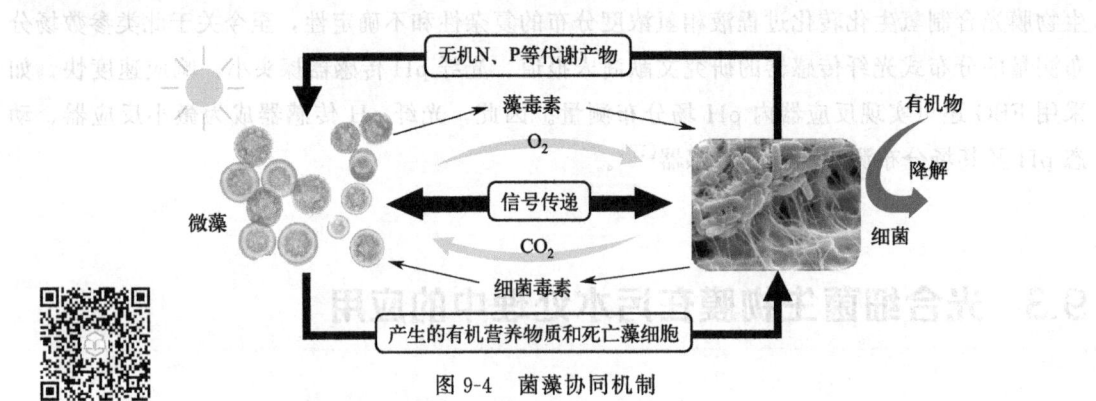

图 9-4　菌藻协同机制

① 营养交换　营养交换是菌藻相互作用的基础，菌藻共生最重要最基础的关系就是 CO_2 和 O_2 的交换。光照条件下，微藻通过光合作用为细菌提供 O_2，微藻分泌物和老化死亡藻细胞的有机物供细菌进行生理活动，而细菌通过呼吸作用产生 CO_2 和无机分解产物来维持微藻生长。微藻光合生长的过程能够将水体中的氮、磷营养物同化变成自身的组成部分，同时过程中产生的氧气可以加快水体富氧营造好氧环境，供给异养细菌分解有机物，使得细菌去除污染物

能力增强。此外，细菌能分解水体中的有机物，产生的 CO_2 能够提供藻细胞光合作用所需碳源，且形成的无机氮和无机磷等能够为藻细胞提供生长增殖所必需营养盐。

② 信号传递　菌藻间还被发现存在信号传递交流的现象，信号传递是微藻和细菌相互作用的过程，它依赖于小分子物质的合成与排泄，该传递方式被称为群体感应。细菌和微藻间根据自身生长环境等外部条件变化下分泌一类信号物质，这种物质在菌藻细胞间传递能够对细菌或藻类产生积极或消极的作用。研究表明细菌分泌的一些微量的物质，如维生素 B_{12}、植物激素（IAA）等物质可以加速微藻生长代谢和增殖。

③ 基因转移　基因转移也称为水平基因转移，是存在生殖隔离的物种之间转移遗传信息的作用模式。细菌和微藻在长期的进化过程中也产生了一些基因的水平转移，这种转移多数是从细菌转移到微藻，促进了微藻对环境条件变化的适应性。有研究发现，细菌和微藻共同培养生长中出现了相似的或新的基因组。此外，少数藻类在与细菌共培养中会丧失合成维生素等物质的基因片段，转换为通过与细菌间的物质交换获得。并且在微藻内发现了细菌独有的光合功能基因，如光敏色素和捕光蛋白基因片段。这说明菌藻间存在着基因的转移，在共生过程中共同进化，更加积极地适应外部条件的变化，增强体系的稳定性。

9.3.2　菌藻共生生物膜去除污染物的作用原理

（1）除碳机理

污水中含碳污染物质的去除主要依靠生物膜中微藻对无机碳源的吸收以及异养细菌对有机碳源的吸收作用。异养细菌吸收包括微藻分泌物、细胞残体和输入的有机污染物在内的有机物质作为电子供体，O_2 用作电子受体，将含碳污染物质分解成 CO_2 释放出来。同时自养微藻吸收这部分 CO_2 与其吸收的污水中可溶性无机含碳化合物共同用于自身光合作用。

（2）除氮机理

氮元素是包括细菌和微藻在内的生物进行生理活动所必需的营养元素，共生生物膜主要通过生物和化学两种方式吸收利用含氮污染物。生物方式主要是指细菌和微藻对含氮污染物的吸收利用。生物膜中的氨化细菌利用水体中的溶解氧氧化水体中的含氮有机物生成 NH_4^+-N，然后硝化细菌（AOB, NOB）经过两部分好氧反应将 NH_4^+-N 转化为 NO_2^--N 再转化为 NO_3^--N；系统内若存在缺氧环境，NO_3^--N 将会在反硝化细菌（DNF）作用下转化为 N_2。同化作用是微藻利用无机氮源（主要是 NO_2^--N、NO_3^--N 和 NH_4^+-N）的主要机制，无机氮通过主动运输作用经质膜进入微藻内部，然后 NO_3^--N 在细胞溶质中的硝酸盐还原酶（NR）作用下被还原成 NO_2^--N，NO_2^--N 在叶绿体亚硝酸盐还原酶（NiR）的作用下被还原为 NH_4^+-N，最后 NH_4^+-N 在高浓度下通过谷氨酸脱氢酶或低浓度下通过谷氨酰胺合成酶合成谷氨酰胺。在共生生物膜中硝化细菌可以大量转化 NH_4^+-N，缓解高浓度 NH_4^+-N 对微藻生长的胁迫。化学方式指的是共生生物膜，CO_2 被微藻和部分细菌吸收利用，从而造成体系 pH 升高形成碱性环境，导致部分 NH_4^+-N 以 NH_3 形式挥发出去从而得以去除。

（3）除磷机理

菌藻生物膜对磷的吸收主要是微藻和聚磷菌的同化作用。微藻可以将污水中的 PO_4^{3-}-P 以主动运输的方式吸收到细胞内部，然后通过底物水平的氧化磷酸化和光磷酸化过程合成有机含磷化合物参与 ATP 的合成过程。当污水中没有 PO_4^{3-}-P 而存在有机磷化物（SOP）时，微藻细胞外或细胞壁上的 SOP 可以被磷酸酶分解为 Pi（磷酸基团），Pi 在细胞内被用于将磷脂合成 DNA 和 RNA 的原料。微藻还可以在磷源充足时过量吸收磷，以 PO_4^{3-}-P 的形式储存在细胞内部，以便在磷缺乏的时候用于自身生理过程。生物膜中聚磷菌能够吸收 PO_4^{3-}-P 并以多聚磷酸盐（poly-P）的形式储存在细胞内。此外，环境因素也会影响磷在污水中的赋存形式，当 pH>8 时或水体溶解氧含量过高时，溶解性磷可能会生成磷酸盐沉淀得以去除。

（4）除重金属机理

菌藻共生生物膜中的微生物可以从水体环境中吸收重金属离子。主要是源于微藻细胞的细胞壁表现为负电荷，因此能够与带正电荷的重金属离子结合，这是菌藻共生生物膜吸收污水中重金属离子的主要机理。除此之外，微生物还能够吸收重金属离子进入微生物细胞内部，进而形成空泡或霰石（$CaCO_3$）结构，并沉淀在细胞表面或内部。但是，重金属离子能够取代或阻断部分酶活性位点的金属假体原子，导致微藻的光合作用减弱。此外，细菌细胞壁表面携带的一些酸性基团也会吸附水体环境中的正电荷金属离子。

9.3.3　菌藻共生生物膜污水处理反应器

由于菌藻生物膜污水处理体系的独特优势，近年来，不同类型的菌-藻生物膜反应器被开发用于城镇生活污水、工业废水以及养殖废水处理等领域。菌-藻生物膜反应器在供气方式、载体类型等方面具有广泛的选择，因此，反应器设计较灵活。常见的开放式光生物反应器构型为平板式、填料床式、菌-藻生物膜转盘等。

应用较广泛的载体为二维平面构型，此类载体结构简单且容易被菌-藻附着，但其比表面积较小，挂膜量较少，不适用于污染物浓度高的废水处理。针对这一弊端，研究者选取了比表面积更大的三维填料，如多孔陶瓷球、黏土粒、聚乙烯等，将具有多孔结构的填料加入反应器中，使菌藻共生体在填料上形成生物膜，从而增大菌藻共生体的挂膜量，提高其对污水中污染物的处理性能。在曝气阶段，填料随着水体的循环流动，充分接触系统内的悬浮微生物和营养物质，此阶段填料上的微生物充分吸收营养物质，处于快速生长阶段，微生物的生长速率和活性提升；在非曝气阶段，系统内的悬浮微生物在静置状态下沉降，而填料一直悬浮于反应器中，此阶段微生物在填料上附着，填料上的生物膜载量快速上升。研究者在对一个具有聚乙烯多孔填料的生物膜污水处理反应器（图 9-5）的性能研究中发现，填料填充率为 20% 的情况下，系统中生物膜总量是传统生物膜系统的 1.94 倍，系统的 TN 和 TP 去除率分别提高了 22.35% 和 46.39%，与传统悬浮式菌藻共生系统相比，具有多孔填料的生物膜反应系统的 TN 和 TP 去除率分别提高了 27.43% 和 63.32%[18]。

针对菌藻共生生物膜反应器中由于光衰减现象造成微生物细胞活性以及速率低下的问题，对菌藻共生生物膜的填料进行改性，将光致发光材料和填料结合，制备成悬浮型发光填料对附着在填料表面的生物膜进行补光，从而满足生物膜生长代谢与污水处理过程中所需的光照强度[20]。

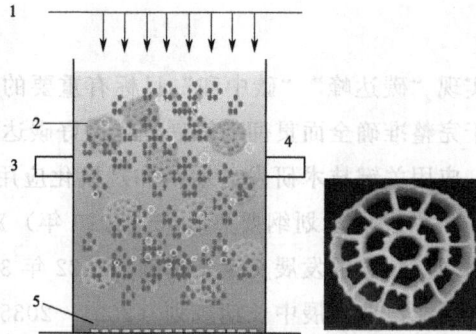

图 9-5　多孔填料床生物膜污水处理系统示意图[19]

1—光源；2—聚乙烯填料；3—进水口；4—出水口；5—曝气盘

生物转盘是一种常规且成熟的生物膜法污水处理技术（图 9-6）。原联邦德国斯图加特工业大学勃别尔（Popel）教授和哈特曼（Hartman）教授对生物转盘技术的实用性进行了大量实验研究和理论探讨工作，奠定了生物转盘技术的基础。我国从 20 世纪 70 年代初开始引进生物转盘技术，对其开展了广泛的科学研究工作，并取得了良好的效果。生物转盘具有操作简单、结构紧凑、低能耗、高效率、方便管理、占地面积小等优点，由此生物转盘技术得到了广泛的应用。尽管生物转盘具有诸多优点，但是由于处理水量小及转盘造价高，阻碍了该工艺的大规模应用。近些年来，国内外研究者专注于盘片材料的研究，旨在降低盘片成本、改变转盘的驱动方式，以降低能耗及改善处理效果。针对普通生物转盘存在的缺陷，研究者将单层盘片升级为三维结构，材质选用再生塑料作为盘材，降低了施工成本，解决了轴承、传动轴易损坏的问题。与传统的生物转盘相比，三维结构的生物转盘生物膜面积增加，其载体比表面积是普通圆盘生物转盘的 1.3 倍，挂膜效果好、挂膜稳定、适合长期连续运行。同时，污水可以通过立体结构盘的网格状缝隙沿轴向自由流动，不会产生死区，接触池内布水均匀，大大提高了盘体与污水的接触效率，提高污水处理效率。

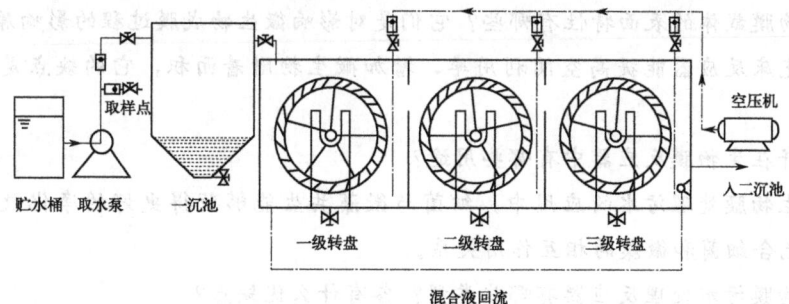

图 9-6　三级藻菌生物转盘示意图

9.4 本章小结

氢能的发展对于我国实现"碳达峰""碳中和"目标有重要的意义。2021 年 10 月中共中央、国务院发布的《关于完整准确全面贯彻新发展理念做好碳达峰碳中和工作的意见》要求，加强氢能生产、储存、应用关键技术研发、示范和规模化应用。早在 2006 年，国务院发布的《国家中长期科学和技术发展规划纲要（2006—2020 年）》中提出，重点研究可再生能源制氢技术。这为生物制氢技术的发展奠定了基础。2022 年 3 月 23 日，国家发展改革委、国家能源局联合印发《氢能产业发展中长期规划（2021—2035 年）》，这是我国首个氢能产业的中长期规划，首次明确氢能是未来国家能源体系的重要组成部分，并确定可再生能源制氢是主要发展方向，到 2025 年，可再生能源制氢量达到 10 万～20 万 t/a。生物制氢作为可再生能源制氢的一种形式，是我国新兴产业和未来产业的重点发展方向，是发展新质生产力的重要方向之一，有望在这一目标下得到发展。

思考题

9-1. 光发酵制氢技术中，按照光合细菌细胞在培养液中是否游离，可将培养方式主要分为哪两种？对比这两种方式的优缺点。

9-2. 生物膜的形成过程包含一系列复杂过程，请简述生物膜形成的四个阶段。

9-3. 微生物从主流液相区到载体表面的运动特性，对生物膜的成膜速度具有关键影响，它的运动轨迹受哪三种运动影响？其运动速度受哪些因素影响？

9-4. 生物膜成膜及发展过程对其后续产氢性能有重要影响，生物膜成膜速度及生长量的提高有哪些方式和方法？

9-5. 生物膜载体的表面特性有哪些？它们是对影响微生物成膜过程的影响原理是什么？

9-6. 填充床反应器能提高空间利用率，增加微生物附着面积，它的缺点是什么？有哪些优化策略？

9-7. 光纤在生物膜反应器中有哪些用途？

9-8. 在生物膜处理污水的应用中，细菌与微藻共生能够获得更好的净化效果及更高生物量，简述光合细菌和微藻的相互作用关系。

9-9. 生物膜污水处理反应器有哪些类型？各有什么优缺点？

9-10. 光合制氢是我国新兴产业和未来产业的重点发展方向，展望光合细菌光发酵制氢未来的发展之路。

参考文献

[1] Halan B, Buehler K, Schmid A. Biofilms as living catalysts in continuous chemical syntheses [J]. Trends in Biotechnology, 2012, 30 (9): 453-465.

[2] Zhang C, Liao Q, Chen R, et al. Locomotion of bacteria in liquid flow and the boundary layer effect on bacterial attachment [J]. Biochemical and biophysical research communications, 2015, 461 (4): 671-676.

[3] 张超. 生物膜反应器内微生物运动及附着特性研究 [D]. 重庆：重庆大学，2015.

[4] Zhang C, Ma S, Wang G, et al. Enhancing continuous hydrogen production by photosynthetic bacterial biofilm formation within an alveolar panel photobioreactor [J]. International journal of hydrogen energy, 2019, 44 (50): 27248-27258.

[5] Wang Y, Tahir N, Cao W, et al. Grid columnar flat panel photobioreactor with immobilized photosynthetic bacteria for continuous photofermentative hydrogen production [J]. Bioresource Technology, 2019, 291: 121806.

[6] Fu Q, Li Y, Zhong N, et al. A novel biofilm photobioreactor using light guide plate enhances the hydrogen production [J]. International Journal of Hydrogen Energy, 2017, 42 (45): 27523-27531.

[7] Ren H Y, Liu B F, Ding J, et al. Continuous photo-hydrogen production in anaerobic fluidized bed photo-reactor with activated carbon fiber as carrier [J]. Royal Society of Chemistry Advances, 2012, 2 (13): 5531-5535.

[8] Xie G J, Liu B F, Xing D F, et al. Photo-hydrogen production by Rhodopseudomonas faecalis RLD-53 immobilized on the surface of modified activated carbon fibers [J]. Royal Society of Chemistry Advances, 2012, 2 (6): 2225-2228.

[9] Tekucheva D N, Laurinavichene T V, Seibert M, et al. Immobilized purple bacteria for light-driven H_2 production from starch and potato fermentation effluents [J]. Biotechnology Progress, 2011, 27 (5): 1248.

[10] 张川，廖强，朱恂. 折流型光纤束生物膜制氢反应器的产氢特性 [J]. 太阳能学报，2013, 34 (1): 123-130.

[11] Tian X, Liao Q, Zhu X, et al. Characteristics of a biofilm photobioreactor as applied to photo-hydrogen production [J]. Bioresource Technology, 2010, 101: 977-983.

[12] Zhu X, Guo C L, Wang Y Z, et al. A feasibility study on unsaturated flow bioreactor using optical fiber illumination for photo-hydrogen production [J]. International Journal of Hydrogen Energy, 2012, 37 (20): 15666-15671.

[13] Zhong N B, Zhu X, Liao Q, et al. GeO_2-SiO_2-chitosan-medium-coated hollow optical fiber for cell immobilization [J]. Optics Letters, 2013, 38 (16): 3115-3118.

[14] Zhao M, Liu J, Luo B, et al. Study of fiber sensor for biofilm thickness online measuring based on optical absorption [C] //2008 World Automation Congress. Piscataway: IEEE, 2008: 123-127.

[15] Zhong N, Liao Q, Zhu X, et al. A Fiber-Optic Sensor for Accurately Monitoring Biofilm Growth in a Hydrogen Production Photobioreactor [J]. Analytical Chemistry, 2014, 86 (8): 3994-4001.

[16] Zhong N, Zhao M, Li Y. U-shaped, double-tapered, fiber-optic sensor for effective biofilm growth monitoring [J]. Biomedical Optics Express, 2016, 7 (2): 335-351.

[17] 钟年丙. 基于表面改性的光合细菌生物膜产氢强化及光纤在线测量系统研究 [D]. 重庆：重庆大学，2013.

[18] Tang C C, Tian Y, Liang H, et al. Enhanced nitrogen and phosphorus removal from domesticwastewater via algae-assisted sequencing batch biofilm reactor [J]. Bioresource technology, 2018, 250: 185-190.

[19] 唐聪聪. 菌藻共生序批式泥膜系统脱氮除磷效能及作用机制研究 [D]. 哈尔滨：哈尔滨工业大学，2018.

[20] 王柳鹏，詹健. 发光填料对小球藻处理生活污水的影响 [J]. 应用化工，2021, 50 (7): 5.

[16]

[26]

[27]

第十章

微生物电化学转化技术

　　微生物电化学转化技术是一种将微生物代谢能力与电化学技术相结合的新能源技术，可实现环境的生物修复和能源的清洁转化。该技术使用微生物作为电化学催化剂，通过构建不同的微生物电化学反应来修复环境，同时产生生物电、生物燃料、氢气和其他有价值的化学品，具有环保、高效、经济的优势，在环境修复、污染物降解、废水处理和可再生能源等领域极具应用前景。微生物燃料电池（microbial fuel cell，MFC）和微生物电解池（microbial electrolysis cell，MEC）是微生物电化学技术的典型代表技术。为此，本章将针对这两种技术的工作原理、电极及隔膜材料、结构及分类、性能影响因素和应用等方面进行介绍。

10.1　微生物燃料电池

10.1.1　微生物燃料电池的工作原理

　　有机废物/废水是一种潜在的可再生原料，除了通过调节生物过程进行修复外，还能产生各种形式的生物能源。生物能源作为化石燃料的一种可持续的未来替代品，已受到广泛关注。通过对废弃物进行修复来利用生物能源已引起了人们的极大兴趣，并进一步为利用可再生和取之不尽的能源开辟了一条新途径。因此，废水管理和替代能源领域是生物技术和科学中最有待开发的领域。

微生物燃料电池（microbial fuel cell，MFC）作为一种在不污染环境的情况下同时进行废物处理和发电的有前途的工具，越来越受到人们的欢迎。将多种有机物完全分解为二氧化碳和水通常需要几个酶反应步骤，而这在 MFC 中很容易实现。尽管对 MFC 的研究始于 20 世纪 60 年代美国国家航空航天局（NASA）的太空探索期间，但 MFC 的研究在过去几十年中取得了飞速发展[1]。因此 MFC 具有通过发电处理废水的能力，被认为是解决水和能源问题的绝佳解决方案。一般来说，MFC 显示出显著的优势：①基质通过利用生物电催化剂直接转化为能量；②在各种温度（低或高）、pH 值和不同的生物质下运行；③与传统处理技术相比，从废水中产生的活性污泥量较低；④没有曝气的能量输入。

如图 10-1 所示，MFC 由阳极室和阴极室组成，两者之间由质子交换膜（PEM）物理隔开。阳极室中的活性微生物在厌氧条件下分解废水中的有机物，产生电子和质子，阳极反应见式(10-1)。质子通过 PEM 传导到阴极室，只允许质子通过，阻碍其他离子从阳极到达阴极，电子则通过外电路输送到阴极，从而产生电流。质子和电子在阴极室中发生反应，同时将氧气还原成水，阴极室中反应见式(10-2)。值得一提的是，阳极室中的氧气会抑制电力的产生，因此，必须设计一个实用的系统，使细菌与氧气隔离（阳极反应厌氧室）。生物催化剂可以通过在两个独立腔室之间放置一层膜与氧气分离，从而使电荷在电极之间转移，阳极腔室是细菌生长的地方，而阴极腔室则是电子与氧气发生反应的地方。

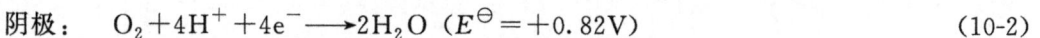

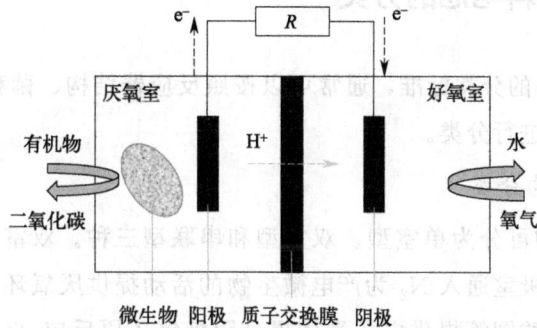

阳极：$CH_3COO^- + 2H_2O \longrightarrow 2CO_2 + 7H^+ + 8e^-$ $(E^{\ominus} = -0.28V)$ (10-1)

阴极：$O_2 + 4H^+ + 4e^- \longrightarrow 2H_2O$ $(E^{\ominus} = +0.82V)$ (10-2)

图 10-1 微生物燃料电池基本组件示意图

根据活性微生物将产生的电子从介质转移到阳极电极的原理，MFC 可分为两类：有介质的 MFC 和无介质的 MFC。尽管不同的电化学参数如功率密度、电池电压和生物参数（如连续系统中的基质装载率）都能描述 MFC，但 MFC 的性能主要受以下几个因素的影响：①阴极室中氧气的供应和消耗；②阳极室中基质的氧化；③阳极室到阳极表面的电子穿梭；④质子交换膜的渗透性[2]。

近几十年来，MFC 技术有了很大改进。然而，它在放大和实际应用中也遇到了一些挑战，如每个隔室中的湍流、质子运输过程中的膜阻力等。除此之外，MFC 还面临着两个发电瓶颈问题：①MFC 的发电量与底物浓度有直接关系，但在每个系统中都有很大的范围。

基质浓度超过特定值，发电量就会受到阻碍。②基质浓度越高，MFC 的发电量就越高。MFC 的输出会受到限制，而高内阻则会利用 MFC 的大量发电。这里需要补充说明的是，质子交换膜（PEM）将阳极室和阴极室隔开，是 MFC 两个室中高内阻的主要来源。为了克服阴极氧化催化的要求，人们探索了生物阴极，生物阴极可以改善 MFC 中的氧化。同样，为了通过去除 PEM 减少内阻来提高发电量，人们还提出了新颖的 MFC 设计：单腔 MFC（SCMFC）、叠层 MFC 和上流式 MFC[1]。

一般来说，为了获得良好的 MFC 功率输出，电极的设计应能促进生物催化剂系统和阳极之间良好的电接触。介质可以通过三种方式与微生物耦合：

① 在微生物悬浮液和阳极表面之间穿梭。

② 扩散介质在阳极和与电极共价连接的微生物细胞之间穿梭。微生物细胞可以通过微生物膜的氨基与具有—COOH 基团的电极表面共价连接，从而形成酰胺键。有机试剂如碳二亚胺和乙酰氯可用于将微生物细胞连接到表面。

③ 吸附在微生物细胞上，提供从细胞到阳极的电子传递。

在 MFC 中使用化学介质存在以下问题：它们可能价格昂贵，且可能对微生物有毒害，不适合大多数工业应用，特别是在废物处理方面，因为它们会污染处理后的水源。因此，更多研究集中在无介质 MFC 和细菌"催化"生物电化学氧化过程中的电子传递机制上。本节通过介绍 MFC 的组成结构及性能影响因素，明晰 MFC 中微生物催化过程，为设计高效率 MFC 提供理论基础。

10.1.2 微生物燃料电池的分类

MFC 目前没有统一的分类标准，通常可以按照反应器结构、菌种成分、电子转移方式和阳极材料种类等特征进行分类。

（1）按反应器结构分类

MFC 按反应器结构可分为单室型、双室型和串联型三种。双室 MFC 具有两个电极室（阳极室和阴极室），阳极室通入 N_2 为产电微生物的活动提供厌氧环境，阴极室通入 O_2 或者添加铁氰化钾、高锰酸钾等提供电子受体提高阴极氧还原反应（ORR）性能。常见构型包括管状、平板式和升流式等，可根据研究内容灵活选取。双室 MFC 最大的优点是便于研究产电菌的产电机理和电化学过程机理等，但由于双室之间隔膜的存在，电池整体电阻较大，降低 MFC 产电能力。为了降低 MFC 内阻，提高质子传输速率和电池效率，研究者们在双室结构基础上设计出了单室 MFC。单室 MFC 将阴极暴露在空气中，使氧还原反应更容易进行，在一定程度上提高了电能输出。但空气中的氧气很容易透过阴极扩散到阳极室，可能会降低阳极的生物电活性。目前，研究者在单室结构的基础上设计出了串联结构的 MFC，可增加 MFC 的电压，提高产电性能[2]。

（2）按菌种成分分类

MFC 按产电菌菌种成分可分为纯菌型和混合菌型两种。纯菌型 MFC 是指将单一菌种接种于阳极，主要用于机理研究、分析菌种的电化学性能以及胞内、外电子转移机理。由于纯菌不需要经过驯化过程，因此纯菌型 MFC 的启动较快。但纯菌型 MFC 的成本较高、底物存在选择性和特异性，因此往往难以适应 MFC 的实际运行工况。混合菌型 MFC 是阳极接种了多种产电菌的 MFC，菌种往往直接来源于污水、河流淤泥等。相比纯菌型 MFC，混合菌型 MFC 具有较强的环境变化适应能力，因此更有利于详细研究不同工况对 MFC 性能的影响，并具备较高的产电性能和运行稳定性。研究表明，混合菌型 MFC 的发电量通常为纯菌型 MFC 的 6 倍，但混合菌型 MFC 通常需要驯化和培养优势产电菌，因此电池启动相对较慢。

（3）按电子转移方式分类

MFC 按照电子转移方式可分为直接型 MFC 和间接型 MFC。间接型 MFC 需要人为地向阳极室中加入电子传递介体（如亚甲基蓝、吩嗪以及醌类物质等），电子会通过电子介体间接地传递到阳极，但由于电子介体自身存在的局限性，大大限制了间接型 MFC 的应用。直接型 MFC 无须向阳极室中添加电子传递介体，产电菌自身通过代谢分泌内源性电子介体实现电子传递。

（4）按阳极材料种类分类

MFC 按阳极材料种类可以分为碳材料 MFC 和金属材料 MFC。如前所述，MFC 的阳极材料必须具有高电导率、耐腐蚀、高机械强度、大比表面积等特性，因此目前常用作阳极的材料主要分为碳材料和金属材料两种。

常用的阳极碳材料有碳布、碳棒、碳刷、碳网、碳纱、碳纸、碳毡、颗粒状活性炭、粒状石墨、三维碳化纸板、石墨板和网状玻璃碳等。为了降低碳材料阳极的内阻，通常可将平面结构的碳材料改造成多孔或纤维状的碳结构。碳材料中的碳布、碳网和碳纱等材料也可以折叠成三维电极，其大孔结构可使细菌在电极整个表面形成生物膜。通过构建碳网和石墨碳刷复合阳极，将电池功率密度提高了 150%。除此之外，由静电纺丝纳米纤维、棉织物或者其他生物质材料碳化后得到的生物质碳，也具有丰富的孔结构，可大幅提升电极性能。

常用的金属阳极材料包括不锈钢板、不锈钢网、不锈钢刷、银片、镍、铜、金片和钛等。这些金属材料虽然导电性强，但表面光滑、比表面积小，因此黏附的产电菌较少，电化学性能往往较低。同时，铜和镍等金属离子可能具有一定毒化效果，不利于产电微生物成膜，通常需要进行改性后才可使用。过渡态金属化合物纳米粒子一般具有较高的催化活性和特殊的电化学活性，可降低阳极反应的活化能，促进产电微生物在电极表面的黏附及生长。通过水热方法得到碳纸负载的多孔 TiO_2 纳米线，将其用作阳极的 MFC 相比碳纸阳极的 MFC 功率密度提高了 49%。可见，过渡态金属化合物纳米粒子的引入可大幅提升阳极的生物电化学活性。

10.1.3　微生物燃料电池的性能影响因素

影响 MFC 性能的关键因素主要包括电极材料、微生物、反应底物、运行条件和电池结构等，通过合理选择和调控这些因素，可以有效提高 MFC 的产电性能和能源转换效率，对于推动 MFC 技术的发展具有重要意义。

(1) 电极材料

电极材料是 MFC 中的关键组成部分，其性能直接影响到 MFC 的产电效率和稳定性。常见的电极材料包括碳材料、金属材料、导电聚合物等。不同材料的导电性、化学稳定性、生物相容性等特性各异，对 MFC 的性能产生显著影响。

对于 MFC 阳极而言，高生物相容性、高导电性及高孔隙率的材料能有效提升电极及电池性能。碳材料因其良好的导电性和化学稳定性而被广泛应用于 MFC 的电极制备。其中，碳纳米管、石墨烯等新型碳材料因其高比表面积和优异的电子传输性能，成为 MFC 电极材料的研究热点。通过优化碳材料的结构和表面性质，可以提高 MFC 的电极活性，进而提升产电性能。金属材料如不锈钢、铜、金等可被用作 MFC 的电极材料。这些金属具有良好的导电性和催化活性，但成本较高且易受到环境因素的影响。因此，开发低成本、高稳定性的金属电极材料是 MFC 领域的一个重要研究方向。导电聚合物作为一种新型的电极材料，在 MFC 中展现出了良好的应用前景。通过调控聚合物的结构和性质，可以实现电极材料的高导电性和生物相容性，从而提高 MFC 的产电效率和稳定性。

对于 MFC 阴极而言，高导电性、高反应活性和高活性比表面积能有效提升电极和电池性能。对于化学阴极而言，由于采用高价氧化物（如高锰酸钾、铁氰化钾等）作为电子受体，因此可采用具有高导电性和大比表面积的材料（如碳布、碳毡等）作为电极，有效提升电极与高价氧化物溶液的接触面积，及时消纳阳极产生的电子。对于空气阴极而言，由于采用空气中的氧气作为电子受体，因此可采用高 ORR 活性的材料（如贵金属、过渡金属氧化物、过渡金属氮碳螯合物等）作为电极[2]，有效促进氧还原反应的进行，提升电极及电池性能。对于生物阴极而言，由于其采用微生物作为生物催化剂，促进电子向被还原物质的快速转移，因此，该部分材料的选择与阳极的选择相似，即选择高生物相容性、高导电性及高孔隙率的材料能有效提升电极及电池性能。

(2) 微生物

微生物作为 MFC 中的生物催化剂，其种类和活性对 MFC 的性能具有重要影响。常见的用于 MFC 的微生物包括 *Shewanalla*、*Geobacter* 等产电菌[3]。这些微生物能够利用有机底物进行生物氧化反应，产生电子并传递给电极，从而产生电能。不同种类的微生物对底物的利用能力和电子传递效率存在差异。因此，选择适合 MFC 运行条件的微生物种类是提高 MFC 性能的关键。

此外，微生物群落结构是影响 MFC 性能的关键因素之一。不同种类的微生物在 MFC 中发挥着不同的作用，它们之间的相互作用和协同作用对 MFC 的产电性能有着重要影响。研究表明，通过优化微生物群落结构，可以提高 MFC 的产电效率和稳定性。例如，筛选高效产电菌株、调控微生物之间的相互作用关系[4] 等，都能有效优化 MFC 性能。

(3) 反应底物

反应底物是 MFC 中微生物进行生物氧化反应的原料，其种类和浓度直接影响到 MFC

的产电性能和能源转换效率。常见的反应底物包括葡萄糖、乙酸、乳酸等有机化合物。不同底物的化学结构和生物可利用性不同，导致 MFC 的产电性能和能源转换效率存在差异。因此，选择适合 MFC 运行条件的底物种类是提高 MFC 性能的重要途径。此外，底物的浓度也会影响到 MFC 的产电性能。过高的底物浓度可能导致微生物代谢受到抑制，从而降低产电效率；而过低的底物浓度则可能导致 MFC 的产电能力不足。因此，合理控制底物的浓度对于提高 MFC 性能具有重要意义。

（4）运行条件

MFC 的运行条件如温度、pH、外接电阻和氧气浓度等因素都会影响微生物的活性、代谢速率和电子传递效率，进而影响电池性能。温度是影响微生物活性和化学反应速率的重要因素。适当的温度可以提高微生物的代谢速率和电子传递效率，从而提高 MFC 的产电性能。pH 则会影响微生物的生长环境和底物的可利用性。通过优化 MFC 的 pH，可以提高微生物的活性和底物的利用效率。外接电阻的大小直接影响到 MFC 的输出电压和电流密度。选择合适的外接电阻可以实现 MFC 的最大功率输出。氧气浓度主要影响微生物的生长、代谢和产电过程，当氧气浓度较高的时候，微生物可通过呼吸作用，消耗培养基中的有机物和氧气实现快速繁殖、成膜，但此时微生物的产电能力受到抑制。当氧气浓度较低时，微生物的呼吸作用受到抑制，此时微生物能将底物中的电子转移到化合物或间接电子受体上，实现产电过程。因此，在实际应用中，需要根据 MFC 的运行需求和微生物的特性，合理调控环境条件，以优化 MFC 的性能。

（5）电池结构

MFC 的构型也会影响其性能。目前，MFC 的电池结构主要包括单室 MFC、双室 MFC 和堆栈 MFC 等。其中，单室 MFC 内部只有一个腔室，配置相对简单，不需要不同的电解质。但单室 MFC 在运行过程中，由于阴、阳极没有物理隔离，阳极微生物容易通过溶液附着到阴极上，导致混合电位的产生，降低了电池性能。双室 MFC 由被质子交换膜分隔的阳极区和阴极区组成。这种构型的主要优点在于阳极和阴极之间的质子交换膜可以有效防止质子从阳极区进入阴极区，从而避免了电解质酸化的问题。同时，也有效缓解了阳极微生物在阴极上的附着。此外，质子交换膜还能有效维持阳极和阴极之间适当的 pH 值，从而保证了微生物在阳极区的活性，提高了产电效率。但是由于阳极和阴极被质子交换膜分隔，这可能导致电子传递的路径较长，增加了内阻，从而影响电池的发电效率。堆栈 MFC 是一种将多个单体 MFC 通过串联或并联方式组合在一起的构型。这种设计的主要优势在于能够显著提高 MFC 的总发电量和功率输出。通过将多个单体 MFC 堆叠在一起，堆栈 MFC 能够利用更多的微生物和更大的电极面积进行电化学反应，从而产生更多的电能。但是，随着单体 MFC 数量的增加，堆栈 MFC 中的质子传递和电子流动路径可能变得更加复杂，有时会出现单体 MFC 反极现象，降低了堆栈 MFC 的整体性能，因此需要仔细设计堆栈 MFC 结构以确保其高效的能量转换。

综上所述，影响 MFC 性能的关键因素较为复杂，通过深入研究和优化这些因素，可以有效提高 MFC 的产电性能和能源转换效率。然而，目前 MFC 技术仍面临一些挑战，如成本较高、稳定性不足等问题。未来研究应进一步关注 MFC 技术的经济性、稳定性和规模化应用等方面的研究，推动 MFC 技术在能源领域的广泛应用。

10.1.4 微生物燃料电池的 COD 去除和电能回收

MFC 作为一种革命性的环境生物技术，可利用产电微生物将有机废物直接转换为电能。本节将详细探讨 MFC 在去除有机残留和能量回收方面的工作原理及发展，着重分析其在环境保护和可持续能源领域的重要价值。

（1）MFC 的 COD 去除

MFC 的 COD 去除有机残留的机理归功于阳极的生物电化学反应。阳极产电菌通过代谢活动，消耗废水中的有机物质（如葡萄糖、乙酸等），并将化学能转换为电能。这一过程中，有机物的分解直接关联到电子的转移能力。因此，阳极微生物的代谢活性直接影响 COD 的去除效率。

MFC 技术在去除液体有机残留的过程中具有以下优势：①可将污染物/废物（化学能）转化为有用的电能，同时释放出二氧化碳和水，既最大限度地减少水污染，又能产生清洁的电能，可以保护自然生态系统免受环境污染；②不依赖外部电源，因此是一种高效节能技术；③对有机污染物、有机金属污染物甚至无机污染物，均有较高的去除效率[5]，因此应用场景较丰富；④处理结束时产生的污泥量相对较少[6]；⑤利用环境友好的微生物和空气来实现有机残留的降解，是一种生态友好型技术；⑥基于藻类的 MFC 反应器可从有机残留中获取高附加值产品。

尽管利用 MFC 去除 COD 的工作具有上述优势，但其应用场景仍受限。例如，MFC 并不适于处理含有高浓度抗生素污染物的废水。同时，既有研究多在实验室条件下使用优化浓度的有机污染物模型进行，有关 MFC 在实际生活中长期稳定的研究仍不足。因此，未来需加强以下几个方向的研究，以减少或消除 MFC 的应用局限性[7]：①开发导电性更强、耐用性更高的电极材料；②明确 MFC 降解有机污染物副产物的毒性；③MFC 放大化，以适应实际工况的应用需求；④优化 MFC 运行参数，实现长期高效稳定运行。

（2）MFC 的能量回收

MFC 的能量回收主要通过利用微生物分解有机物时产生的电子实现。电子在外部电路中形成电流，驱动电气设备或存储于电池中，从而实现能量的有效回收。选择有效的电子受体、强化微生物产电特性、优化电化学反应条件，是提升 MFC 电能的有效手段。实际上，MFC 的电能输出取决于多种因素，包括微生物的代谢效率、电极材料的导电性能、电路的整体设计等。

通常，MFC 的能量回收能力可用归一化能量回收率（normalized energy recovery，NER）来衡量，如式(10-3)所示，其物理意义归纳为 MFC 产电量与废水中 COD 的比值：

$$NER = 产电量/(废水流动速率 \times \Delta COD) \tag{10-3}$$

影响 NER 的关键参数很多，其中 MFC 尺寸规模和底物种类对 NER 的影响效果最为显著。

MFC 反应器的尺寸是影响 MFC 性能的重要参数，然而大多数 MFC 研究都是在毫升级的小型反应器中进行的。研究表明，小于 50mL 的 MFC 功率密度可超过 $500W \cdot m^{-3}$，且规模越小，功率密度越高。而超过 2000mL 的 MFC，功率密度通常不超过 $30W \cdot m^{-3[8]}$。这一结果说明，MFC 的 NER 随其尺寸规模的增加而降低。

阳极底物（主要是有机化合物）是 MFC 发电的电子源，其种类会对阳极电位、微生物群落、处理后废水的质量以及能量回收产生重大影响。在 MFC 中研究了多种用于发电的基质，包括乙酸盐、葡萄糖、废水和石油化合物。通常，结构简单的底物（如乙酸）分解路径相对简单，能量损失较少，因此相比复杂结构的底物而言可产生更多电力。例如，乙酸作为 MFC 研究中最常用的底物，其功率密度远高于葡萄糖、蔗糖或更复杂的实际废水。在能量回收方面，乙酸的表现也优于实际废水，而葡萄糖的 NER 与废水相当。乙酸的平均 NER 为 $0.25kW \cdot h \cdot m^{-3}$ 或 $0.40kW \cdot h \cdot kg^{-1}$，葡萄糖为 $0.18kW \cdot h \cdot m^{-3}$ 或 $0.12kW \cdot h \cdot kg^{-1}$；居民废水的平均 NER 为 $0.04kW \cdot h \cdot m^{-3}$ 或 $0.17kW \cdot h \cdot kg^{-1}$，工业废水为 $0.10kW \cdot h \cdot m^{-3}$ 或 $0.04kW \cdot h \cdot kg^{-1}$。

值得注意的是，尽管 NER 是衡量 MFC 能量回收性能的关键指标，但高 NER 并不意味着 MFC 可回收能量高。为提高 MFC 的能量回收量，未来研究需进一步优化 MFC 的系统配置和操作策略，同时减少操作中的能耗。

10.2 微生物电解池及电合成系统

10.2.1 工作原理

微生物电解池工作原理与微生物燃料电池相似，如图 10-2 所示，其阳极工作原理与微生物燃料电池阳极一致，所不同的是：在微生物电解池阴极侧，电子与 H^+ 结合生成 H_2。通常情况下，微生物电解池中溶液 pH = 7，典型的反应方程式如式（10-1）和式（10-4）所示。

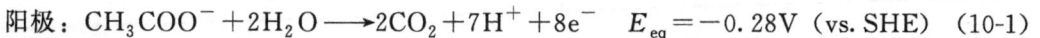

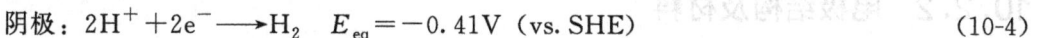

阳极：$CH_3COO^- + 2H_2O \longrightarrow 2CO_2 + 7H^+ + 8e^-$ $E_{eq} = -0.28V$（vs. SHE） (10-1)

阴极：$2H^+ + 2e^- \longrightarrow H_2$ $E_{eq} = -0.41V$（vs. SHE） (10-4)

从上述方程中可以得知，微生物电解池中的阴极电位低于阳极电位，其等效结果为系统的吉布斯自由能大于 0（$\Delta G > 0$），意味着该系统中的电极反应不可自发进行。因此，需要额外输入能量以保证系统的正常运行。理论上，只需要在该系统阴阳极之间施加 0.13V 的外电压即可使该系统正常运行，但由于过电位的存在，通常情况下，需要施加的电压高于 $0.2V^{[9]}$。

微生物电合成系统通常由阳极、阴极和离子交换膜构成，其工作原理如图 10-3 所示。

具有产电能力的电活性菌附着于阳极上，通过氧化降解污水中的有机物产生电子，并将电子传递到电极表面；在外加偏压的作用下，阳极上的电子通过外电路到达阴极；阴极表面附着有具有固碳能力的电活性菌，这些电活性菌通过直接或间接的电子传递方式从阴极表面获得电子，并将其利用于 CO_2 还原，最终生成 CH_4 等生物燃料或者乙酸、甲酸等经济产物[10,11]。

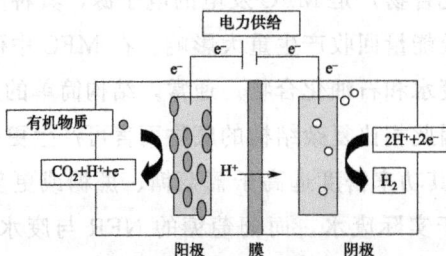

图 10-2 微生物电解池工作原理

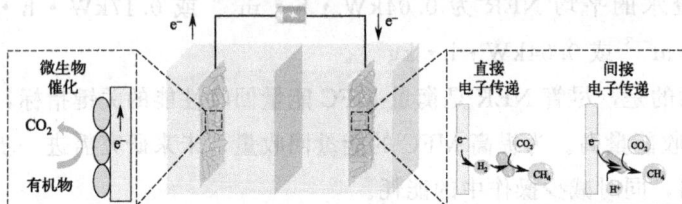

图 10-3 微生物电合成系统原理

其典型的阳极反应方程式如式(10-1) 所示：

$$CH_3COO^- + 2H_2O \longrightarrow 2CO_2 + 7H^+ + 8e^- \quad E_{eq} = -0.28V \text{ (vs. SHE)} \tag{10-1}$$

阴极（直接电子传递），如式(10-5) 所示：

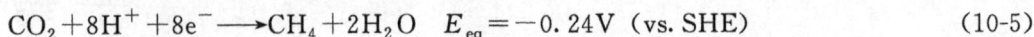

$$CO_2 + 8H^+ + 8e^- \longrightarrow CH_4 + 2H_2O \quad E_{eq} = -0.24V \text{ (vs. SHE)} \tag{10-5}$$

阴极（间接电子传递），如式(10-4) 和式(10-6) 所示：

$$第一步：2H^+ + 2e^- \longrightarrow H_2 \quad E_{eq} = -0.41V \text{ (vs. SHE)} \tag{10-4}$$

$$第二步：H_2 + CO_2 \longrightarrow CH_4 + 2H_2O \tag{10-6}$$

从上述方程可以得知，微生物电合成系统中的阴极电位低于阳极电位，其等效结果为系统的吉布斯自由能大于 0（$\Delta G > 0$），意味着该系统中的电极反应不可自发进行。因此，微生物电合成系统的运行需要额外输入能量。

10.2.2 电极结构及材料

10.2.2.1 电极结构

由于电活性生物膜附着于固体电极表面，因此电极材料特性亦是影响微生物成膜及电极性能的重要因素。目前，石墨板和石墨棒是微生物电合成系统中最为常见的二维阴极材料。石墨不易腐蚀，电化学性质稳定，其导电率能够支持阴极运行。最为重要的是，这类材料生物相容性较高，微生物在其上能形成较为致密的生物膜。然而，大部分石墨材料结构致密，缺少孔隙，微生物仅能附着于材料外表面。因此，该类材料上总的活性生物量较少，性能不佳。除石墨外，碳纤维材料（如碳布）也是常见的阴极材料。这类材料不仅具有优良的导电性和抗腐蚀能力，还具有比石墨材料更为发达的孔隙结构，使得微生物不仅能够附着于电极表面，还可以附着于纤维之间的孔隙。例如，采用碳布做阴极构建了微生物电合成系统，扫描电子显微镜（SEM）对阴极的形貌观测表明，微生物能够在碳纤维表面及纤维的间隙中形成稳定的生物膜[12]。除了碳材料，金属材料也通常被用作阴极。最常见的二维金属阴极材料是不锈钢。将不锈钢网经过热处理后作为阴极，研究表明热处理后的不锈钢表面可以形成致密的生物膜，极大地提高了甲烷在电极表面的生成速率。研究学者也对比了不锈钢网与石墨板作为阴极时的性能。利用富马酸盐作为电子受体，以 G. sulfurreducens 接种生物阴极，在 $-0.6V$（vs. Ag/AgCl）条件下，微生物在不锈钢网与石墨板表面均形成生物膜，且不锈钢生物阴极比石墨板生物阴极表现出更大的电流密度（$20.5A \cdot m^{-2}$ vs. $0.5A \cdot m^{-2}$），意味着以不锈钢作为阴极基底能够获得更高的性能。其他金属材料，如镍、铜等也是常见的阴极材料。分别利用不锈钢网、镍网和铜网作为阴极，以混菌接种，研究了阴极材料对性能的影响。结果表明，所有阴极材料表面均形成生物膜，表现出一定的生物相容性；在相同运行条件下，镍网微生物阴极表现出最大的甲烷产率及电流密度。然而，较小的比表面积与有限的微生物附着面积始终制约了二维电极的性能。

相比于二维材料，三维材料由于具有发达的空间孔隙结构，使得比表面积显著增大；得益于发达的孔隙，三维材料内外表面上形成的生物膜同样具有高度的空间分散性，使得反应物和产物在生物膜内的传输阻力减小。因此，三维材料被广泛应用于微生物电合成系统。最为常见的三维材料有毡状物（如碳毡、不锈钢毡、泡沫镍等）和刷状物（如碳刷、不锈钢刷等）。例如，利用碳毡制作阴极，当阴极电位低于 $-0.85V$（vs. Ag/AgCl）时，得到了较高的 H_2、CH_4 和乙酸产率。采用不锈钢刷作为阴极时，外加电压为 0.6V 时，比表面积为 $810m^2 \cdot m^{-3}$ 的不锈钢刷可以实现高达 $188A \cdot m^{-3}$ 的电流密度，其电流几乎与贵金属（如 Pt）电极电流密度相当。虽然毡状与刷状电极已被广泛应用，但电极体积相对于反应器体积往往较小，不能有效地利用反应器空间。因此，研究者提出了利用多孔的颗粒（如石墨颗粒、活性炭颗粒等）填充反应器，并以导电材料插入填充颗粒中，从而构成了填充床电极。这类电极能有效利用反应器空间，在有限的反应体积内，极大地增加电极反应面积；另一方面，由于填充的颗粒之间存在空隙，反应物可以迅速扩散进入填充床，因此，填充床电极为微生物附着成膜提供了优良条件。例如，采用干重为 30g 的石墨颗粒堆积形成的体积大约为 $15cm^3$ 的填充床电极，在 $-0.59V$（vs. Ag/AgCl）的电位下获得了较高的甲烷和乙酸产率，产物的电子利用率约为 84.2%，表明填充床电极内的生物膜能够有效利用从电极获得的电子。然而，填充床电极的集流器通常是一根插入填充物内的棒状导体（如石磨棒），导致集流器与填充床的接触面积有限且接触不够紧密，因此该类电极往往具有较大的欧姆内阻。虽然有学者提出以碳刷代替石磨棒作为填充床电极的集流器，能够增大填充颗粒与集流器的接触面积，但填充颗粒仅靠重力作用与碳纤维接触，依然不能有效减小填充物与集流器的接触电阻。

10.2.2.2 电极材料及修饰

众所周知，电极材料的表面特性对生物膜成膜有重要影响，而单纯的碳质和金属材料，其表面特性都相对固定，为了进一步提高电极表面的成膜质量，研究者们对电极的修饰方法进行了大量研究。虽然修饰的方式纷繁复杂，但其目的可以归结为两点：提高生物相容性和电活性面积。基于这两个出发点，常见的修饰方法及其原理又可大致总结为以下两点：通过表面修饰使电极表面更为粗糙，或者获得更为发达的孔隙结构，从而提高比表面积及电极表面活性生物量，最终提高阴极的性能；通过表面修饰使电极表面形成官能团，增加电极亲水性，促进成膜，或使表面带正电荷，因为大部分细菌表面均呈负电，悬浮菌则会由于静电引力的存在而向电极靠近并迅速成膜[13, 14]。当然，在实际应用中，同一种修饰方法也可能从上述两方面同时促进细菌吸附及成膜。

（1）构建发达孔隙结构

一般而言，修饰后的电极表面的物理和化学特性都会得到改变。在物理特性方面，主要表现为比表面积的增大。研究表明，电极比表面积的增加能够有效降低反应过电位，使电化学反应更容易发生，微生物更容易成膜。以此为出发点，增加比表面积的修饰方法又可分为两大类：增大表面粗糙度和改善电极孔隙结构。在增大表面粗糙度方面，利用修饰方法使表面形成纳米颗粒结构是基本出发点。例如，采用火焰煅烧法对不锈钢进行热处理，使处理后的不锈钢表面生成氧化铁纳米颗粒。研究学者采用电聚合法在碳布表面修饰聚苯胺（PANI）及多壁碳纳米管。这些修饰方法都在原本较为光滑的电极表面形成了纳米结构，使电极表面更为粗糙，有效地改善了电极生物相容性[15, 16]。若用于修饰的纳米材料还具有多孔结构，则会进一步增加修饰后电极的比表面积。例如，利用具有多孔结构的 Fe_xMnO_y 微纳米球修饰碳布，修饰后电极的交换电流密度比未修饰电极提高了 7.2 倍，意味着修饰后的电极具有更高的电化学活性，更利于微生物成膜。

除提高比表面积外，改善电极孔隙结构也是十分有效的修饰方法。当电极具有较为发达的孔隙结构时，电极内外表面都可形成生物膜。另一方面，由于这些孔隙的存在，电极内物质的传输得以促进，电极内表面形成的生物膜可以获得源源不断的反应物。因此，具有发达孔隙结构的电极性能可大幅提高。例如，以硝酸处理碳布做基底使其表面带负电，又以四亚乙基五胺修饰石墨烯使石墨烯表面带正电，在静电力的作用下，石墨烯在碳布表面形成了蓬松多孔的自组装结构。研究人员对比了微生物在仅经过硝酸处理的碳布和自组装电极上的成膜情况及电化学特性。结果表明，相比于碳布电极，自组装电极上形成了更为致密的生物膜；在相同阴极运行电位下，自组装电极上的电流密度是碳布电极的 3.6 倍，且电子利用率达到 84% 以上。此外，以石墨棒为基底，将石墨毡固定在表面，使原本光滑的石磨棒表面形成多孔结构，电极表面的多孔结构内可形成较为致密的生物膜，电极活性生物量较高。同时，附着于该电极上的微生物可以有效从电极表面获得电子，电子利用率在 90% 以上。这些研究结果都表明，在结构较为致密的电极基底上进行修饰，使表面形成孔隙结构，是一种有效提高电极性能的方法。

除了利用修饰手段在电极表面形成多孔结构外，许多研究者以本身具有发达孔隙的材料为基底，在此基础上对材料进行修饰，最大限度地发挥出多孔结构的优势。例如，以网状玻璃碳为基底，利用气相沉积法对其内外表面进行碳纳米管修饰，在原有的大孔结构中增加了小孔和微孔结构，不仅改善了电极的生物相容性，也进一步增大了电极的比表面积。其研究结果表明，在稳定成膜后，未经修饰的网状玻璃碳电极得益于大孔结构，其电流密度比常用的石墨片电极高 2 倍，而修饰后的网状玻璃碳电极的电流密度是未修饰的网状玻璃碳电极的近 10 倍。经过长周期运行后，修饰后的网状玻璃碳电极在 $-0.85V$（vs. SHE）电势下的电流密度可以高达 $150A \cdot m^{-2}$。利用多孔碳毡为基底，在碳毡上修饰石墨烯，构造具有多级孔隙结构的电极。结果表明，相比于未修饰的碳毡，修饰后的电极比表面积增加了 2 倍，CO_2 还原速率增加了近 7 倍。此外，以泡沫镍和泡沫铜为代表的多孔金属材料在修饰后也被作为阴极应用于微生物电合成系统中。金属基底导电性好，经修饰后生物相容性得到极大改善，微生物可以在其上形成高质量的生物膜，使得生物阴极性能有了显著提高[17, 18]。

（2）调控电极界面特性

微生物的成膜首先需要有微生物向电极表面的吸附，除上述物理特性外，电极表面的化学特性在微生物吸附过程中也有至关重要的作用。微生物在表面的稳定吸附主要受氢键、静电力和表面亲疏水特性等影响[19-21]。在吸附过程中，电极表面的官能团可直接与微生物的外膜和胞外聚合物接触，甚至参与微生物-电极之间的物理化学反应。因此通过改变电极表面官能团来促进阴极成膜是一种常见的方法。

由分子轨道理论可知，含有 C、N、O 和 S 的官能团之间能够较为容易地发生相互作用形成化学键。傅里叶变换红外光谱（FTIR）等的测试结果表明，大部分微生物的表面与胞外聚合物中都含有丰富的 C、N、O 和 S 的官能团[22]。因此，对电极表面进行含有 C、N、O 和 S 的官能团修饰能够有效促进微生物向电极表面的附着。当微生物附着于表面后，在微生物与电极表面的进一步物理化学反应中，这些官能团能够进一步稳固于电极表面，有力地促进了生物膜的继续形成。例如，利用含有 HSO_4^- 基团的聚苯胺修饰碳布后，发现微生物在修饰后的电极表面成膜时间相比于在未修饰电极上缩短了近 33%。同时对微生物与电极表面化学键能的计算结果也表明，含有 C、N、O 和 S 的官能团十分有利于微生物向电极表面的吸附与成膜。

除官能团之间形成化学键促进成膜外，某些官能团带有电荷，使电极表面与微生物之间将产生静电力。一般而言，微生物表面带有负电荷，通过修饰使电极表面带有正电官能团，可以使电极与微生物之间产生静电吸引力，在静电力的作用下，微生物的吸附成膜效果可以得到大幅提高[23, 24]。含氮官能团通常带有正电，因此被广泛用于电极修饰。例如，将碳布在氨气氛围内进行热处理，使电极表面形成氨基等基团，微生物在含有氨基的电极上的成膜速度相比于在未修饰的电极上缩短了近 50%。此外，相比于带有负电荷的电极，微生物在表面带有正电荷的电极的成膜速度提高了 23 倍。此后，诸如等离子体修饰、气相沉积和重氮掺杂等方法被大量用于电极修饰，其目的是使电极带有尽可能多的正电荷。然而，这些方法在微生物阴极中鲜有应用。在微生物阴极中，增加电极正电荷最为常见的修饰手段是在电极表面附着壳聚糖或高聚物。例如，利用壳聚糖、三聚氯氰、氨丙基三乙氧基硅烷和聚苯胺对碳布进行修饰，使其表面带有正电荷，电极表面的正电荷在阴极成膜过程中起到了关键作用，带有正电荷的阴极表现出了更高的电流响应速度及产物产率。但并不是所有使电极带有正电的修饰方法都能促进成膜，若正电官能团的存在导致电极生物相容性降低，则微生物不能在电极表面形成稳定的生物膜。

亲水性是用于表征材料表面与水分子相互作用力的重要参数，亲水性好的材料通常意味着溶液中的物质更容易与材料表面发生相互作用。一般而言，较差的亲水性会导致固-液界面处产生较大的表面张力，阻碍溶液中物质（如微生物）向材料表面的吸附。因此，在微生物电合成系统中，通常采用亲水性较好的材料作为电极基底，或者通过表面修饰在电极表面形成亲水官能团以促进微生物的吸附与成膜。研究表明，由于具有较高的极性，含氧官能团是一类较为理想的亲水官能团，电极表面形成含氧官能团后，表面亲水性可以得到大幅提高。例如，将石墨在空气氛围中经过等离子体处理后，其表面会形成大量含氧官能团。微生物在修饰后的石墨电极上的成膜速度得以大幅提升[25]。类似地，C—N、C=N 及 N—O 官能团也具有较强的极性，当电极表面存在这些官能团时，电极的亲水性同样会得到大幅改善，从而促进了微生物的吸附与成膜。然而，强极性的官能团同样可能会改变电极的带电属性，在某些情况下，静电力与表面张力会同时影响微生物的吸附。

总而言之，当电极表面存在大量带正电的亲水官能团时，微生物能够更容易在电极表面形成稳定的电活性生物膜。尤其是当产甲烷菌吸附成膜时，由于产甲烷菌自身生长繁殖速率低，电极表面官能团的存在能够极大地促进产甲烷菌的成膜。

10.2.3 固碳产甲烷微生物电合成系统中的关键步骤及影响因素

在固碳产甲烷微生物电合成系统中，微生物阴极是其核心部件。阴极侧固碳产甲烷过程可总结为以下步骤：

① 微生物阴极成膜。当微生物电合成系统刚开始运行时，产甲烷菌几乎全部存在于悬浮液中，电极表面没有微生物附着，故而此时的阴极不能还原 CO_2 产生 CH_4。但悬浮液中的产甲烷菌有向固体表面吸附的趋势，且阴极由于电极化作用而变得能够支持微生物生长，因此，随着时间的推移，宏观上看，溶液中的悬浮菌不断向阴极表面吸附，在阴极表面生长，最终在电极表面形成具有还原 CO_2 产生 CH_4 能力的电活性生物膜。

② 附着于电极表面的产甲烷菌从阴极表面获得电子。任何一个电化学反应的发生，都必须保证电子供体与电子受体同时存在。在微生物电合成系统中，阴极溶液中通常不含有能够向产甲烷菌提供电子的物质（即电子供体），意味着产甲烷菌不能从悬浮液中的其他物质获得电子。因此，阴极成为产甲烷菌获取电子的唯一对象。当阴极具有较低的电势时，产甲烷菌即可从阴极获得电子。

③ e^-、CO_2、H^+ 等反应物在电活性生物膜中的传输。通常情况下，生物膜并非单层结构，而是由数层微生物构成的多层多孔结构。当附着于阴极表面的产甲烷菌从阴极获得电子后，电子会从内层生物膜（靠近电极的生物膜）向外层生物膜（靠近主体溶液的生物膜）传递；而溶液中的 CO_2、H^+ 等反应物将从外层生物膜向内层生物膜扩散。

④ CH_4 的生成。当电极表面形成了电活性生物膜后，在外加偏压的作用下，产甲烷菌不断从阴极获得电子；另一方面，CO_2、H^+ 等反应物扩散到阴极生物膜内。此时，在产甲烷菌体内酶的作用下，CO_2 被还原生成 CH_4。宏观上即表现为电活性生物膜在外加偏压作用下不断从阴极获得电子并将 CO_2 还原成 CH_4。上诉步骤中，又以①、②和③最为重要。

10.2.4 阴极电位及外加偏压对微生物阴极电子传递特性的影响

目前，微生物电合成系统主要通过外加偏压或者三电极体系运行。当通过三电极体系运行时，阴极运行电位通常设定为恒定值；当采用外加偏压运行时，微生物电合成系统的阴阳极电位差恒定，而阴阳极电位并非恒定不变。不论通过何种方式对微生物电合成系统进行培养，其目的都是通过电极化使系统的阴极获得低于反应平衡电位的运行电位。对于任何一个电化学反应，其理论反应电位（平衡电位）可由能斯特（Nernst）方程计算得出，如式(10-7)所示：

$$E = E^{\ominus} \frac{RT}{-nF} \ln \frac{[\text{products}]^p}{[\text{reactants}]^r} \tag{10-7}$$

式中，E 是理论反应电位；$E^{\ominus}$ 为标准电极电位；R 是气体常数，$8.314 \text{J} \cdot \text{mol}^{-1} \cdot \text{K}^{-1}$；$T$ 为溶液温度，K；n 为电子转移数；F 为法拉第常数，$96485 \text{ C} \cdot \text{mol}^{-1}$；$[\text{products}]^p$ 和 $[\text{reactants}]^r$ 分别为产物和反应物活度。根据规定，所有反应方程书写时均以进行还原反应形式描述，因此产物和反应物分别为还原产物与被氧化物。例如，根据 Nernst 方程，在标准状态下（$T = 25℃$，$p = 100\text{kPa}$，pH=7），微生物阴极产生氢气和甲烷的平衡电位分别为 -0.41V（vs. SHE）和 -0.28V（vs. SHE）。

在实际反应中，当电极电位低于反应的平衡电位时，电化学反应宏观上表现为还原反应；而当电极电位高于平衡电位时，电化学反应宏观上表现为氧化反应。图 10-4 中列举了在典型的产甲烷微生物电合成系统中，阴阳极上可发生的电化学反应及其平衡电位。

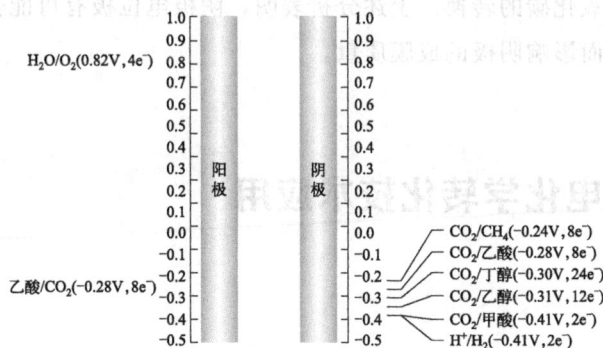

图 10-4 微生物电合成系统中典型化学反应的平衡电位

从图 10-4 可知，电极电位决定了电极表面发生电化学反应的种类。因此，选择合适的电极电位对培养微生物阴极十分重要。另一方面，电极电位也决定了电化学反应的速率。对于还原反应而言，电极电位一定低于平衡电位，且其与平衡电位的差值越大（即过电位越

大），还原反应速率越快。

在固碳产甲烷微生物电合成系统中，产甲烷微生物阴极是该系统的核心部件，阴极的性能直接影响了系统的整体性能。而对于产甲烷微生物阴极而言，产甲烷菌从阴极表面获得电子的过程又是决定阴极性能的关键步骤，即电子从阴极向产甲烷菌的传输效率直接影响了产甲烷微生物阴极的性能。如前所述，产甲烷菌可以通过直接和间接两种电子传递途径从阴极获得电子并产生甲烷。然而，目前对两种电子传递方式都缺乏机理性研究，甚至不清楚如何培养具有特定电子传递方式的产甲烷微生物阴极。

另外，阴极表面的微生物需要获得能量产生三磷酸腺苷（ATP）以维持自身的生长繁殖。理论上，微生物通过电化学反应而获得的最大能量可根据吉布斯自由能计算得到：$\Delta G^{\ominus} = -nF\Delta E'_0$。其中，$\Delta G^{\ominus}$表示在标准生化条件下（$T=25℃$，$pH=7.0$）微生物获得的吉布斯自由能；$n$代表从阴极向微生物转移的电子数；$F$代表法拉第常数；$\Delta E'_0$代表电子受体与电子供体之间的电位差，在微生物阴极中，即等价于电极过电位。从理论公式可知，当过电位增大时（即阴极电位越负），阴极表面的微生物可获得的用于生长的能量也越大，意味着阴极表面可以更快速地成膜，缩短微生物阴极从培养到稳定的周期。同时，更大的过电位还意味着更大的电化学反应驱动能力，即更负的阴极电位会导致更快的阴极反应。因此，为了缩短微生物阴极的培养周期，同时使阴极具有较高的产甲烷速率，阴极电位值应尽可能低。

根据反应热力学，在产甲烷微生物阴极中，阴极电位必须低于$-0.24V$（vs. SHE）才可能实现还原二氧化碳产甲烷的过程；然而，如果阴极电位比$-0.41V$（vs. SHE）低，阴极上可能发生析氢反应 [$2H^+ + 2e^- \longrightarrow H_2$，$E^{\ominus} = -0.41V$（vs. SHE）]。事实上，为了获得较大的甲烷产率，目前产甲烷微生物阴极在实际运行中的电位通常低于$-0.6V$（vs. SHE）。在这种情况下，生物阴极上可能产生大量氢气。而通过消耗氢气将二氧化碳转化为甲烷的反应能够向产甲烷菌提供充足的能量。因此，当阴极产生大量氢气时，产甲烷菌更倾向于利用氢气以还原二氧化碳，而非从电极表面直接获得电子，即此时的产甲烷菌通过间接电子传递实现二氧化碳的转换。上述分析表明，阴极电位极有可能会影响微生物阴极侧的电子传递方式，进而影响阴极的成膜质量。

10.3 微生物电化学转化技术应用

微生物能源转化技术在废水处理、小功率电源、生物传感器以及耦合系统等领域的应用，不仅展示了其在环境治理、能源生产和生物传感器开发中的潜力，而且为实现可持续的环境管理和保护提供了新的解决方案。随着技术的不断进步和优化，微生物能源转化技术有望在未来发挥更加重要的作用，为促进可持续发展目标的实现作出贡献。为此，将对微生物燃料电池和微生物电解池的潜在应用分别进行分析。

10.3.1 微生物燃料电池应用

在废水处理中，MFC 不仅展现出对碳、氮、磷等关键营养物的高效吸收能力，同时也能有效去除重金属和抗生素等污染物。MFC 技术的多功能性，如生物燃料和生物肥料的生产，进一步增强了其在废水处理和资源回收中的应用价值。微生物修复技术在废水处理领域的应用已经取得了显著的进展。这项技术利用了细菌、真菌等多种微生物的天然代谢能力，实现废水的净化和资源的回收。一些细菌能够通过生物吸附、生物沉淀或生物转化等机制，有效地降低水和土壤中重金属的浓度，如镉、铬、铅等。真菌也能够通过分泌酶等代谢产物来降解有机污染物，或者通过细胞表面的吸附作用直接去除水体中的污染物。微生物生物修复技术在提高水质方面也显示出了独特的优势。通过微生物的作用，可以降低水中的氨氮、亚硝酸氮以及有机污染物的浓度，从而改善水质。微生物还能够增加水体中的溶氧量及抑制有害微生物的繁殖，减少病原体的传播，提高水体的安全性。此外，生物纳米复合材料（bio-nanocomposites，BNC）的应用也在废水处理中显示出了巨大的潜力。这些材料结合了生物大分子和无机纳米颗粒，不仅能够显著提高污染物的去除效率，还具有良好的生物相容性和环境可持续性。

在小功率电源领域，微生物能源转化技术主要基于 MFC 的应用。MFC 利用特定微生物群体在阳极区域代谢有机物质，产生电子和质子，通过外电路传递形成电流。单个 MFC 电池能产生的电压一般为 $0.3 \sim 0.7V$，且由于 MFC 产生的电流较小（微安到毫安量级），因此在研究小型 MFC 时，通常直接测量外电阻上的电压而非电流。MFC 能产生的最高电压是开路电压（open circuit potential，OCP），随着电阻的减小，电压值也在减小。因此，对于 MFC 的电压测试技术在 MFC 的研究和应用中具有重要意义，通过对电压的实时监测，可以了解 MFC 的运行状态，优化操作条件，提高发电效率。目前，MFC 在生物发电领域已经取得了一定的进展，比如可为微型计算器供电，或将 MFC 堆应用于低能耗器件。MFC 的运行和维护成本较低，适合在偏远地区或发展中国家推广使用，并可与其他可再生能源技术相结合，实现能源的互补和优化。但 MFC 在实际应用中仍面临一些挑战，如电流密度低、稳定性差、电极材料成本高等。因此，进一步优化 MFC 的性能和降低成本是生物发电领域的重要研究方向。

在生物传感器领域，微生物能源转化技术的应用基于微生物与电极之间的电子传递原理。特定的微生物能够在代谢过程中将电子从细胞内部传递到外部的电极上，产生电流，进而用于检测和监测环境变化。例如，某些微生物能够对重金属离子、有机污染物或生物需氧量产生响应，并通过改变电子传递的速率或量来发出信号。这些变化可以通过与微生物相连的电极来检测，从而实现对目标物质的定量或定性分析。MFC 也可作为一种生物传感器，通过微生物的代谢活动产生电流，实现对水质的实时监测。通过遗传工程改造的微生物能够特异性地识别和去除环境中的污染物，为环境监测和修复提供新的方法。

耦合系统方面的应用则涉及将微生物的代谢活动与外部电子受体相结合，实现能量的转换和存储。例如，铁还原菌在 MFC 中的应用，通过其天然的电子传递机制，可以将有机污染物转化为无害的物质，同时产生电能。耦合系统如 MFC 和微生物电解池（MEC）已被开发用于污水处理、生物修复和生物燃料生产。MFC 能够利用污水中的有机物产生电能，同时净化水质，而 MECs 则可以利用微生物的代谢活动产生甲酸或甲烷等清洁能源。微生物脱盐电池（microbial desalination cells，MDC）则可利用电活性微生物分解有机物，从而在阴阳极间产生电位，驱动离子定向移动通过离子交换膜，实现生物脱盐过程。最新研究进展中，微生物能源转化耦合系统还探索了与光催化技术的结合，如利用光催化剂-微生物复合体系进行太阳能驱动的 CO_2 还原，将 CO_2 转化为有用的化学品或燃料。这些耦合系统的发展为实现可持续的环境管理和能源生产提供了新的解决方案和研究方向。

10.3.2 微生物电解池及电合成系统应用

微生物电解池相对于微生物燃料电池（MFC）来说，是其反过程。利用微生物作为反应主体，在阴阳极间施加电流，产生氢气或者甲烷的一种电解池，因此常常被用于有机废水的降解与绿色能源（氢气、甲烷）的产出。而微生物电合成系统通过电活性微生物将废弃有机底物转化为有价值的化学品，如甲醇、甲烷和乙酸等，这些产品可以进一步用作生物燃料或化学原料。其系统设计与操作优化是当前研究的重点。

微生物电解池和电合成系统的应用具有一定的重合，因为在实际中，电解池产生的氢气在绝大部分情况下会继续转化为甲烷。目前，二者最常见的应用方式是与厌氧消化（anaerobic digestion，AD）结合，解决传统厌氧消化难降解物质的分解问题。厌氧消化广泛应用废弃物产沼气、肥料等领域，但生产率低，稳定性差，应用效果并不十分理想。MEC/BES 依靠外加电压来驱动氧化还原反应，可以更有效地克服乙酸盐氧化（绝大多数厌氧消化的限制步骤）产氢的热力学阻碍，有利于增强厌氧消化性能，实现能量回收。

在实际生产生活中，有机废弃物往往不是简单的化合物而是成分复杂的混合物，为了扩展 MEC/BES-AD 系统底物的应用范围，在系统中以复杂有机废弃物作为底物的应用也越来越受关注。例如，有学者就使用 BES-AD 对餐厨垃圾进行降解，发现 0.6V 和 0.8V 的偏压有利于垃圾中挥发性有机酸的降解，且可以获得甲烷等可用燃料。在我国，富含木质纤维素的玉米秸秆储量丰富，通过 MEC-AD 将玉米秸秆进行生物质提炼也是一种行之有效的方法。有研究发现，利用 MEC-AD 处理玉米秸秆，木质纤维素的降解率可达 63.48%。除上述无公害物质外，MEC-AD 系统同样被证明能够有效降解许多化工有害品。硝基苯（NB）是一种重要的有机化工中间体，广泛用于染料、橡胶、医药、农药等行业，残余的 NB 可通过污染的河流和地下水进入食物链，对人体健康产生危害。另有研究表明，通过上流式厌氧污泥床（UASB）反应器与 MEC 相结合（MEC-UASB）处理含 NB 的水，可将 NB 的去除率提高至 98.1%，而常规 UASB 对 NB 的去除率仅为 80.7%。综上所述，MEC 不仅可以促进简单化学物质（乙酸盐、葡萄糖等）的厌氧消化，也可以对复杂有机废弃物（厨余垃圾、废弃活性污泥畜禽粪污、秸秆类废弃物、有毒有机物）的厌氧消化产生增强效果。

二者的另一个重要应用领域是脱氮（也称作反硝化作用），即在脱氮或反硝化微生物的作用下，将废水中的硝酸盐和亚硝酸盐还原为氮气。在 BES 中发现 *Geobacter* 微生物能够以硝酸盐为电子受体进行阴极反硝化，并将硝酸盐还原为亚硝酸盐。当对 MEC 施加 200mA 电流时，硝酸盐的去除效率可以达到 98%。需要注意的是，反硝化-生物电化学系统只能将废水中的硝酸盐、亚硝酸盐和其他氮氧化物还原为氮气，不能去除水中的氨氮。因此，通过将其与其他生物脱氮技术耦合，才能实现去除氨氮。研究学者以氨氮为基质，以硝化生物膜电极为阳极和反硝化生物电极为阴极构建了 MEC，证明了自养生物脱氨氮的可行性。在施加较小的电压（0.2~0.4V）的情况下，氨氮在阳极生物膜的作用下能将部分释放的电子传递给阳极，并通过外电路传递至阴极，用于阴极的自养反硝化。通过 PCR 技术发现，阳极和阴极表面都生长着大量电活性菌，并以欧洲亚硝化单胞菌（*Nitrosomonas europaea*）为优势菌群，因此推测硝化细菌具有直接以氨氮为燃料进行产电的能力，或其通过化能自养代谢，合成的有机物为产电菌提供能量。

思考题

10-1. 微生物燃料电池的工作原理及其性能影响因素是什么？

10-2. 微生物电解池与电合成系统的工作原理及其性能影响因素是什么？

10-3. 请概述当前微生物电化学转化技术的应用现状。

10-4. 目前微生物电化学转化技术进一步发展的主要难点是什么？

参考文献

[1] Santoro C, Arbizzani C, Erable B, et al. Microbial fuel cells: From fundamentals to applications [J]. Journal of Power Sources, 2017, 356: 225-244.

[2] Wang Z, Mahadevan G D, Wu Y, et al. Progress of air-breathing cathode in microbial fuel cells [J]. Journal of Power Sources, 2017, 356: 245-255.

[3] Garbini G L, Barra Caracciolo A, Grenni P. Electroactive bacteria in natural ecosystems and their applications in microbial fuel cells for bioremediation: A review [J]. Microorganisms, 2023, 11 (5): 1255.

[4] Islam M A, Karim A, Mishra P, et al. Microbial synergistic interactions enhanced power generation in co-culture driven microbial fuel cell [J]. Science of The Total Environment, 2020, 738: 140138.

[5] Xiao L, Li J, Lichtfouse E, et al. Augmentation of chloramphenicol degradation by Geobacter-based biocatalysis and electric field [J]. Journal of Hazardous Materials, 2021, 410: 124977.

[6] Li W W, Yu H Q, He Z. Towards sustainable wastewater treatment by using microbial fuel cells-centered technologies [J]. Energy & Environmental Science, 2014, 7 (3): 911-924.

[7] Suresh R, Rajendran S, Kumar P S, et al. Current advances in microbial fuel cell technology toward removal of organic contaminants - a review [J]. Chemosphere, 2022, 287: 132186.

[8] Ge Z, Li J, Xiao L, et al. Recovery of electrical energy in microbial fuel cells: brief review [J]. Environmental Science & Technology Letters, 2014, 1 (2): 137-141.

[9] Cheng S, Logan B E. Sustainable and efficient biohydrogen production via electrohydrogenesis [J]. Proceedings of the

National Academy of Sciences, 2007, 104 (47): 18871-18873.

[10] Vassilev I, Hernandez P A, Batlle-Vilanova P, et al. Microbial electrosynthesis of isobutyric, butyric, caproic acids, and corresponding alcohols from carbon dioxide [J]. ACS Sustainable Chemistry & Engineering, 2018, 6 (7): 8485-8493.

[11] Mateos R, Sotres A, Alonso R M, et al. Enhanced CO_2 conversion to acetate through microbial electrosynthesis (MES) by continuous headspace gas recirculation [J]. Energies, 2019, 12 (17): 3297.

[12] Zhang T, Nie H, Bain T S, et al. Improved cathode materials for microbial electrosynthesis [J]. Energy & Environmental Science, 2013, 6 (1): 217-224.

[13] Artyushkova K, Cornej J A, Ista L K, et al. Relationship between surface chemistry, biofilm structure, and electron transfer in Shewanella anodes [J]. Biointerphases, 2015, 10 (1): 019013.

[14] Li C, Cheng S. Functional group surface modifications for enhancing the formation and performance of exoelectrogenic biofilms on the anode of a bioelectrochemical system [J]. Critical reviews in biotechnology, 2019, 39 (8): 1015-1030.

[15] Zakaria B S, Dhar B R. Progress towards catalyzing electro-methanogenesis in anaerobic digestion process: Fundamentals, process optimization, design and scale-up considerations [J]. Bioresource technology, 2019, 289: 121738.

[16] Feng H, Liang Y, Guo K, et al. TiO_2 nanotube arrays modified titanium: a stable, scalable, and cost-effective bioanode for microbial fuel cells [J]. Environmental Science & Technology Letters, 2016, 3 (12): 420-424.

[17] Cai W, Liu W, Han J, et al. Enhanced hydrogen production in microbial electrolysis cell with 3D self-assembly nickel foam-graphene cathode [J]. Biosensors and Bioelectronics, 2016, 80: 118-122.

[18] Aryal N, Wan L, Overgaard M H, et al. Increased carbon dioxide reduction to acetate in a microbial electrosynthesis reactor with a reduced graphene oxide-coated copper foam composite cathode [J]. Bioelectrochemistry, 2019, 128: 83-93.

[19] Böl M, Ehret A E, Bolea Albero A, et al. Recent advances in mechanical characterisation of biofilm and their significance for material modelling [J]. Critical reviews in biotechnology, 2013, 33 (2): 145-171.

[20] Oliveira N M, Martinez-Garcia E, Xavier J, et al. Biofilm formation as a response to ecological competition [J]. PLoS biology, 2015, 13 (7): e1002191.

[21] Puckett S D, Taylor E, Raimondo T, et al. The relationship between the nanostructure of titanium surfaces and bacterial attachment [J]. Biomaterials, 2010, 31 (4): 706-713.

[22] Park D, Yun Y S, Park J M. XAS and XPS studies on chromium-binding groups of biomaterial during Cr (Ⅵ) biosorption [J]. Journal of Colloid and Interface Science, 2008, 317 (1): 54-61.

[23] Johnson W P, Logan B E. Enhanced transport of bacteria in porous media by sediment-phase and aqueous-phase natural organic matter [J]. Water Research, 1996, 30 (4): 923-931.

[24] Sultana S T, Babauta J T, Beyenal H. Electrochemical biofilm control: a review [J]. Biofouling, 2015, 31 (9-10): 745-758.

[25] Epifanio M, Inguva S, Kitching M, et al. Effects of atmospheric air plasma treatment of graphite and carbon felt electrodes on the anodic current from Shewanella attached cells [J]. Bioelectrochemistry, 2015, 106: 186-193.